现代土力学理论探索与实践

杨光华 著

中国建筑工业出版社

图书在版编目（CIP）数据

现代土力学理论探索与实践 / 杨光华著. —北京：
中国建筑工业出版社，2020.12
ISBN 978-7-112-25828-4

Ⅰ. ①现… Ⅱ. ①杨… Ⅲ. ①土力学 Ⅳ. ①TU43

中国版本图书馆 CIP 数据核字（2021）第 024289 号

　　土力学是一门经验性很强的学科，自 1925 年太沙基（Terzaghi）创立以来虽然已近百年的历史，实际工程设计中还处于半理论半经验的状态。现代土力学从 1963 年剑桥模型提出以来，发展到以土的本构模型和现代计算技术为基础的新阶段，如何应用现代土力学的理论更好地促进设计理论的发展并为工程服务，这是现代土力学和现代工程所面临的共同问题。作者及其团队历经 30 多年的探索和实践，在现代土力学理论与实践的几个方向上取得一些进步，有些已成为行业广泛应用的新方法，促进了行业技术的发展。全书共分为 6 章，包括：现代土的本构理论与模型的发展与展望；现代地基设计的新方法；软土地基非线性沉降的实用计算方法；刚性桩复合地基的发展；深基坑支护工程的实践及理论发展；边坡分析的应力位移场方法。

　　本书可供从事岩土工程的技术人员、科研人员和高等院校相关专业师生学习参考，也适合作为研究生《高等土力学》的参考书。

责任编辑：杨　允
责任校对：李美娜

现代土力学理论探索与实践

杨光华　著

*

中国建筑工业出版社出版、发行（北京海淀三里河路 9 号）
各地新华书店、建筑书店经销
北京鸿文瀚海文化传媒有限公司制版
北京京华铭诚工贸有限公司印刷

*

开本：787 毫米×1092 毫米　1/16　印张：17½　字数：437 千字
2021 年 4 月第一版　　2021 年 4 月第一次印刷
定价：**96.00** 元
ISBN 978-7-112-25828-4
（36322）

序

在我国的岩土界，埋头于学术理论研究和从事岩土工程实践的两群人似乎有些隔阂与疏离。大批在岩土工程实践中工作的岩土技术人员，适逢我国空前绝后的土木工程建设高潮，投身于高楼大厦、长桥深洞、高坝巨库的建设，取得了丰富的经验和阅历，但也有偏重经验，忽视岩土理论和基本概念的问题。随着一些重视理论，概念清楚的老一辈大师们垂垂老矣，这方面的问题显得更突出。我国颁布的一些岩土工程标准规范就反映出这个问题。而在大学里也有偏重于深奥公式，繁复算法的学者，他们关注 SCI 的期刊，而不是大量涌现的工程问题。

杨光华教授则是"文革"后的一代大学生中在岩土界为数不多的能把理论与工程实践结合得非常出色的专家。在其 20 世纪 80 年代初的研究生学习期间，正值土的本构理论模型研究高潮，他以固体力学专业参与了这一研究领域，充分发挥其数学力学基础好的优势。在随后的长期岩土工程实践中，总是能在不同于一般工程技术人员的高度理解与认识工程所遇到的问题，并从中发现重要的科学问题，开展深入的研究，取得新的成果，并用于更好的解决工程实践中的问题。例如他通过观察深基坑支护的受力过程，提出了支护结构计算的增量法，成为目前工程设计中广泛应用的方法；通过数学的方法，从更高的角度理解土的本构理论，提出了更具普遍性的建模理论——广义位势理论；从现场压板载荷试验与基础受力的相似性，提出计算地基沉降和确定地基承载力的新方法，破解地基沉降算不准的难题。这些都是理论与实践结合所产生的非常精彩的创新成果。

说起土的本构关系数学模型研究，很多工程技术人员总是敬而远之，认为那是脱离实际的纯理论研究，复杂、深奥而无用。但我记得有一个很有影响力的土力学专家讲过："如果把土的本构关系理论搞清楚了，对各种土的工程问题都会有更深入、更清楚地理解"。当然，前提是不把土的本构模型研究只当作发表论文的途径。

20 世纪 60 年代兴起的土的本构关系理论研究热潮中一个值得关注的突破就是缝补了经典土力学中土的变形与土的强度之间的割裂。使人们认识到，作为由碎散颗粒组成的土，在其承载与试验中受力变形，其物理状态与力学特性是耦合的，亦即其变形同时引起物理状态与力学特性的变化，这是一个过程，所谓土的本构关系就是这一个过程的描述。其变形特性而非只由其受力状态所决定，也受应力路径、应力历史影响。在这个过程中，变形与破坏，刚度与强度都处于过程的不同阶段。所谓土的强度，就是这样的阶段：土在被施加一个微小的应力增量后，将发生无限大或者不可控制的变形增量，亦即强度是土受力变形的最后阶段。

在土力学中，"概念"是对于土性的基本认识，正如顾宝和大师所说："概念是科学原理的内核，岩土工程的重大失误，基本上都是概念不清所致"。在岩土工程中，对于研究对象的深刻认识是成功实践的保证。

在这本《现代土力学理论探索与实践》书中，充分体现了杨光华对于土有别于其他材料的这一独特性状的深刻理解；通过基于压板载荷试验等现场测试建立地基强度与变形统一的计算模型；揭示软土地基的非线性沉降的本构特征，并提出简易的解决方法；通过变形协调的方法，建立刚性桩复合地基的承载力和沉降变形的计算方法；将位移引进边坡稳定，通过边坡的应力与位移场分析，具体地区分牵引式、推移式和渐进式破坏的过程，更深刻地认识边坡的失稳过程，确定合理的加固位置，建立位移与稳定的关系。这些研究都表现其从土的本构关系研究所感悟到的对土性的认识：从过程认识土体的变形与破坏，而不是简单地从极限平衡状态来解决地基承载力、基坑、边坡等强度问题和沉降、位移等变形问题。这本著作汇集了杨光华理论结合实践多年探索的成果，部分成果已在行业中被广泛应用，对提高行业水平、促进学科发展发挥了重要作用。本书是现代土力学理论真正发挥工程应用之力作！更可作为岩土界的工程技术人员和科学研究人员很有价值的参考读物！

2021 年 1 月 9 日于清华园

李广信先生：清华大学教授，博士生导师，主编研究生精品教材《高等土力学》。原中国土木工程学会土力学与岩土工程分会常务副理事长，原中国土工合成材料工程协会理事长。

前　言

　　传统土力学的计算是按线弹性方法，利用弹性力学解析解求应力，按线性变形计算沉降，与实际的误差则采用经验系数进行修正。典型的则是规范中地基的沉降计算，采用弹性力学计算应力分布，用一维压缩模量进行分层总和法计算沉降，采用一个变化范围较大为 0.2～1.4 的经验系数对理论计算结果进行修正。之所以这样，一是土的复杂力学特性还研究得不很清楚，二是限于计算技术的落后，只能采用一些简单的计算方法。现代土力学是以土的本构模型和计算机技术的发展为标志，可以考虑土的非线性、弹塑性的复杂力学特性，可以进行复杂的计算和求解，提供新的强大的计算手段，极大地开拓了解决问题的方法。这是土力学理论和工程设计进步的巨大机会。但现实情况是我们研究得很多，甚至还进入了微细观土力学的研究，但真正工程设计技术的进步还不太大，工程设计中常用的还是常规的半理论半经验的方法，这是与现代土力学理论的发展很不相称的。由于计算机技术的发展，可以进行非线性、多未知量的大型线性方程组的求解，促进了土的非线性、弹塑性本构模型的研究。现代土的本构模型的研究始于剑桥弹塑性模型（Roscoe，1963），我国掀起土的本构模型研究的热潮是始于黄文熙先生 1979 年在《岩土力学》上发表的文章，并随后提出了清华弹塑性模型，引发了我国对土的本构模型研究的热潮。全世界提出的土的本构模型数以百计，发表本构研究的论文更是数以万计，可惜的是实际工程中真正用于设计、变成规范方法、促进行业技术进步的普遍适用的模型还几乎没有。现代科学技术的发展与实际应用是很不相称的，现代土力学理论在工程实际中的应用还是很不够的。原因是什么呢？主要原因应是四个方面：一是缺乏适合于岩土材料本构特性的建模理论，目前应用的主要是建立于金属材料特性基础上的本构理论；二是本构模型参数的合理确定，目前本构模型的参数是依据室内土样试验获得，室内土样经取样扰动后，原位土力学特性已发生变化，由此获得的参数难以预测现场实际土的变形特性；三是岩土力学特性的复杂性，还有需要深入认识的特性，如小应变特性，应力主轴旋转影响等；四是数值方法在考虑大变形、非连续性方面还需完善和更实用。

　　本书在土的建模理论上提出了广义位势理论，更适合岩土的力学特性；依据现场原位压板载荷试验确定本构模型参数的方法，能更好反映原位土的力学特性，提高模型的预测能力。希望在促进现代土力学理论的发展和工程应用方面有所助益，在实现中国由工程大国走向技术强国方面发挥作用。

　　广东是改革开放的先锋，土木工程发达，实践机会多。1985 年我研究生毕业后，参加了很多广东省岩土力学与工程学会的工程咨询，遇到的大多是超越规范的问题，我们多数是从基本概念出发，采用力学分析的方法，结合老专家的经验判断，提出处理方案。改革开放的时代，只要你敢于负责，方法正确，加上学会和老一辈专家的权威，就有很多先进的实践和学习的机会。我本科专业学的是结构，研究生的方向是固体力学，没有太多土力学经验的约束，形成了较多从力学角度出发分析解决问题的做法。如 1989 年做广州珠江隧道深基坑支护计算时，当时对西方传统的方法，如 Terzaghi-Peck 表观经验土压力法、等值梁法、山肩邦男法等并没有在课堂上学过，也就没有受其思想的影响，最直观的方法就是把支护结构看作一个竖向的弹性地基梁，再考虑到支护体系是随施工过程而变化的受力特点，提出增量计算法，刚提出时，大家还存在争议，现在已成为广泛应用的设计计算方法。三十多年来，包括广义位势理论、地基沉降计算与承载力确定新方法等，都是突破了传统的框框破茧而出的。这些超越传统方法的探索，有些已在工程中广泛应用，有些还需要进一步发展完善。人的生命有限，科学探索无止境！现代土力学的发展前景广阔，还需要更多的努力！本书主要是对多年探索的一个阶段总结，希望更多同行能关注和继续完善。多数内容在广东注册岩土和结构工程师的继续教育中都有所介绍，在学术活动中也曾对有关内容进行了报告，不少同行也希望进一步地了解相关内容，为此，相应地在讲课和学术报告的 PPT 基础上编撰而成，是提纲挈领式的介绍，以方便同行批评指正！更详细的内容可参考有关文献。主要包括六个方面的工作：

1. 现代土的本构理论与模型的发展与展望

土的本构方程是土力学三大基本方程之一，表示为土的本构模型。模型的准确性直接影响到计算结果的可靠性。土的本构模型研究主要为试验揭示土的本构特性，然后用数学模型表示出来。土的力学本构特性与金属材料有很大的不同，如压硬性、剪胀性、非关联性、塑性应变增量方向的非唯一性等是土所特有的。土的本构模型研究自 1963 年提出的剑桥模型开始，主要是采用建立于金属材料假设基础上的传统本构理论，其用于表述土的本构特性时有其局限性，难以满足要求。为更好表述土的复杂力学特性，从数学上发现了广义位势理论，对三维主空间上的塑性应变增量方向采用线性无关的三个势函数矢量表示，这是更普遍的理论，从中揭示了传统本构理论的数学实质，形成了包含传统理论作为特例的更普遍的本构理论体系。从广义位势理论出发，可以更直观方便地建立土的本构模型，更全面地表述土的复杂本构特性，为土的本构模型的研究提供更好的工具，为现代土力学的发展提供新的理论基础。

2. 现代地基设计的新方法

地基设计的核心是确定地基的承载力，这是土力学的基本问题，但近百年来还没有解决好！我们现在是用极限平衡法求得地基的极限承载力，给定一个安全系数，极限承载力除以安全系数确定允许承载力，以保证地基的强度安全，再用线弹性理论计算对应允许承载力下地基的沉降，沉降不满足时降低允许承载力，但沉降较难计算准确。全世界的地基设计规范对地基的沉降计算和地基承载力确定都是采用半理论半经验的方法，我国建筑地基规范采用的分层总和法计算地基沉降时的经验系数为 0.2～1.4，说明理论计算与实际的差异较大。现代土力学理论虽然发展了土的本构模型，计算技术也很先进，但地基设计的理论并没有很大的进步，问题的根源在于本构模型的不合用。为此，依据原位土的压板载荷试验曲线，发展了原位土的荷载切线模量法和应力切线模量法，建立了沉降计算的实用本构模型，模型参数简单，只有土的黏聚力、内摩擦角和初始切线模量三个参数：c，φ，E_0。这三个参数可以用压板载荷试验或其他原位试验获得，由这三个参数可以获得土的非线性切线模量，用于代替分层总和法的压缩模量，或用数值方法，可以计算地基直到破坏的全过程非线性沉降，获得基础完整的荷载沉降的 $p\text{-}s$ 曲线，依据 $p\text{-}s$ 曲线，由地基强度安全和变形控制的双控方法确定地基的承载力，实现了承载力确定的强度和变形的统一，提升现代地基设计的水平。

3.软土地基的非线性沉降计算

软土地基的沉降由于强度低，易产生非线性沉降。如何有效计算软土的非线性沉降是一个较困难的问题。目前规范方法是采用压缩模量分层总和法计算，采用 1.1～1.6 或更大的经验系数修正计算值，经验系数取值主观性大。为此，对经验系数的取值建议依据荷载水平，采用双曲线插值方法确定经验系数取值，提高取值的客观性。为更好地计算非线性沉降，采用一个直观简单的模型 Duncan-Chang 本构模型，但即使是简单的模型，一般工程也较难获得合适的本构模型参数，这限制了现代土力学理论的工程应用。为此，建立简化 D-C 模型，简化模型参数用工程中常用的压缩试验曲线确定。把软土沉降分解为压缩沉降和侧向变形的瞬时沉降，压缩沉降采用传统的 e-p 曲线计算，作为固结沉降，不再修正。侧向变形的瞬时沉降用简化 D-C 模型的切线模量计算，简化模型参数只有三个：c，φ，E_s。压缩模量 E_s 由压缩曲线确定，建立了压缩曲线由 E_{s1-2} 或压缩指数 C 推求的方法，因 E_{s1-2} 对一般软土为 2～4MPa，数值较稳定，易判断。这样为软土非线性沉降计算提供了一个简便实用的计算方法。

4.刚性桩复合地基的发展

刚性桩复合地基能利用天然地基的承载力，节省造价，沉降小，可靠性高，在工程中获得广泛的应用。但也存在承载力和沉降计算方法不够完善的问题。目前不同规范的计算方法不同，结果也不同。现有复合地基承载力是由桩的承载力与桩间土承载力相加而成，对于桩间土由多层土组成时，用最软土层的承载力还是基础底土层的承载力呢？由于复合地基桩间土承载力与天然地基承载力对深度修正是不同的，对于较硬的土层有一定的埋深时，有可能天然地基的承载力会大于复合地基的承载力，不符合常规认识。对于软土中的刚性桩复合地基，当刚性桩穿越软土层进入较好持力层时，桩的沉降较小，但当采用等效压缩模量计算复合地基的沉降时，计算值会明显偏大，同样问题存在于刚性桩端承较好的情况。如何发展完善设计方法，更好解决实际中存在的问题？这里提出了变形协调的刚性桩复合地基设计方法，把地基和桩简化成两个独立的受力变形系统，用切线模量法分别计算桩和桩间土的沉降过程，考虑两者的共同作用，用变形协调的方法考虑各种复杂情况，对存在的问题可以获得较好的解决，促进刚性桩复合地基设计理论的进步与发展。

5.深基坑支护工程的实践与理论发展

深基坑工程在我国兴起是 1980 年代的中后期，深基坑支护结构的受力过程的最大特点是与施工过程密切相关，以前或是计算手段落后，或是数值方法的复杂性和不确定性，工程中应用的主要是西方的一些经典方法，如 Terzaghi-Peck 表观经验土压力法、等值梁法等，不能计算位移。随着中国大量的深基坑工程的出现，促进了深基坑工程设计理论的新发展，以增量法为代表的新的设计理论异军突起，全面取代了西方传统的工程设计理论，成为我国目前工程设计普遍应用的理论，极大地提高了我国深基坑工程的设计水平，形成了真正的比较完整的现代深基坑工程设计计算理论。但由于深基坑工程的复杂性和对深基坑工程认识理解的不同，实际工程中还存在或保守而浪费，或冒险而造成重大事故的状况。这里通过实例分析了实际工程中易忽视的问题，对提高设计水平有所助益，对各种计算方法的特点进行比较分析，对目前工程中主要应用的增量计算法及其在解决复杂问题中的应用进行了系统的介绍，包括复杂施工过程的模拟，如支撑的施加和拆除计算、预加力计算和入土深度计算，用工程案例给出了新的计算方法在解决复杂问题时的效果，同时用增量法对 Terzaghi-Peck 表观经验土压力给出了理论解释，用曲线滑动面推导了介于朗肯土压力和库仑土压力的新土压力公式。对于土钉支护，也把增量法应用于土钉力的计算，在此基础上提出了等效土钉力的简化计算方法等，形成了深基坑支护工程设计的新的计算方法体系。

6. 边坡稳定分析的应力位移场方法

滑坡灾害是我国较严重的一种自然灾害，现代土力学理论虽然已取得很大的进步，但对滑坡的评估分析研究通常还是以安全系数的计算为主，即使发展了数值方法的强度折减法，也主要是用于求解边坡的安全系数，并没有充分发挥现代土力学理论的作用。其实边坡的滑动失稳是渐进式的，在应力水平高的局部地方先开始滑动，逐渐形成整体的破坏滑动，全面合理的分析方法应该从边坡的应力位移场角度来进行研究。这里通过采用合适实用的变模量强度折减法，获得边坡滑动发展过程的应力位移场，依据应力位移场，可以判断滑坡的类型是推移式滑坡或牵引式滑坡。针对不同的滑坡类型建立更有效的加固处理方案，研究发现在应力水平高或位移较大位置进行加固处理是最有效的，通过比较发现用极限平衡方法计算牵引式滑坡的安全系数有偏大的风险。依据滑动过程的位移场，确定合理的位移预警值，提出了塑性坡的概念，认为如果滑坡是塑性破坏，在滑坡发生前有显著的位移产生，就可降低滑坡灾害的风险，从而用现代土力学的理论，为边坡的加固处理、预警和减灾提供先进的研究方法。

现代土力学理论的发展应该成为提高工程设计和处理水平的有力手段。本书所介绍的工作，也仅是一种探索和发展，希望能起到抛砖引玉的作用，促进现代土力学理论的工程应用，切实提高行业水平。

本书的工作也是学生和同事多年一起共同努力的结果，对他们的工作和帮助表示感谢！博士研究生和出站博士后（以时间先后为序）：张玉成、张有祥、骆以道、姚捷、刘鹏、钟志辉、温勇、胡海英、贾恺、王东英。硕士生：彭长学、薛文栋、乔有梁、王鹏华、王俊辉、苏卜坤、官大庶、吴舒界、刘琼、陈富强、王庆芝、姜燕、陈伟超、羊炜、汤佳茗、王恩麒、张明飞、姚丽娜、范泽、刘惠康、黄忠铭、黄致兴、张旭群、李俊、李志云、徐传堡、李泽源、刘清华、孙树楷、李卓勋、周沛栋、张文雨。同事：李思平、杜秀忠、张君禄、蔡晓英、李德吉、方大勇、曾进群等。感谢当年博士就读清华大学时老师和同学的帮助：博士导师李广信教授，土力学教研室濮家骝教授和同学介玉新、胡黎明、周小文、刘海笑教授等。感谢李老师百忙中为本书作序。

杨光华

2020 年 12 月 5 日于广州

目　录

第1章 现代土的本构理论与模型的发展与展望

本章介绍土的本构模型研究的重要性,土的应力应变关系的特性,现有本构理论及模型在表述土的本构方面的局限性,提出了具有普遍性的建立土的本构模型的新理论——广义位势理论,形成了一个新的本构理论体系,各种传统本构理论作为其特例。建立了广义位势理论的通用弹塑性模型,只需拟合主空间试验曲线求取模型参数,通用方便。新的理论模型可以表述塑性应变增量方向非唯一的特性,可以反映土的剪胀性,与剑桥模型结合建立了类剑桥模型,具有更好的表述能力,并通过试验进行了验证和应用。

1.1 本构模型研究的重要性

1.1.1 什么是土的本构模型?为什么要研究土的本构模型?

土力学的基本理论:

土材料组成(图1.1-1):土是多相介质,含有:土骨架、水、空气。饱和土只有土骨架和水。

非饱和土

饱和土

图1.1-1 土材料组成

土力学3个基本方程:

(1)平衡方程

土骨架、水、空气三相平衡方程;饱和土已有Biot固结理论。

(2)几何方程

位移应变关系。

(3)本构方程-骨架土应力应变关系

材料最简单的本构关系:线性胡克定律,如图1.1-2所示。

弹性-完全塑性,如图1.1-3所示。

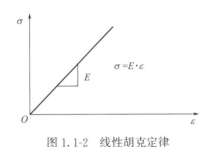

图1.1-2 线性胡克定律

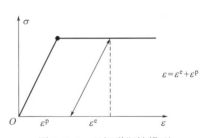

图1.1-3 理想弹塑性模型

ε—总应变;ε^e—弹性应变;ε^p—塑性应变

土的应力应变关系比金属材料复杂。

以土的三轴试验曲线为例,如图1.1-4所示。

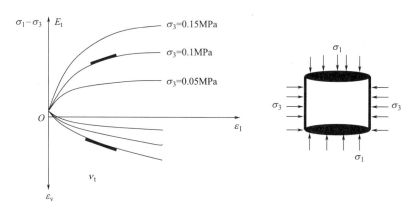

图 1.1-4　土的三轴试验曲线

土的应力应变关系是非线性的，与金属材料比较，其有一些基本特点：（1）非线性；（2）围压相关（压硬性），围压越高土越硬；（3）弹塑性。

金属材料没有压硬性，土的弹塑性没有明确的屈服点。

土的本构方程或应力应变关系方程是土力学理论的三大基本方程之一，如果方程表述不准确，则解的结果也是不准确的。土力学问题之所以变形计算不准确，主要是描述土的应力应变关系的本构方程不准确。

描述不准确的原因主要是：

（1）对土的复杂的变形特性认识不全面，有些认识不到位；

（2）土的本构模型参数通常由室内试验确定，现场原位土经取样回室内后受到扰动，制成的试验样品与现场原位土不同，室内试验参数与现场原位试验参数不同；

（3）现场土层复杂，分布状态的描述不够清楚全面；

（4）缺乏合适的本构理论去表述。

其中，（1）、（4）可以通过试验和理论研究解决；（2）、（3）要靠试验技术和勘察技术的发展解决。

本构模型研究的主要任务是：

（1）试验研究发现土的应力应变关系特性；

（2）用数学方法表述应力应变的关系。

1.1.2　工程对土的本构理论与模型的需求

1. 地基的非线性沉降计算问题

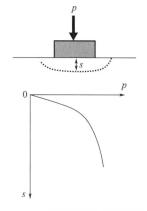

图 1.1-5　基础沉降的非线性关系

基础在荷载 p 的作用下产生沉降 s，p 与 s 的关系是非线性的，这是一个很简单的工程问题，如图 1.1-5 所示，即使这样简单的问题，目前还没有能很好计算基础的 p-s 曲线的方法。有限元等数值方法由于缺乏合适的本构模型，要计算好也比较困难。

美国 1994 年组织了一次系统的地基试验和沉降预测研究[24]，选择一个场地，做了系统的室内土工试验，包括现场的旁压试验、标准贯入试验、三轴试验等。然后做了不同尺寸压板载荷试验：压板为方形，边长

2

尺寸为：3m，2.5m，1.5m，1m。场地试验布设如图 1.1-6 所示，并邀请全世界的同行用各种方法对压板试验的结果进行预测，结果表明有限元等数值方法并不占优势，主要是本构模型不准确。

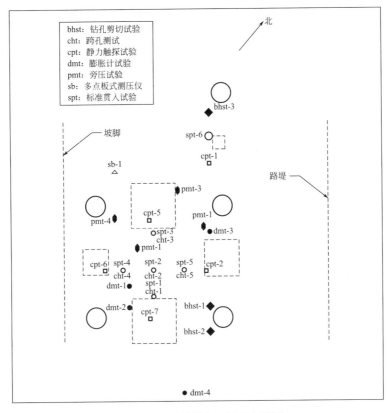

图 1.1-6 压板及土工试验布设图

Poulos 在一个讲座中列举了其中一个试验的预测结果对比，如图 1.1-7 所示。其中有限元数值方法误差最大，弹性方法最接近实测值，弹性方法中选择弹性模量为 $E = 2N$（MPa），N 为标贯击数。这个模量值与广东省地基规范对残积土地基变形模量的经验值 $E = 2.2N$（MPa）很接近。

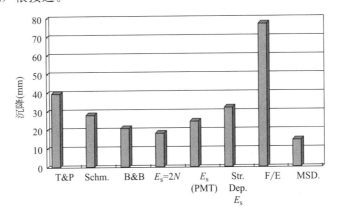

图 1.1-7 Poulos 给出的预测结果比较（有限元误差最大）

（1）三峡工程的岩土难题

图 1.1-8 所示为三峡水利枢纽工程，图 1.1-9 所示为正在施工中的三峡二期深水围堰，其剖面图如图 1.1-10 所示。

图 1.1-8　三峡水利枢纽　　　　　　　　图 1.1-9　三峡二期深水围堰

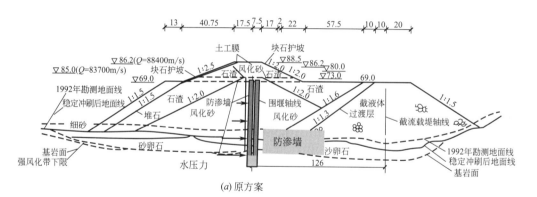

(a) 原方案

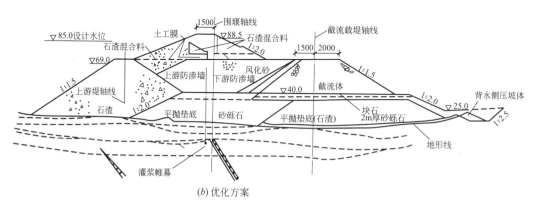

(b) 优化方案

图 1.1-10　三峡二期深水围堰剖面图

三峡二期深水围堰遇到的难题之一是围堰的应力变形计算，其中最复杂和最重要的是两道混凝土防渗墙的安全。当围堰中间抽干水筑大坝时，上游围堰上游侧经受较大的水平作用的水荷载，由于围堰不是半无限弹性体，解析法或荷载结构法都不适合，围堰内防渗墙的应力位移计算只有用有限元等数值方法计算，这就涉及围堰材料的本构模型问题。本构模型不准确，则很难计算出好的结果。

图 1.1-11 所示为当时的有限元网格。防渗墙采用两道墙，比较了低墙方案和高墙方案。为了保证计算的可靠性，由长江科学院牵头，组织了国内在土的本构模型和计算方面有影响的 5 个单位同时进行计算，武汉水利电力学院、中国科学院武汉岩土力学研究所、南京水利科学研究院、河海大学、广东省水利水电科学研究院，用统一的网格，用统一的 Duncan-Chang 模型，同时用不同的本构模型也进行计算比较，以检查计算结果的可靠性。

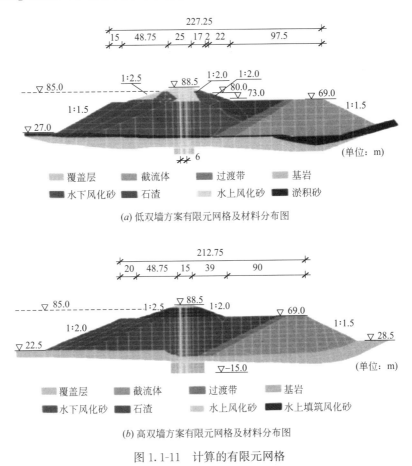

(a) 低双墙方案有限元网格及材料分布图

(b) 高双墙方案有限元网格及材料分布图

图 1.1-11　计算的有限元网格

图 1.1-12 是广东省水利水电科学研究院的计算结果。当时 Duncan-Chang 模型计算时最担心的问题是防渗墙底部的应力太大，因为底部墙体嵌入强风化岩层 1m，岩层与岩面以上土层的刚度差异大，造成墙底局部应力过大，超过混凝土的强度。广义位势理论的弹塑性模型计算的墙底破坏单元数较少，只有 1～2 个，是安全的，远少于 Duncan-Chang 模型。

由图 1.1-12 可知，从底部墙体的变形可见，实测墙底的变形小于广义位势理论的弹塑性模型计算的位移，位移最大是 Duncan-Chang 模型计算的。因此，从实测墙体位移可知，墙底实际墙体的应力应该小于广义位势理论的弹塑性模型计算结果，更小于 Duncan-Chang 模型计算结果，墙体是安全的。这个工程被认为是现代土力学理论应用于重大工程的成功典范。显然，如果没有现代土力学的发展和计算技术的发展，很难有合理的计算结

5

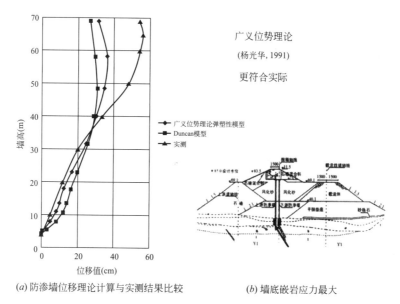

(a) 防渗墙位移理论计算与实测结果比较   (b) 墙底嵌岩应力最大

图 1.1-12　广东水科院的计算结果比较

果。现代土力学的发展为重大工程建设提供了技术支持。

（2）三峡船闸高边坡位移计算差异

图 1.1-13 所示为三峡船闸开挖时的情况，建成后如图 1.1-14 所示。三峡船闸开挖的剖面图如图 1.1-15 所示。设计时很关注高边坡开挖后，在船闸顶部 1、2、3、4 各点的水平位移。为了比较，组建了 3 个团队进行计算比较，3 个团队的计算结果为：2 个为 3～4cm，1 个最大达 148cm，相差较大。原因：卸荷时岩体本构关系及其参数的取定，关键是本构模型的参数。

图 1.1-13　三峡船闸开挖   图 1.1-14　建成后的三峡船闸

加固后，一般为 2～3cm，与实测较一致。说明本构模型及其参数是影响计算可靠性的主要因素。

土石坝要计算坝身的沉降，尤其蓄水后的沉降，同时很重要的是面板在蓄水后的变形

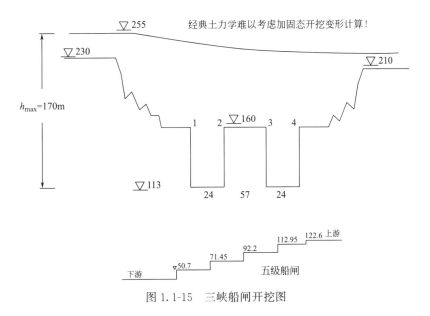

图 1.1-15 三峡船闸开挖图

和应力，以保证面板的防渗能力。目前计算的准确性还有比较大的差距。

据程展林的介绍，糯扎渡心墙堆石坝坝高 261m，计算预测沉降为 2.5～3.0m，实测值大于 4.0m，水布垭堆石坝坝高 233m，计算预测沉降 1.5～1.7m，实测沉降大于 2.6m。这个计算预测的差异主要是堆石坝的本构模型还有待于发展完善。变形计算不准确，会影响到面板的受力计算的准确性和设计，显然是很重要的。

现代土的本构理论与模型始于 1963 年剑桥模型（Roscoe），已经发展了 50 多年。但工程设计规范还很少用，计算结果还只是参考，主要还是对土的本构可能存在一些认识不全的特性会带来风险，同时本构模型的研究还不够完善，使得计算还不够准确和可靠！

如高土石坝（图 1.1-16），目前建设的坝高超 200m，向 300m 发展，但对高压力下堆石的变形特性可能还存在认识的不足，如堆石的破碎、蠕变、湿化变形，还有室内试验的

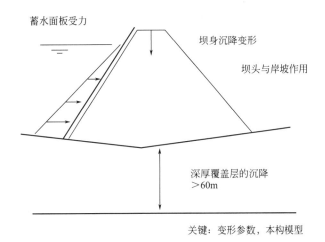

图 1.1-16 难计算清楚的问题

7

颗粒尺寸很难是工程现场堆石的尺寸，这些都影响土的本构模型及其参数的准确性，从而影响计算结果的可靠性和准确性。

现有理论中代表性的模型：

（1）剑桥模型（Roscoe，1963）

世界第一个土的本构模型，属于弹塑性模型，是现代土力学的起点。

（2）Duncan-Chang 非线性模型（1970）

基于广义胡克定律的非线性模型，不能反映土的剪胀性。

（3）Lade-Duncan（1975）弹塑性模型

$g \neq f$，非关联模型。

（4）清华模型（黄文熙等，1979）

弹塑性模型。

（5）硬化模型 Hardening model（T. Schanz etc.，1999）

已在 Plaxi 等商业软件中应用。

目前工程实践中大多商业软件中使用的模型，这些模型参数一般较简单且较易获得，如剑桥模型、Duncan-Chang 模型和硬化模型（Hardening model）。

1.2　建立土的本构模型的目的和困难

1. 本构理论要解决什么问题?

（1）以全量问题为例认识要解决的问题

有限元等数值计算中需要的本构方程是一般坐标空间下的 6 个应力分量与应变分量的关系：

$$\{\sigma\}_{6\times1} = [D]_{6\times6}\{\varepsilon\}_{6\times1} \tag{1-1}$$
$$\sigma_{ij} = f(\varepsilon_{ij}) \quad (i, j = 1, 2, 3)$$

关键是确定六维的矩阵 $[D]_{6\times6}$，实际无法进行六维试验，故上式实际无法直接通过试验确定。通常室内试验在主空间上实现，能直接从试验确定的本构方程是主空间上的方程。

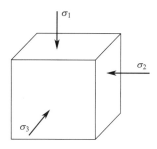

图 1.2-1　主空间上的单元试验

（2）主空间本构关系（principal spatial）

理论上目前试验只能直接确定主空间上的关系，如图 1.2-1 所示的单元试验，只能确定主空间上 3 个主应力与 3 个主应变的关系。

$$\{\sigma_i\}_{3\times1} = [D_i]_{3\times3}\{\varepsilon_i\}_{3\times1} \quad (i=1, 2, 3) \tag{1-2}$$

但计算所需的是六维一般坐标空间上 6 个应力与应变分量的本构关系。

因此，解决由主空间到一般坐标空间的本构关系是一个理论问题，这就是本构理论要解决的问题。

2. 土工试样的室内试验

土的室内变形试验通常有如下方案：（1）压缩；（2）单轴；（3）常规三轴；（4）平面应变；（5）真三轴；（6）空心扭转。

不同的试验得到不同的应力应变关系。

通常的压缩试验最易实现，是最常用的试验，如图 1.2-2 所示。该试验可以获得孔隙比 e 与压力 p 的关系，如图 1.2-3 所示。

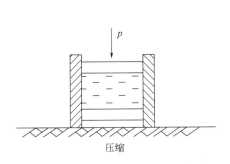

图 1.2-2　有侧限的压缩试验

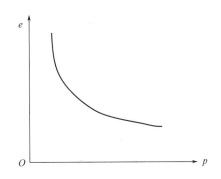

图 1.2-3　压缩试验所得的压缩曲线

图 1.2-4 是常规三轴试验的应力-应变曲线。要建立计算分析所需的本构方程或模型就要应用理论建立模型，然后通过试验确定模型参数。

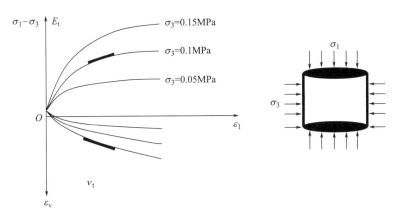

图 1.2-4　常规三轴试验的应力-应变曲线

图 1.2-5 是有 4 个应力分量的空心扭转试验，可以用于验证比主应力空间复杂的应力状态。

计算需要六维本构方程但试验所得最多是三维方程，如何通过三维方程构建六维本构方程？即解决主空间到一般坐标空间的转换就构成了不同的本构理论。

现有试验不能直接得到一般应力-应变关系：

$$\sigma_{ij} \sim \varepsilon_{ij} \quad (i, j = 1, 2, 3)$$

只能得到主空间上的应力-应变关系：

$$\sigma_{ii} \sim \varepsilon_{ii} \quad (i = 1, 2, 3)$$

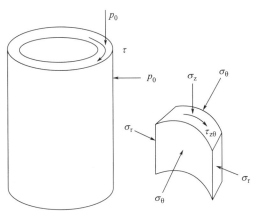

图 1.2-5　空心扭转试验

3.本构模型研究内容

（1）主空间试验研究土的变形特性，并用数学函数表述；

（2）用本构理论把主空间的数学关系变换为六维空间分量的关系。

1.3 现有的本构理论

解决由主空间到一般坐标空间的方法是通过所谓的本构理论来实现，现有的理论有：（1）广义胡克定律（常用）；（2）弹塑性理论（常用）；（3）直接坐标变换；（4）非线性理论（Cauchy、Green、次弹性、亚塑性）；（5）广义位势理论（杨光华）。

1.建立土的本构模型的传统理论

传统的主要建模理论有：广义胡克定律、非线性弹性理论、塑性理论。

（1）广义胡克定律

代表性模型：E-ν 模型（Duncan-Chang）、K-G、K-B 等双参数模型。

（2）非线性弹性理论

1）柯西（Cauchy）理论

$$\sigma_{ij} = F(\varepsilon_{kl}) \quad (i, j, k, l = 1, 2, 3)$$

各向同性：

$$\sigma_{ij} = A_0 \delta_{ij} + A_1 \delta_{ij} + A_2 \varepsilon_{ik} \varepsilon_{kj} \tag{1-3}$$

2）格林（Green）理论

$$\sigma_{ij} = \frac{\partial w}{\partial \varepsilon_{ij}} \text{ 或 } \varepsilon_{ij} = \frac{\partial \Omega}{\partial \sigma_{ij}} \quad (i, j = 1, 2, 3) \tag{1-4}$$

3）次弹性（Hypoelastic）理论

$$d\sigma_{ij} = F_{ij}(\sigma_{mn}, \ d\varepsilon_{kl}) \tag{1-5}$$

或

$$d\varepsilon_{ij} = Q_{ij}(\varepsilon_{mn}, \ d\sigma_{kl}) \tag{1-6}$$

（3）弹塑性理论

1）流动法则

$$d\varepsilon_{ij}^{p} = d\lambda \frac{\partial g}{\partial \sigma_{ij}} \quad (i, j = 1, 2, 3) \tag{1-7}$$

2）屈服准则及一致性条件

$$f(\sigma_{ij}, \ H) = 0 \tag{1-8}$$

3）硬化规律 H

由 1）、2）、3）建立增量弹塑性关系

$$\{d\sigma\} = [D_{ep}]\{d\varepsilon\} \tag{1-9}$$

典型代表：剑桥模型、Lade-Duncan 弹塑性模型、清华模型。

1）弹塑性理论的来源

① 弹性势

设物体有应变能函数 $w \ (\varepsilon_{ij})$：

应力作用下产生应变增量：

$$\sigma_{ij}，\delta\varepsilon_{ij}$$

外力做功：

$$\delta w = \sigma_{ij}\delta\varepsilon_{ij}$$

外力使应变能增量：

$$\delta w = \frac{\partial w}{\partial\varepsilon_{ij}}\mathrm{d}\varepsilon_{ij}$$

δw 相等：

$$\sigma_{ij} = \frac{\partial w}{\partial\varepsilon_{ij}}$$

同样，设有余能函数 $\Omega(\sigma_{ij})$

可得到： $$\varepsilon_{ij} = \frac{\partial\Omega}{\partial\sigma_{ij}} \qquad (1\text{-}10)$$

② 塑性势

1928 年，Mises 类比弹性势理论提出塑性位势理论：

$$\mathrm{d}\varepsilon_{ij}^{\mathrm{p}} = \mathrm{d}\lambda\,\frac{\partial g}{\partial\sigma_{ij}} \qquad (1\text{-}11)$$

其中，g 为塑性势函数；$\mathrm{d}\varepsilon_{ij}^{\mathrm{p}}$ 为塑性应变增量。

由 Drucker 公设得到：

$$\mathrm{d}\varepsilon_{ij}^{\mathrm{p}} = \mathrm{d}\lambda\,\frac{\partial f}{\partial\sigma_{ij}} \qquad (1\text{-}12)$$

屈服函数：f

关联流动时：$g = f$

非关联流动时：$g \neq f$

塑性势有什么物理数学含义？过去了解不多！

2）柯西（Cauchy）弹性理论

数学二阶张量关系（共轴）：

$$\sigma_{ij} = A_0\delta_{ij} + A_1\varepsilon_{ij} + A_2\varepsilon_{ik}\varepsilon_{kj} \qquad (1\text{-}13)$$

求导得到增量关系：

$$\mathrm{d}\sigma_{ij} = \left[\left(K - \frac{2}{3}G\right)\delta_{kl}\delta_{ij} + 2a_2 I_1'\delta_{kl}\delta_{ij} + a_3\cdots\right]\mathrm{d}\varepsilon_{kl} \qquad (1\text{-}14)$$

取第一项即为广义胡克定律。

（4）问题

（1）各理论是否有联系？各理论独立？

（2）各理论的数学基础是什么？

（3）非关联流动法则违背 Drucker 公设，理论上能用吗？

（4）有试验认为塑性应变增量方向不具有唯一性，与现有塑性理论假设不符合，合理吗？

这些问题可以由广义位势理论解决！

2.传统理论存在的局限性

（1）广义胡克定律不能反映土的剪胀性。

p-q 空间上的一般关系为：

$$d\varepsilon_v = \frac{1}{K}dp + \frac{1}{K_q}dq$$

$$d\bar{\varepsilon} = \frac{1}{G_p}dp + \frac{1}{G}dq$$

(1-15)

广义胡克定律相当于 $K_q = \infty$、$G_p = \infty$，这时不能计算剪切产生的体积应变。

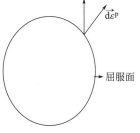

图 1.3-1　塑性应变增量
方向与屈服面正交

(2) 非线性弹性理论物理意义不够明确，一些假设条件土体不一定适合，如格林理论的有势场假设。

$$\sigma_{ij} = \frac{\partial w}{\partial \varepsilon_{ij}} \ 或 \ \varepsilon_{ij} = \frac{\partial \Omega}{\partial \sigma_{ij}}$$

(3) 弹塑性理论要求很严格：

1) 假设 $\overrightarrow{d\varepsilon^p}$ 方向具有唯一性；

2) 主空间塑性矩阵 $[D_{ip}]$ 秩为 1；

3) $\overrightarrow{d\varepsilon^p}$ 矢量方向为有势。

土很难满足这些要求。

塑性应变 $\overrightarrow{d\varepsilon^p}$ 与屈服面关系如图 1.3-1 所示。

1.4　主要本构模型及其优缺点

1.4.1　土的本构关系特性（主空间）

岩土材料比金属材料更复杂，其主要特性应为：（1）非线性；（2）压硬性；（3）弹塑性；（4）剪胀性；（5）应力路径相关性；（6）应变软化；（7）各向异性；（8）主轴旋转；（9）蠕变性。

如图 1.4-1 所示为一般正常固结土常规三轴试验的应力-应变关系曲线。

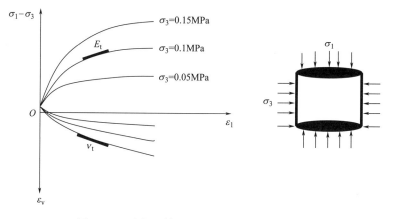

图 1.4-1　常规三轴试验的应力-应变关系曲线

一个模型是用于反映主要特性？还是所有特性？

表达主要特性：实用模型；表达所有特性：精细化模型。

砂土的应力-应变曲线：常规三轴。

砂土的应力应变关系在不同松密状态下的曲线不同，同样密实状态在不同围压下也不同。这就是土的本构的复杂性。如图 1.4-2 所示。

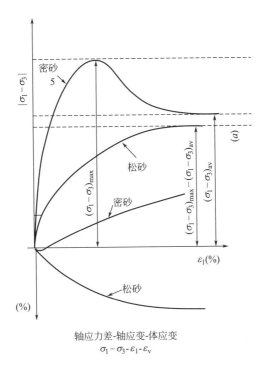

轴应力差-轴应变-体应变
$\sigma_1 - \sigma_3 - \varepsilon_1 - \varepsilon_v$

图 1.4-2　不同密实砂的常规三轴试验特性

1.4.2　广义胡克定律基础上的模型

1.广义胡克定律

广义胡克定律的形式（各向同性）

$$
\begin{cases}
\varepsilon_x = \dfrac{1}{E}\left[\sigma_x - \nu(\sigma_y + \sigma_z)\right] \\[2mm]
\varepsilon_y = \dfrac{1}{E}\left[\sigma_y - \nu(\sigma_z + \sigma_x)\right] \\[2mm]
\varepsilon_z = \dfrac{1}{E}\left[\sigma_z - \nu(\sigma_x + \sigma_y)\right] \\[2mm]
\gamma_{xy} = \dfrac{2(1+\nu)}{E}\tau_{xy} \\[2mm]
\gamma_{yz} = \dfrac{2(1+\nu)}{E}\tau_{yz} \\[2mm]
\gamma_{zx} = \dfrac{2(1+\nu)}{E}\tau_{zx}
\end{cases}
\tag{1-16}
$$

只有两个参数：E，ν。

土力学中常用的 K、G 形式

$$\begin{cases} p = K\varepsilon_v \\ q = 3G\bar{\varepsilon} \end{cases} \tag{1-17}$$

$$K = \frac{E}{3(1-2\nu)} \qquad G = \frac{E}{2(1+\nu)}$$

两种模型：$E\text{-}\nu$ 模型

$K\text{-}G$ 模型

$$\{\sigma\} = [D]\{\varepsilon\}$$

$$[D] = \frac{E(1-\nu)}{(1+\nu)(1-2\nu)} \begin{bmatrix} 1 & & & & & \\ \dfrac{\nu}{1-\nu} & 1 & \text{对} & & & \\ \dfrac{\nu}{1-\nu} & \dfrac{\nu}{1-\nu} & 1 & & \text{称} & \\ 0 & 0 & 0 & \dfrac{1-2\nu}{2(1-\nu)} & & \\ 0 & 0 & 0 & 0 & \dfrac{1-2\nu}{2(1-\nu)} & \\ 0 & 0 & 0 & 0 & 0 & \dfrac{1-2\nu}{2(1-\nu)} \end{bmatrix}$$

2. 增量的广义胡克定律（非线弹性）

增量广义胡克定律形式（各向同性）

$$\begin{cases} \mathrm{d}\varepsilon_x = \dfrac{1}{E}[\mathrm{d}\sigma_x - \nu(\mathrm{d}\sigma_y + \mathrm{d}\sigma_z)] \\[2mm] \mathrm{d}\varepsilon_y = \dfrac{1}{E}[\mathrm{d}\sigma_y - \nu(\mathrm{d}\sigma_z + \mathrm{d}\sigma_x)] \\[2mm] \mathrm{d}\varepsilon_z = \dfrac{1}{E}[\mathrm{d}\sigma_z - \nu(\mathrm{d}\sigma_x + \mathrm{d}\sigma_y)] \\[2mm] \mathrm{d}\gamma_{xy} = \dfrac{2(1+\nu)}{E}\mathrm{d}\tau_{xy} \\[2mm] \mathrm{d}\gamma_{yz} = \dfrac{2(1+\nu)}{E}\tau\mathrm{d}_{yz} \\[2mm] \mathrm{d}\gamma_{zx} = \dfrac{2(1+\nu)}{E}\mathrm{d}\tau_{zx} \end{cases} \tag{1-18}$$

$E\text{-}\nu$ 模型：$E = E_t$、$\nu = \nu_t$ 为切线模量和切线泊松比。

3. 代表性模型

（1）$E\text{-}\nu$ 模型

Duncan-Chang 双曲线模型是 $E\text{-}\nu$ 模型：$E = E_t$、$\nu = \nu_t$，这两个参数确定如图 1.4-3 所示。该模型得到广泛应用。

Kondner（1963）认为三轴试验中，应力应变曲线可用双曲线模拟，如图 1.4-4 所示。

$$\sigma_1 - \sigma_3 = \frac{\varepsilon_1}{a + b\varepsilon_1} \tag{1-19}$$

求得模型的切线模量 E_t：

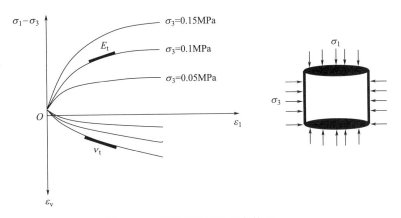

图 1.4-3 常规三轴试验求参数 E_t、ν_t

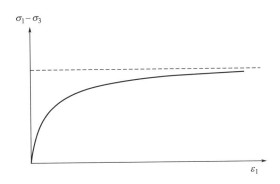

图 1.4-4 土的应力应变双曲线

$$E_t = KP_a \left(\frac{\sigma_3}{P_a} \right)^n \left[1 - \frac{R_f(\sigma_1 - \sigma_3)(1 - \sin\varphi)}{2c\cos\varphi + 2\sigma_3\sin\varphi} \right]^2 \tag{1-20}$$

切线泊松比 ν_t:

$$\nu_t = \frac{G - F\lg(\sigma_3/P_a)}{1 - \dfrac{D(\sigma_1 - \sigma_3)}{KP_a \left(\dfrac{\sigma_3}{P_a} \right)^n \left[1 - \dfrac{R_f(\sigma_1 - \sigma_3)(1 - \sin\varphi)}{2c\cos\varphi + 2\sigma_3\sin\varphi} \right]}} \tag{1-21}$$

（2）非线性 K-G 模型：

$$\begin{cases} \mathrm{d}p = K\mathrm{d}\varepsilon_v \\ \mathrm{d}q = 3G\mathrm{d}\bar{\varepsilon} \end{cases} \tag{1-22}$$

确定参数用特定试验：$q=0$ $P=c$。

获得：$\varepsilon_v = f_1(p)$ $\bar{\varepsilon} = f_2(q,c)$ 单值函数，对其求导即可以得到 K、G。

1）多马舒克-维利亚潘（Domaschuk-Valliappan）模型

① 由 $P=$ 常数的三轴试验。

② 设 p-ε_v 之间为幂函数关系。

$$p = \left(\frac{\varepsilon_v}{\varepsilon_{vc}} \right)^n \tag{1-23}$$

15

$$K_t = \frac{\mathrm{d}p}{\mathrm{d}\varepsilon_v} = K_i \left[1 + n \left(\frac{\varepsilon_V}{\varepsilon_{Vc}} \right)^{n-1} \right] \tag{1-24}$$

初始各向等压时的值 $\qquad K_i = \dfrac{p_c}{\varepsilon_{vc}}$

③ 由常规三轴试验：设 $q\text{-}\bar{\varepsilon}$ 之间呈双曲线关系。

$$G_t = \frac{\mathrm{d}q}{3\mathrm{d}\varepsilon} = G_i \left[1 - R_f \frac{\dfrac{q}{3}}{10^\alpha \left(\dfrac{p}{p_c e_{ic}} \right)^\beta} \right]^2 \tag{1-25}$$

式中，n，α，β 为试验常数。e_{ic} 为初始孔隙比；R_f 为破坏比。

求得：K_t，G_t。再由式（1-17）换为 E、ν，代入式（1-18）即为所需的应力应变关系。

2）内勒（Naylor）模型

$$K_t = K_i + \alpha_k p$$
$$G_t = G_i + \alpha_G p + \beta_G q \tag{1-26}$$

确定参数试验：各向等压试验 $q=0$ 和 $P=$ 常数的三轴试验。

在这个模型的基础上，发展反映剪胀的模型：三参数模型和 K_t，G_t 四参数耦合模型。设试验得到：$\varepsilon_v = f_1 (p, q, c)$，$\bar{\varepsilon} = f_2 (p, q, k)$，则求导得：

$$\mathrm{d}\varepsilon_v = \frac{\partial f_1}{\partial p}\mathrm{d}p + \frac{\partial f_1}{\partial q}\mathrm{d}q = \frac{1}{K_1}\mathrm{d}p + \frac{1}{K_2}\mathrm{d}q$$
$$\mathrm{d}\bar{\varepsilon} = \frac{\partial f_2}{\partial p}\mathrm{d}p + \frac{\partial f_2}{\partial q}\mathrm{d}q = \frac{1}{G_2}\mathrm{d}p + \frac{1}{G_1}\mathrm{d}q \tag{1-27}$$

按胡克定律矩阵构造困难 $\begin{cases} \mathrm{d}p = K\mathrm{d}\varepsilon_v \\ \mathrm{d}q = 3G\mathrm{d}\bar{\varepsilon} \end{cases}$

由 $\qquad \mathrm{d}\varepsilon_v = \left(\dfrac{1}{K_1} + \dfrac{1}{K_2}\dfrac{\mathrm{d}q}{\mathrm{d}p} \right)\mathrm{d}p \quad \mathrm{d}\bar{\varepsilon} = \left(\dfrac{1}{G_1} + \dfrac{1}{G_2}\dfrac{\mathrm{d}p}{\mathrm{d}q} \right)\mathrm{d}q$

求 K、G： $\qquad \dfrac{1}{K} = \dfrac{1}{K_1} + \dfrac{1}{K_2}\dfrac{\mathrm{d}q}{\mathrm{d}p} \qquad \dfrac{1}{G} = \dfrac{1}{G_1} + \dfrac{1}{G_2}\dfrac{\mathrm{d}p}{\mathrm{d}q}$

这样 K、G 含应力增量，弹性矩阵含应力增量，计算不方便。

3）伊鲁米和维鲁伊特（Ilumi-Verruijt）的耦合模型

$$\mathrm{d}\varepsilon_v = \frac{1}{K_t}\mathrm{d}p + \frac{1}{H_t}\mathrm{d}q$$
$$\mathrm{d}\bar{\varepsilon} = \frac{1}{3G_t}\mathrm{d}q \tag{1-28}$$

$\mathrm{d}q$ 可以引起体积变化——反映剪胀性。

弹性矩阵不对称，构建难。

4）清华解耦 $K\text{-}G$ 模型（高莲士）

$$\mathrm{d}\varepsilon_v = \frac{1}{K_1}\mathrm{d}p + \frac{1}{K_2}\mathrm{d}\eta$$
$$\mathrm{d}\bar{\varepsilon} = \frac{1}{G_1}\mathrm{d}q + \frac{1}{G_2}\mathrm{d}\eta \tag{1-29}$$
$$\eta = q/p$$

用特定试验确定参数：$\eta = c$　　$\mathrm{d}\eta = 0$，这样可以解耦合，避免参数含应力增量。

4. 总结

（1）Duncan-Chang 双曲线模型好，参数简单，应用广。反映土的两个基本特性——非线性和压硬性（围压影响），适合地基沉降计算。

缺点：不能反映剪胀性，限定了 $\nu < 0.5$，用于砂土不好。

（2）K-G 模型：难体现剪胀性，参数规律性不好。

（3）三参数、四参数模型：矩阵构造不好，含应力增量，应用不广。

（4）结合广义位势理论可以有新发展，后面介绍。

1.4.3　弹塑性模型

土的最基本性能：①非线性；②压硬性；③弹塑性；④剪胀性。

理论上全部特性都可以用弹塑性模型表达，只是复杂！也并非普遍理论！

1. 建模理论

（1）流动法则

$$\mathrm{d}\varepsilon_{ij}^{\mathrm{p}} = \mathrm{d}\lambda \frac{\partial g}{\partial \sigma_{ij}}$$

（2）屈服准则及一致性条件

$f(\sigma_{ij}, H) = 0$　　　由 Drucker 公设：$g = f$

（3）硬化规律 H

由（1）、（2）、（3）建立增量弹塑性关系：

$$\{\mathrm{d}\sigma\} = \{D_{\mathrm{ep}}\}\{\mathrm{d}\varepsilon\}$$

典型代表：剑桥模型、Lade-Duncan 弹塑性模型、清华模型。

弹性-完全塑性，图 1.4-5 为理想弹塑性的变形曲线，应力已达屈服后，应变无限增大。

增量弹塑性：一般土的应力应变关系如图 1.4-6 所示，通常把应变 ε 分解为可恢复的弹性应变 ε^{e} 和不可恢复的塑性应变 ε^{p}。

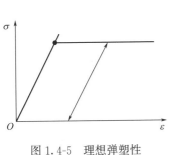

图 1.4-5　理想弹塑性

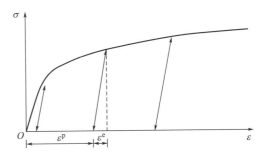

图 1.4-6　土的非线性应力应变曲线

2. 屈服准则（屈服函数 f）确定

如果按卸载后有塑性应变产生作为判断标准，则土缺乏明确屈服点！

$$\mathrm{d}\varepsilon_{ij} = \mathrm{d}\varepsilon_{ij}^{\mathrm{e}} + \mathrm{d}\varepsilon_{ij}^{\mathrm{p}}$$

应变分解为弹性应变和塑性应变。由图 1.4-6 可见，各点卸载后都有塑性应变，很难有一个明确的屈服点。

关键是解决塑性应变规律的表述。

（1）由剑桥模型和修正剑桥模型确定屈服函数

p、q 空间上的屈服面如图 1.4-7 所示。

由正交法则：$\mathrm{d}\varepsilon_v^p = \mathrm{d}\lambda \dfrac{\partial f}{\partial p}$，$\mathrm{d}\varepsilon_s^p = \mathrm{d}\lambda \dfrac{\partial f}{\partial q}$

由一致性条件：$\mathrm{d}f = \dfrac{\partial f}{\partial p}\mathrm{d}p + \dfrac{\partial f}{\partial q}\mathrm{d}q = 0$

由以上两条件得：$\dfrac{\mathrm{d}\varepsilon_v^p}{\mathrm{d}\varepsilon_s^p} = -\dfrac{\mathrm{d}q}{\mathrm{d}p}$

由破坏状态与一般状态的塑性功相等：

破坏线上塑性功：$\mathrm{d}w^p = Mp\,\mathrm{d}\varepsilon_s^p$

一般状态的塑性功：$\mathrm{d}w^p = p\,\mathrm{d}\varepsilon_v^p + q\,\mathrm{d}\varepsilon_s^p$

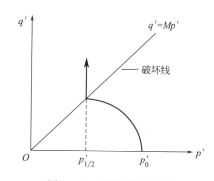

图 1.4-7　剑桥模型屈服面

解微分，得屈服方程

$$\frac{\mathrm{d}\varepsilon_v^p}{\mathrm{d}\varepsilon_s^q} = M - \frac{q}{p} = -\frac{\mathrm{d}q}{\mathrm{d}p} \tag{1-30}$$

积分得剑桥模型的屈服函数：

$$\frac{q}{Mp} + \ln p = \ln p_0 \tag{1-31}$$

硬化参数：$p_0 = H(\varepsilon_v^p)$

取修正塑性功：$\mathrm{d}w^p = p\sqrt{(\mathrm{d}\varepsilon_v^p)^2 + (M\mathrm{d}\varepsilon_s^p)^2}$

则得到修正剑桥模型屈服函数：$\left(1 + \dfrac{q^2}{M^2 p^2}\right)p = p_0$

修正剑桥模型也可以用椭圆方程表达：

$$\left(p' - \frac{p_0'}{2}\right)^2 + \left(\frac{q'}{M}\right)^2 = \left(\frac{p_0'}{2}\right)^2 \tag{1-32}$$

屈服轨迹的形状：椭圆（帽子）屈服面的两个特征点是与 p 轴和破坏线的交点：

$$\eta = 0 \qquad \eta = M$$

剑桥模型应力应变关系：

$$\mathrm{d}\varepsilon_v = \frac{1}{1+e}\left[\frac{\lambda - \kappa}{M}\mathrm{d}\eta + \lambda\frac{\mathrm{d}p'}{p'}\right]$$

$$\mathrm{d}\bar{\varepsilon} = \frac{\lambda - \kappa}{(1+e)Mp'}\left[\frac{\mathrm{d}q'}{M - \eta} - \mathrm{d}p'\right]$$

$$= \frac{\lambda - \kappa}{1+e}\frac{p'\mathrm{d}\eta + M\mathrm{d}p'}{Mp'(M - \eta)} \tag{1-33}$$

该模型在水平 p 轴时：$\eta = 0$，$\mathrm{d}q = 0$，$\mathrm{d}p > 0$，$\mathrm{d}\bar{\varepsilon} \neq 0$，不合理！如图 1.4-8 所示。

修正剑桥模型应力应变关系：

$$\mathrm{d}\bar{\varepsilon}_v = \frac{1}{1+e}\left[(\lambda - \kappa)\frac{2\eta\mathrm{d}\eta}{M^2 + \eta^2} + \lambda\frac{\mathrm{d}\eta}{p'}\right]$$

$$\mathrm{d}\bar{\varepsilon} = \frac{\lambda - \kappa}{1+e}\cdot\frac{2\eta}{M^2 - \eta^2}\left(\frac{2\eta\mathrm{d}\eta}{M^2 + \eta^2} + \frac{\mathrm{d}p'}{p'}\right)$$

$$\tag{1-34}$$

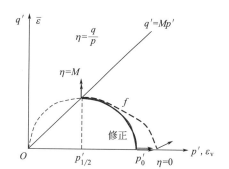

图 1.4-8　剑桥模型和修正剑桥模型屈服面

水平 p 轴时：$\eta=0$，$\mathrm{d}q=0$，$\mathrm{d}p>0$，$\mathrm{d}\bar{\varepsilon}=0$，合理！如图1.4-8所示。

（2）由清华模型确定屈服函数

利用正交关系：$\mathrm{d}\varepsilon_{ij}^{\mathrm{p}}=\mathrm{d}\lambda\dfrac{\partial g}{\partial\sigma_{ij}}$，由 $\mathrm{d}\varepsilon^{\mathrm{p}}$ 的方向反求塑性势函数 g。

通过试验得到塑性应变增量方向，假设塑性势函数与屈服函数一致，由塑性应变增量方向与屈服面的正交关系，确定屈服函数，如图1.4-9所示。

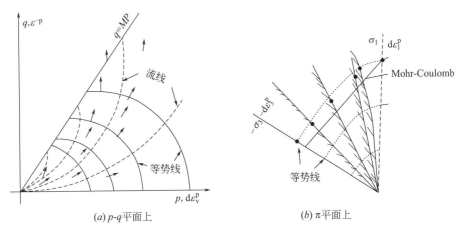

(a) p-q平面上　　　　　　　(b) π平面上

图1.4-9　清华模型从塑性应变增量方向确定屈服面

3.结论

传统弹塑性理论表述不完满，也非普遍的理论。

以简单情况为例，设主空间上塑性应变增量与应力增量的关系为：

$$\mathrm{d}\varepsilon_{\mathrm{v}}^{\mathrm{p}}=A\mathrm{d}p+B\mathrm{d}q$$
$$\mathrm{d}\bar{\varepsilon}^{\mathrm{p}}=C\mathrm{d}p+D\mathrm{d}q \tag{1-35}$$
$$[D_{i\mathrm{p}}]=\begin{bmatrix}A & B\\ C & D\end{bmatrix}$$

数学上则有这样的关系：

关联流动只能表述：$AD-BC=0$　　$B=C$

非关联流动只可表述：$AD-BC=0$　　$B\neq C$

若 $AD-BC\neq0$，则现有的理论不能表述，其数学意义是塑性应变增量方向不唯一，与塑性应力增量方向有关。

（1）金属材料：$A=0$，$B=0$，$C=0$，$D\neq0$；

满足：$AD-BC=0$　　$B=C$。

说明金属符合关联流动。

（2）土：$A>0$，$D>0$，$C<0$，

剪缩时：$B>0$，则 $AD-BC\neq0$　　$B\neq C$。

现有弹塑性本构理论不能严格表述。

剪胀时：$B<0$，$AD-BC=0$？不能保证。

现有弹塑性理论用于土是强制满足！

$B=C$？也是不能保证的。

因此，传统弹塑性理论其实是一种简单理论，用于金属材料可以，用于岩土则有先天的不足。其不能反映土的一般本构特性，靠修补传统理论无法改变其先天不足。要解决土的复杂特性，进行精细表述，必须要发展新的理论！更具普遍性的理论——广义位势理论！

如果通过主空间试验获得关系（p-q）：

$$d\varepsilon_v^p = A dp + B dq$$
$$d\bar\varepsilon^p = C dp + D dq$$

A、B、C、D 根据传统理论要限定这几个参数的关系。

思考：如不限定，有没有更方便的建模理论？

1.5 广义位势理论及模型和应用（杨光华，1991）

广义位势理论：数学上的矢量拟合方法。

传统理论：$d\varepsilon_{ij}^p = d\lambda \dfrac{\partial f}{\sigma_{ij}}$

如果由塑性应变增量方向，依据正交关系求屈服函数 f：f 求解比较麻烦！

数学方法：假设二维问题，可假设两个线性无关的函数 g_1，g_2

$$d\varepsilon_1^p = \frac{\partial g_1}{\partial \sigma_p} \qquad d\varepsilon_2^p = \frac{\partial g_2}{\partial \sigma_q}$$

$$d\varepsilon_1^p = d\varepsilon_v^p, \ d\varepsilon_2^p = d\bar\varepsilon^p$$

如图 1.5-1 所示，则数学上的矢量拟合为：

$$d\varepsilon^p = d\lambda_1 d\varepsilon_1^p + d\lambda_2 d\varepsilon_2^p = d\lambda_1 \frac{\partial g_1}{\partial \sigma_p} + d\lambda_2 \frac{\partial g_2}{\partial \sigma_q}$$

g_1，g_2 任意线性无关，很易实现！三维空间用三个线性无关的矢量拟合即可以。主空间拟合后，通过数学坐标变换即可以得到一般坐标空间下的应力应变关系：

$$d\varepsilon_{ij}^p = d\lambda_1 \frac{\partial g_1}{\partial \sigma_{ij}} + d\lambda_2 \frac{\partial g_2}{\partial \sigma_{ij}} \tag{1-36}$$

这就是广义位势理论的思想。

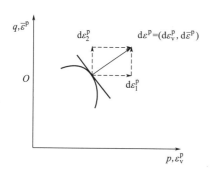

图 1.5-1 塑性应变的矢量拟合

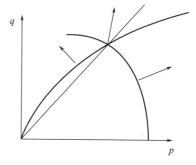

图 1.5-2 双屈服面

双屈面模型：确定两个屈服函数 f_1，f_2。

由正交流动法则：$\mathrm{d}\varepsilon_{1ij}^{\mathrm{p}} = \mathrm{d}\lambda_1 \dfrac{\partial f_1}{\sigma_{ij}}$　$\mathrm{d}\varepsilon_{2ij}^{\mathrm{p}} = \mathrm{d}\lambda_2 \dfrac{\partial f_2}{\sigma_{ij}}$

屈服函数比较难求，其实没必要！因为数学上只要任意两个线性无关的矢量就可以。双屈服面模型其实也可以看作两个塑性矢量的拟合，如图 1.5-2 所示，也是符合数学原理的。

1.5.1　土的本构模型的数学基础及广义位势理论

目的：发展新的本构理论。

1.土的本构模型的表述问题

以全量问题为例，认识本构模型要解决的问题是建立六维的应力应变关系：

$$\{\sigma\}_{6\times1} = [D]_{6\times6}\{\varepsilon\}_{6\times1} \tag{1-37}$$

关键是确定本构矩阵 $[D]_{6\times6}$，但目前无法进行六维试验，上式无法直接由试验确定。

2.主空间本构关系

理论上目前试验只能直接确定主空间上的应力应变关系：

$$\{\sigma_i\}_{3\times1} = [D_i]_{3\times3}\{\varepsilon_i\}_{3\times1} \tag{1-38}$$

但计算所需的是六维一般坐标空间的本构关系。

解决由主空间到一般坐标空间的本构关系就是本构理论！

3.本构理论的数学坐标直接变换方法

解决的方法：

（1）坐标直接变换法（杨光华，1990）

$$\{\sigma\}_{6\times1} = [T_\sigma]_{6\times3}\{\sigma\}_{3\times1} \tag{1-39}$$

$$\{\varepsilon\}_{6\times1} = [T_\varepsilon]_{6\times3}\{\varepsilon\}_{3\times1} \tag{1-40}$$

$[T_\sigma]$、$[T_\varepsilon]$ 分别为以 σ、ε 表示的由主空间到一般六维空间的坐标变换矩阵，设主空间上的应力应变关系为：

$$\{\sigma\}_{3\times1} = [D]_{3\times3}\{\varepsilon\}_{3\times1}$$

代入上式，则

$$\{\sigma\}_{6\times1} = [T_\sigma]_{6\times3}[D_i]_{3\times3}[T_\varepsilon]_{3\times6}^{-1}\{\varepsilon\}_{6\times1}$$

若假设 σ_i 与 ε_i 三个主方向相同，则 $[T_\sigma] = [T_\varepsilon]$，则

$$\{\sigma\}_{6\times1} = [T_\sigma]_{6\times3}[D_i]_{3\times3}[T_\sigma]_{3\times6}^{-1}\{\varepsilon\}_{6\times1} \tag{1-41}$$

这样就由应力主空间上得到六维一般坐标空间的应力应变关系，同样可应用于增量形式。

（2）用导数表示的坐标变换方法——广义位势理论（多重势面理论，杨光华，1991）

①全量形式的广义位势理论

从数学上可以证明二阶张量关系，即分解准则（图 1.5-3）。

三维主空间到六维的转换关系：

$$\sigma_{ij} = \sigma_k \frac{\partial \sigma_k}{\partial \sigma_{ij}} \qquad 或 \qquad \varepsilon_{ij} = \varepsilon_k \frac{\partial \varepsilon_k}{\partial \varepsilon_{ij}}$$

$\sigma_k(k=1,2,3)$，$\varepsilon_k(k=1,2,3)$ 为主空间的三个主应力和主应变。

用求和符号表示为：

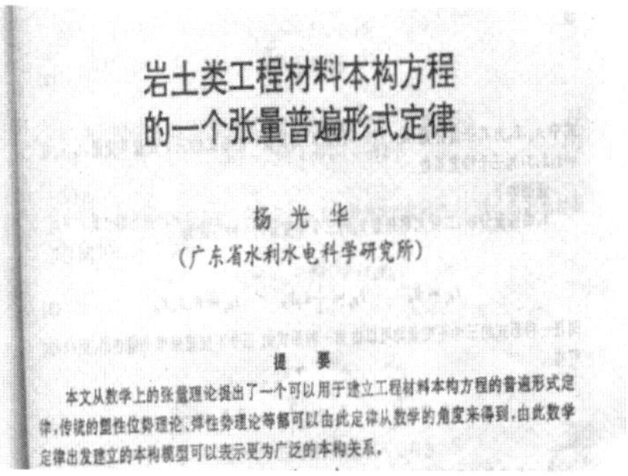

岩土类工程材料本构方程
的一个张量普遍形式定律

杨 光 华
（广东省水利水电科学研究所）

提 要

本文从数学上的张量理论提出了一个可以用于建立工程材料本构方程的普遍形式定律,传统的塑性位势理论、弹性势理论等都可以由此定律从数学的角度来得到,由此数学定律出发建立的本构模型可以表示更为广泛的本构关系。

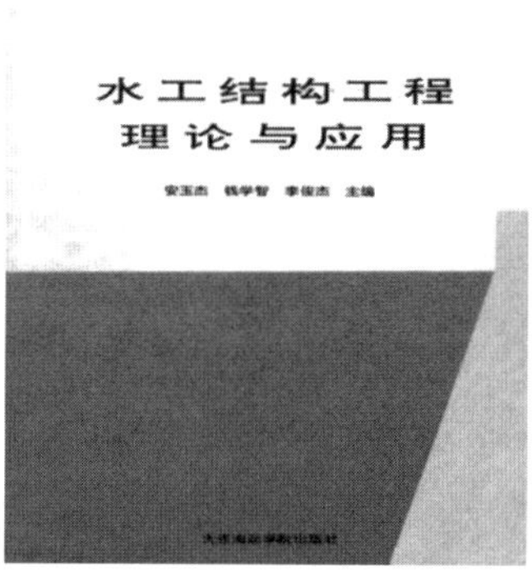

图 1.5-3　张量关系的论文

$$\sigma_{ij}=\sum_{k=1}^{3}\sigma_k\frac{\partial\sigma_k}{\partial\sigma_{ij}}\quad 或\quad \varepsilon_{ij}=\sum_{k=1}^{3}\varepsilon_k\frac{\partial\varepsilon_k}{\partial\varepsilon_{ij}} \tag{1-42}$$

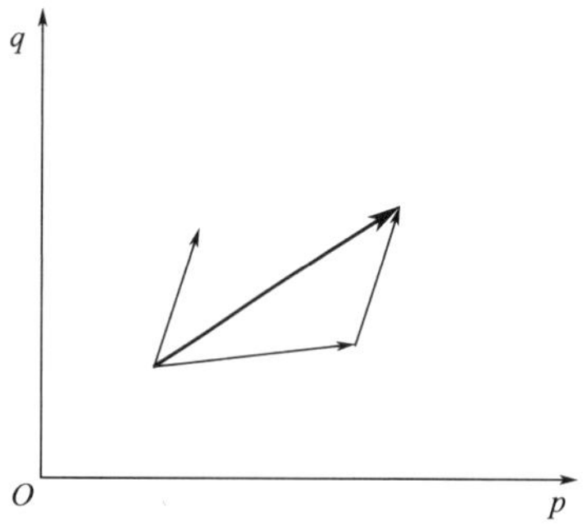

图 1.5-4　平面二维则只有两个独立矢量

数学矢量拟合方法见图 1.5-4。

设主空间上试验确定 $\sigma_k=f_k(\varepsilon_i)$

把 $\vec{\sigma}=(\sigma_1,\ \sigma_2,\ \sigma_3)$ 作为 ε 主空间上的三维矢量，可用任意三个线性无关的矢量 $\vec{\alpha_1}$，$\vec{\alpha_2}$，$\vec{\alpha_3}$ 线性表示 $\vec{\sigma}=\sum_{i=1}^{3}\lambda_i\vec{\alpha_i}$，$\vec{\alpha_i}$ 可选为某一势函数 φ_i 的梯度矢量 $\vec{\alpha_i}=\mathrm{grad}(\varphi_i)$

则
$$\sigma_k=\sum_{i=1}^{3}\lambda_i\frac{\partial\phi_i}{\partial\varepsilon_k} \tag{1-43}$$

代回导数表示的坐标变换公式：

$$\sigma_{ij}=\sigma_k\frac{\partial\sigma_k}{\partial\sigma_{ij}}=\frac{\partial\sigma_k}{\partial\sigma_{ij}}\sum_{i=1}^{3}\lambda_i\frac{\partial\phi_i}{\partial\varepsilon_k}$$

设 σ_i 与 ε_i 方向相同，则 $\frac{\partial\sigma_k}{\partial\sigma_{ij}}=\frac{\partial\varepsilon_k}{\partial\varepsilon_{ij}}$，则

$$\sigma_{ij}=\sum_{i=1}^{3}\lambda_i\frac{\partial\varphi_i}{\partial\varepsilon_k}\frac{\partial\varepsilon_k}{\partial\varepsilon_{ij}}$$

即
$$\sigma_{ij}=\sum_{i=1}^{3}\lambda_i\frac{\partial\varphi_i}{\partial\varepsilon_{ij}}$$

同理，可得到
$$\varepsilon_{ij}=\sum_{k=1}^{3}\mu_k\frac{\partial\psi_k}{\partial\sigma_{ij}} \tag{1-44}$$

这就是全量形式的多重势面理论（广义位势理论）。

同样，应用于塑性应变增量时，可以得到广义塑性位势理论：

在应力主空间上拟合塑性应变增量 $\mathrm{d}\varepsilon_m^{\mathrm{p}}(m=1,\ 2,\ 3)$，$\sigma_m(m=1,\ 2,\ 3)$

$$\mathrm{d}\varepsilon_m^{\mathrm{p}}=\sum_{k=1}^{3}\mathrm{d}\lambda_k\frac{\partial\varphi_k}{\partial\sigma_m}$$

当假设塑性应变增量主方向与应力主方向相同时，则可以用应力分解准则

$$d\varepsilon_{ij}^{p} = \sum_{m=1}^{3} d\varepsilon_{m}^{p} \frac{\partial \sigma_m}{\partial \sigma_{ij}} \tag{1-45}$$

把主空间上的拟合方程代入

$$d\varepsilon_{ij}^{p} = \sum_{k=1}^{3} d\lambda_k \frac{\partial \varphi_k}{\partial \sigma_m} \frac{\partial \sigma_m}{\partial \sigma_{ij}}$$

$$d\varepsilon_{ij}^{p} = \sum_{k=1}^{3} d\lambda_k \frac{\partial \varphi_k}{\partial \sigma_{ij}} \tag{1-46}$$

这就是应力空间的广义塑性位势理论。三维主空间拟合塑性应变不要求 $d\varepsilon_m^p$ 是有势场，当塑性应变增量方向场是有势场时，则可以用一个势函数表示，这就退化为通常的塑性位势理论。因此，通常的塑性位势理论是一个特例。

②弹塑性模型的多重势面理论（广义位势理论）

按以上的矢量拟合和导数表示的坐标变换方法，可以对塑性应变增量和塑性应力增量从数学上表示，则得到系统对偶的四个方程：

$$应变空间：d\varepsilon_{ij}^{p} = \sum_{k=1}^{3} \lambda_k \frac{\partial \varphi_k}{\partial \sigma_{ij}} \tag{1-47a}$$

$$应变空间：d\varepsilon_{ij}^{p} = \sum_{k=1}^{3} \mu_k \frac{\partial \psi_k}{\partial \varepsilon_{ij}} （新） \tag{1-47b}$$

$$应力空间：d\sigma_{ij}^{p} = \sum_{k=1}^{3} \alpha_k \frac{\partial F_k}{\partial \sigma_{ij}} （新） \tag{1-47c}$$

$$应力空间：d\sigma_{ij}^{p} = \sum_{k=1}^{3} \beta_k \frac{\partial \phi_k}{\partial \varepsilon_{ij}} \tag{1-47d}$$

系数 λ_k、μ_k、α_k、β_k 可以由主空间的试验所得到的本构方程来确定。φ_k、ψ_k、F_k、ϕ_k（$k=1$，2，3）均为线性无关的势函数。通常的应力空间和应变空间表示的为第一式和第四式，第二式和第三式是新的数学形式。

由此得到更为普遍性的本构理论：广义位势理论！

传统的理论其实是包含了不同的数学方法，即三维主空间到一般六维空间的转换。

只是以前没有人认识到，通常都从物理假设建立本构理论，数学背景不清楚！

其给出的是直接的六维关系，然后再退化到三维主空间上由试验定参数。

传统理论，其实可以看作广义位势理论的特例！

1.5.2　传统位势理论的数学实质及与广义位势理论的关系

传统理论是广义位势理论的特殊情况。

（1）超弹性理论

主空间方程 $\sigma_k = f_k(\varepsilon)$（$k=1$，2，3）

把 $\vec{\sigma} = (\sigma_1，\sigma_2，\sigma_3)$ 看作为一矢量，若 $\vec{\sigma}$ 刚好是一有势场，则数学上存在一势函数 ω，使

$$\sigma_k = \frac{\partial \omega}{\partial \varepsilon_k}$$

假设 σ_k 与 ε_k 的方向相同，则由以上广义位势理论有

$$\sigma_{ij} = \sigma_k \frac{\partial \sigma_k}{\partial \sigma_{ij}} = \sigma_k \frac{\partial \varepsilon_k}{\partial \varepsilon_{ij}}$$

把 $\sigma_k = \dfrac{\partial \omega}{\partial \varepsilon_k}$ 代入上式:

$$\sigma_{ij} = \frac{\partial \omega}{\partial \varepsilon_k} \frac{\partial \varepsilon_k}{\partial \varepsilon_{ij}}$$

$$\sigma_{ij} = \frac{\partial \omega}{\partial \varepsilon_{ij}} \tag{1-48}$$

此即为传统理论的超弹性理论,以前是从物理的功能概念得到,这里则直接通过数学方法得到,对其成立的数学基础更清楚:数学上的有势场。

(2)塑性位势理论

主空间方程 $\sigma_k = f_k(\varepsilon)(k=1,2,3)$

若矢量 $\mathrm{d}\vec{\varepsilon}^{\mathrm{p}} = (\mathrm{d}\vec{\varepsilon}_1^{\mathrm{p}}, \mathrm{d}\vec{\varepsilon}_2^{\mathrm{p}}, \mathrm{d}\vec{\varepsilon}_3^{\mathrm{p}})$ 的方向是一有势场的方向,则数学上在 σ 空间中存在一势函数 g,使 $\mathrm{d}\varepsilon_k^{\mathrm{p}} = \mathrm{d}\lambda_k \dfrac{\partial g}{\partial \sigma_k}$

由广义位势理论

主空间分解: $\mathrm{d}\varepsilon_{ij}^{\mathrm{p}} = \mathrm{d}\varepsilon_k^{\mathrm{p}} \dfrac{\partial (\mathrm{d}\varepsilon_k^{\mathrm{p}})}{\partial (\varepsilon_{ij}^{\mathrm{p}})}$

若假设 $\mathrm{d}\varepsilon_k^{\mathrm{p}}$ 与 σ_k 方向相同,则

$$\mathrm{d}\varepsilon_{ij}^{\mathrm{p}} = \mathrm{d}\varepsilon_k^{\mathrm{p}} \frac{\partial \sigma_k}{\partial \sigma_{ij}}$$

$$\mathrm{d}\varepsilon_{ij}^{\mathrm{p}} = \mathrm{d}\lambda_k \frac{\partial g}{\partial \sigma_k} \frac{\partial \sigma_k}{\partial \sigma_{ij}}$$

$$\mathrm{d}\varepsilon_{ij}^{\mathrm{p}} = \mathrm{d}\lambda_k \frac{\partial g}{\partial \sigma_{ij}} \tag{1-49}$$

由数学假设推导得到!

此即为传统理论中的塑性位势理论。由 Miss(1928)类比弹性势理论提出。

(3)广义塑性位势理论

进一步还可得到(杨光华,1988):

应变空间: $\mathrm{d}\varepsilon_{ij}^{\mathrm{p}} = \mathrm{d}\mu_k \dfrac{\partial \varphi_k}{\partial \varepsilon_{ij}}$(新) $\tag{1-50}$

应力空间: $\mathrm{d}\sigma_{ij}^{\mathrm{p}} = \mathrm{d}\alpha_k \dfrac{\partial F_k}{\partial \sigma_{ij}}$(新) $\tag{1-51}$

应力空间: $\mathrm{d}\sigma_{ij}^{\mathrm{p}} = \mathrm{d}\beta_k \dfrac{\partial f}{\partial \varepsilon_{ij}}$ $\tag{1-52}$

这些结果称之为广义塑性位势理论。可见从数学上可得到更广的结果。广义胡克定律也可得到。

从数学思想上得到本构理论的根本思想应该是:主空间数学拟合试验曲线。

本构理论解决主空间到六维空间的坐标变换。认识本构理论的数学实质很重要!

解决主空间到一般空间的数学本构理论有两种:

① 弹性理论

应变总量与应力总量同轴,或应变增量与应力增量同轴,或称为弹性分解。

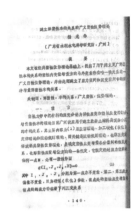

图 1.5-5　提出广义塑性位势理论（1988.11，广东珠海）

② 塑性理论

塑性应变增量与应力总量同轴，塑性应力增量与应变总量同轴，或称为塑性分解。

（4）结论

从数学角度建立了一套新的本构模型建模理论——广义塑性位势理论，更具普遍性，应用方便，不需求塑性势函数，传统理论是特例。

杨光华提出广义塑性位势理论，首次发表于第三届全国岩土力学数值分析与解析方法讨论会论文集（1988，图 1.5-5）和岩土工程学报（1991）。

沈珠江院士在讨论作者该文章时[8]，认为作者做了两个假定：①塑性主应变与主应力之间存在唯一关系；②塑性应变增量方向与主应力共轴。实际上传统理论也隐含了这两个假定，只是没有人从数学角度去认识到而已！

1.5.3　广义位势理论模型及其应用

1. 简化的广义位势理论模型

设定在 p-q 平面上，只有两个独立势函数，由广义位势理论，塑性应变增量为：

$$\mathrm{d}\varepsilon_{ij}^{\mathrm{p}} = \mathrm{d}\lambda_1' \frac{\partial g_1}{\partial \sigma_{ij}} + \mathrm{d}\lambda_2' \frac{\partial g_2}{\partial \sigma_{ij}}$$

代入 $g_1(p, q)$，$g_2(p, q)$

$$\mathrm{d}\varepsilon_{ij}^{\mathrm{p}} = \mathrm{d}\lambda_1 \frac{\partial p}{\partial \sigma_{ij}} + \mathrm{d}\lambda_2 \frac{\partial q}{\partial \sigma_{ij}} \tag{1-53}$$

对应变空间

$$\mathrm{d}\varepsilon_{ij}^{\mathrm{p}} = \mathrm{d}\lambda_1'' \frac{\partial \varepsilon_{\mathrm{v}}}{\partial \varepsilon_{ij}} + \mathrm{d}\lambda_2'' \frac{\partial \overline{\varepsilon}}{\partial \varepsilon_{ij}} \tag{1-54}$$

对塑性应力增量同样有两个关系

$$\mathrm{d}\sigma_{ij}^{\mathrm{p}} = \mathrm{d}\lambda_1 \frac{\partial \varepsilon_{\mathrm{v}}}{\partial \varepsilon_{ij}} + \mathrm{d}\lambda_2 \frac{\partial \overline{\varepsilon}}{\partial \varepsilon_{ij}} \qquad \mathrm{d}\sigma_{ij}^{\mathrm{p}} = \mathrm{d}\lambda_1 \frac{\partial p}{\partial \sigma_{ij}} + \mathrm{d}\lambda_2 \frac{\partial q}{\partial \sigma_{ij}} \tag{1-55}$$

这样，无论是在应变空间或应力空间上，按照广义位势理论建立塑性本构方程时，最后都不需要确定具体的势函数（这里各式中的 $\mathrm{d}\lambda_1$，$\mathrm{d}\lambda_2$ 其不是相同的内涵，具体是不同的，只是为了表述方便）。

建立数值计算的六维本构方程：

试验确定应力主空间的两个方程

$$d\varepsilon_v^p = A\,dp + B\,dq$$

$$d\bar{\varepsilon}^p = C\,dp + D\,dq$$

六维的应力应变关系为：

$$d\varepsilon_{ij}^p = d\lambda_1 \frac{\partial p}{\partial \sigma_{ij}} + d\lambda_2 \frac{\partial q}{\partial \sigma_{ij}} \tag{1-56}$$

有两个待确定参数 $d\lambda_1$、$d\lambda_2$ 由主空间的两个方程确定。

再考虑弹性部分 $\{d\sigma\} = [D_e]\{d\varepsilon\} - [D_e]\{d\varepsilon^p\}$

则可得六维空间方程：$\{d\sigma\} = [D_{ep}]\{d\varepsilon\}$ \hfill (1-57)

弹塑性矩阵：$[D_{ep}]\left([D_e] - \dfrac{1}{|A|}\left(A_{pp}[D_e]\left\{\dfrac{\partial p}{\partial\sigma}\right\}\left\{\dfrac{\partial p}{\partial\sigma}\right\}^T[D_e] + A_{qq}[D_e]\left\{\dfrac{\partial q}{\partial\sigma}\right\}\left\{\dfrac{\partial q}{\partial\sigma}\right\}^T[D_e] + \right.\right.$

$\left.\left. A_{pq}[D_e]\left\{\dfrac{\partial p}{\partial\sigma}\right\}\left\{\dfrac{\partial q}{\partial\sigma}\right\}^T[D_e] + A_{qp}[D_e]\left\{\dfrac{\partial q}{\partial\sigma}\right\}\left\{\dfrac{\partial p}{\partial\sigma}\right\}^T[D_e]\right)\right)\{d\varepsilon\}$

式中 $\quad A_{pp} = A + (AD - BC)\left\{\dfrac{\partial q}{\partial\sigma}\right\}^T[D_e]\left\{\dfrac{\partial q}{\partial\sigma}\right\}$

$$A_{pq} = B + (BC - AD)\left\{\dfrac{\partial p}{\partial\sigma}\right\}^T[D_e]\left\{\dfrac{\partial q}{\partial\sigma}\right\}$$

$$A_{qp} = C + (BC - AD)\left\{\dfrac{\partial q}{\partial\sigma}\right\}^T[D_e]\left\{\dfrac{\partial p}{\partial\sigma}\right\}$$

$$A_{qq} = D + (AD - BC)\left\{\dfrac{\partial p}{\partial\sigma}\right\}^T[D_e]\left\{\dfrac{\partial p}{\partial\sigma}\right\}$$

4 个参数关系 A、B、D、C 反映了土的本构特性：

$AD - BC \neq 0$ 表示塑性应变增量方向不唯一；

$AD - BC = 0$ 表示塑性应变增量方向唯一；

$B \neq C$ 表示非关联；

$B = C$ 表示关联流动，矩阵是对称的。

这样，建立数值计算所用的本构方程只需确定 A、B、C、D 这 4 个参数即可，而无需用具体的塑性势函数。

当在应变空间建立模型时，柔度矩阵更简单！

2. 应变空间的简化弹塑性模型

（1）本构方程

由广义位势理论：

$$d\sigma_{ij}^p = \sum_{k=1}^{3} d\lambda_k \frac{\partial \varphi_k}{\partial \varepsilon_{ij}} \tag{1-58}$$

简化为只考虑 $\varepsilon_v\text{-}\bar{\varepsilon}$ 平面的情况，取 $\varphi_1 = \varepsilon_v$，$\varphi_2 = \bar{\varepsilon}$，则

$$d\sigma_{ij}^p = d\lambda_1 \frac{\partial \varepsilon_v}{\partial \varepsilon_{ij}} + d\lambda_2 \frac{\partial \bar{\varepsilon}}{\partial \varepsilon_{ij}}$$

考虑主空间方程

$$dp = \bar{A}\,d\varepsilon_v + \bar{B}\,d\bar{\varepsilon}$$

$$dq = \bar{C}\,d\varepsilon_v + \bar{D}\,d\bar{\varepsilon} \tag{1-59}$$

则有 $\{d\sigma^p\} = [D_p^\varepsilon]\{d\varepsilon\}$

$$[D_p^\varepsilon] = \left[(k_e - \overline{A}) \left\{\frac{\partial\varepsilon_v}{\partial\varepsilon}\right\} \left\{\frac{\partial\varepsilon_v}{\partial\varepsilon}\right\}^T - \overline{B} \left\{\frac{\partial\varepsilon_v}{\partial\varepsilon}\right\} \left\{\frac{\partial\overline{\varepsilon}}{\partial\varepsilon}\right\}^T - \right.$$

$$\left. \overline{C} \left\{\frac{\partial\overline{\varepsilon}}{\partial\varepsilon}\right\} \left\{\frac{\partial\varepsilon_v}{\partial\varepsilon}\right\}^T + (3G_e - \overline{D}) \left\{\frac{\partial\overline{\varepsilon}}{\partial\varepsilon}\right\} \left\{\frac{\partial\overline{\varepsilon}}{\partial\varepsilon}\right\}^T \right]$$

$$\{d\sigma\} = ([D_e] - [D_p^\varepsilon])\{d\varepsilon\} \tag{1-60}$$

只需求 $\overline{A}$、$\overline{B}$、$\overline{C}$、$\overline{D}$，弹塑性矩阵较应力空间简单。

与传统塑性位势理论关系：传统理论是特例。

设 g、f 分别为塑性势函数和屈服函数，则 A、B、C、D 4 个参数与塑性势函数和屈服函数的关系为：

$$A = B_{pp} = d\lambda \frac{\partial g}{\partial p} \frac{\partial f}{\partial p} \qquad B = B_{pq} = d\lambda \frac{\partial g}{\partial p} \frac{\partial f}{\partial q} \tag{1-61}$$

$$C = B_{qp} = d\lambda \frac{\partial g}{\partial q} \frac{\partial f}{\partial p} \qquad D = B_{qq} = d\lambda \frac{\partial g}{\partial q} \frac{\partial f}{\partial q}$$

$g = f$ 时为关联，弹塑性矩阵对称，$g \neq f$ 为非关联，弹塑性矩阵为非对称，广义位势理论建立的主空间本构方程为：

$$d\varepsilon_v^p = A\,dp + B\,dq \tag{1-62}$$

$$d\overline{\varepsilon}^p = C\,dp + D\,dq$$

由以上的 A、B、C、D 四个参数与传统理论的塑性势函数和屈服函数的关系可得到：

关联流动：$AD - BC = 0$，$B = C$；

非关联流动：$AD - BC = 0$，$B \neq C$。

非关联流动不符合 Drucker 公设！

广义位势理论：不受 Drucker 公设限制！表示的是一个数学关系。

当：$AD - BC \neq 0$ 时，传统理论是不能表述的，这在数学上相当于塑性应变增量方向不具有唯一性的情况。因此，广义位势理论可以表述土的这种塑性应变增量方向不具有唯一性的情况，广义位势理论更具普遍性。

（2）模型参数的确定

4 个参数 A、B、C、D 考虑弹性变形后主空间方程为：

$$d\varepsilon_v = \left(\frac{1}{K_e} + A\right) dp + B\,dq \tag{1-63}$$

$$d\overline{\varepsilon} = C\,dp + \left(\frac{1}{3G_e} + D\right) dq$$

式中，K_e、G_e 为弹性体积模量和剪切模量。

参数试验确定的方法：可以根据需要用不同的试验方法去确定。

1）对 A、B、C、D 关系不作规定，则有 4 个独立参数

① 等向固结试验，得 1 方程；

② $p = \text{const.}$ 得 1 个方程；

③ $\sigma_3 = \text{const.}$ 得 2 个方程。

由 4 个试验方程可以确定 4 个参数，可以表述更多特性！

2）规定 $B=C$ 则有 3 个独立参数

① 等向固结试验，得 1 方程；

② $\sigma_3=$const.，得 2 个方程。

这样有 3 个方程即可以确定 3 个独立参数。

3）设 $AD-BC=0$，$B=C$，则有 2 个独立参数

$\sigma_3=$const.，得 2 个方程，可以确定 2 个独立参数。

这可以参照 Duncan-Chang 模型定参数，相当于传统的关联流动模型。假设多试验就简单！这样可以很灵活地建立所需的模型。

A、B、C、D 4 个参数也可以用 E_t、μ_t 表示，这样最简单。

假设：① $AD-BC=0$，$B=C$ 2 个方程，相当于关联流动。

② $\sigma_3=$const 试验，可以补充 2 个方程，确定两个参数：E_t、μ_t。这样可以用 E_t、μ_t 表示 A、B、C、D。

模型与 Duncan-Chang 模型一样简单！

硬化土模型（Hardning Model，1997）与此类似！

对于应变空间模型，由

$$d\varepsilon_v = \left(\frac{1}{K_e} + A\right) dp + B\,dq$$

$$d\bar{\varepsilon} = C\,dp + \left(\frac{1}{3G_e} + D\right) dq$$

为简化，假设：$AD-BC=0$，$B=C$。

即与关联流动条件一致，则由 $\sigma_3=$const 试验可得到 E_t、μ_t。

最后：$\overline{A}$、$\overline{B}$、$\overline{C}$、$\overline{D}$ 可用 E_t、μ_t 表示，具体实现如下：

① $AD-BC=0$，$B=C$；

② $\sigma_3=$const 试验。

由 $d\varepsilon_v = \left(\frac{1}{K_e} + A\right) dp + B\,dq$

得 $\dfrac{(1-2\mu_t)}{E_t} = \dfrac{1}{3}\left(A + \dfrac{1}{K_e}\right) + B$

由 $d\bar{\varepsilon} = C\,dp + \left(\dfrac{1}{3G_e} + D\right) dq$

得 $\dfrac{2(1+\mu_t)}{E_t} = \dfrac{1}{3}C + \left(D + \dfrac{1}{3G_e}\right)$

由以上 4 个方程可解出 A、B、C、D 这 4 个参数，

$$A = \frac{K_{ep}^2}{G_k + \frac{2}{3}K_{ep}} = \frac{K_{ep}^2}{G_{ep} + \frac{1}{3}K_{ep}}$$

$$B = C = K_{ep} - \frac{1}{3}\frac{K_{ep}^2}{G_k + \frac{2}{3}K_{ep}} = K_{ep} - \frac{1}{3}A$$

$$D = G_k + \frac{1}{9}A = G_{ep} - \frac{1}{3}B$$

$$G_k = G_{ep} - \frac{1}{3} K_{ep}$$

$$G_{ep} = \frac{2}{3} \frac{1 + \mu_t}{E_t} - \frac{1}{3G_e} = \frac{1}{3G_t} - \frac{1}{3G_e}$$

$$K_{ep} = \frac{1 - 2\mu_t}{E_t} - \frac{1}{3K_e} = \frac{1}{3K_t} - \frac{1}{3K_e}$$

$$K_e = \frac{E}{3(1 - 2\mu)}$$

$$G_e = \frac{E}{2(1 + \mu)}$$

进一步可求出 $\overline{A}$、$\overline{B}$、$\overline{C}$、$\overline{D}$ 与 A、B、C、D 关系。

$$\overline{A} = \frac{1}{|A|}\left(D - \frac{1}{3G_e}\right); \quad \overline{B} = \frac{B}{|A|}; \quad \overline{C} = -\frac{C}{|A|}; \quad \overline{D} = \frac{1}{|A|}\left(A + \frac{1}{K_e}\right); \tag{1-64}$$

$$|A| = \frac{3DG_e + AK_e + 1}{3K_eG_e} + (AD - BC)。$$

把 $\overline{A}$、$\overline{B}$、$\overline{C}$、$\overline{D}$ 代回上面的应变空间公式，即可建立应变空间模型。

（3）简化弹塑性模型小结

1）在 $p\text{-}q$ 或 $\varepsilon_v\text{-}\overline{\varepsilon}$ 平面上，只要试验确定 A、B、C、D 及弹性模型量 K、G，则模型即可建立。

2）当假定 $AD - BC = 0$，$B = C$，即可满足关联流动条件时，只要 $\sigma_3 = \mathrm{const.}$ 试验确定 E_t、μ_t 即可，模型可以像 Duncan-Chang 模型那样简便。

3）广义位势（或多重势面）理论基础上的模型不用推求塑性势函数，很简便，且数学原理非常清楚。

4）从广义位势（或多重势面）理论可见，关联或非关联流动模型是一种特殊情况，不能用于表示所有的本构关系。

3. 应用

（1）三峡工程二期围堰

用应变空间简化弹塑性模型 $AD - BC = 0$，$B = C$，直接用所提供的 Duncan-Chang 模型求得 E_t、ν_t 得到弹塑性模型，并与 Duncan 模型及实测结果相比较，见图 1.1-12。广义位势理论弹塑性模型取得更符合实际的结果。

（2）一项试验结果采用不同本构模型的结果如图 1.5-6 所示，假设最少的四参数 $E\nu KG$ 模型与试验结果最接近，其次是三参数 $E\nu K$ 模型，关联模型假设多一些，结果也差一些。

比较：当考虑不同应力路径时，少假设、多参数的模型会好一些！

（3）数值模型：

用数值方法表示试验曲线，可以适应不同试验曲线，比双曲线、指数函数等经验函数有更广的适应性。

碎石桩复合体三轴试验的有限元计算对比：

试验体外侧为黏土，中间为碎石的复合体，如图 1.5-7 所示，对复合体也进行三轴试验，同时分别对黏土和碎石进行三轴试验，建立其各自的本构模型，再用有限元数值方

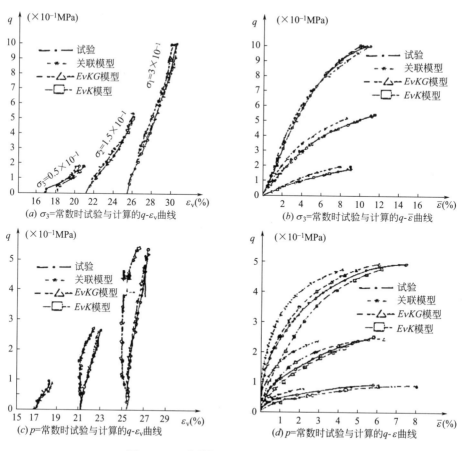

图 1.5-6　不同模型计算与试验结果比较

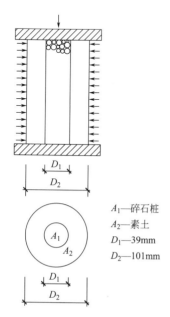

A_1—碎石桩
A_2—素土
D_1—39mm
D_2—101mm

图 1.5-7　复合体试验方案

法，计算复合体的试验过程，比较复合体计算与试验的结果。

用数学拟合黏土和碎石的试验曲线，由拟合曲线直接求：

$$E_t = \frac{\partial(\sigma_1 - \sigma_3)}{\partial \varepsilon_1} = \frac{\partial \sigma_1}{\partial \varepsilon_1}$$

$$\mu_t = \frac{1}{2}\left(1 - \frac{d\varepsilon_v}{d\varepsilon_1}\right)(剪胀时 > 0.5)$$

对图 1.5-8、图 1.5-9 的黏土试验曲线进行拟合，建立素土（黏土）应力空间上 E_t、μ_t 与应力的数值关系，如图 1.5-10 所示。

同样对碎石用数学拟合得到图 1.5-11、图 1.5-12 所示的试验曲线，由拟合曲线直接求：

$$E_t = \frac{\partial(\sigma_1 - \sigma_3)}{\partial \varepsilon_1} = \frac{\partial \sigma_1}{\partial \varepsilon_1}$$

$$\mu_t = \frac{1}{2}\left(1 - \frac{d\varepsilon_v}{d\varepsilon_1}\right)(剪胀时 \mu_t > 0.5)$$

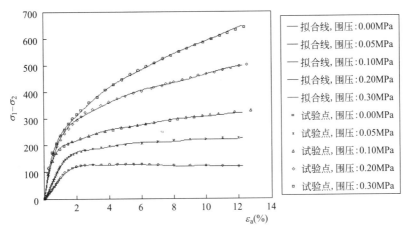

图 1.5-8 黏土 $\sigma_1 - \sigma_3 - \varepsilon_a$ 关系

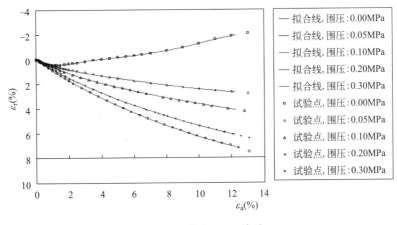

图 1.5-9 黏土 $\varepsilon_v - \varepsilon_a$ 关系

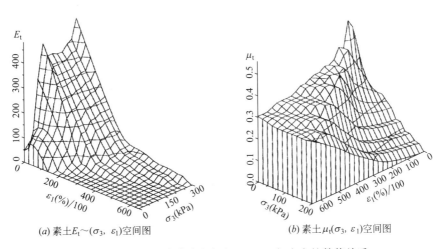

(a) 素土 $E_t \sim (\sigma_3, \varepsilon_1)$ 空间图 (b) 素土 $\mu_t (\sigma_3, \varepsilon_1)$ 空间图

图 1.5-10 黏土在应力空间上 E_t、μ_t 与应力的数值关系

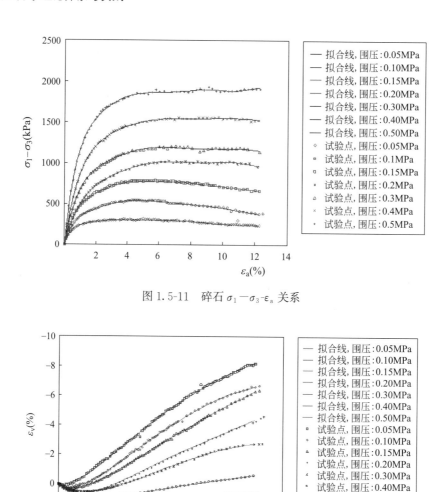

图 1.5-11 碎石 $\sigma_1-\sigma_3$-ε_a 关系

图 1.5-12 碎石 ε_v-ε_a 关系

　　建立碎石应力空间上 E_t、μ_t 与应力的数值关系，如图 1.5-13 所示，碎石的 $\mu_t>0.5$。

　　对复合体建立有限元网格，如图 1.5-14 所示，计算复合体的荷载（应力）-应变关系，如图 1.5-15 所示，相对而言，广义位势理论模型较 Duncan 模型更接近试验曲线。复合体中碎石桩体的应力-应变关系和外侧黏土的应力-应变关系，对比如图 1.5-16 所示，对碎石体，广义位势弹塑性模型较 Duncan 模型更接近试验曲线，Duncan 模型计算应力偏小，对黏土差别没那么明显。

　　为研究中间碎石体剪胀性的影响，对比了用数据表示的 E_t、μ_t 广义位势理论模型和 Duncan-Chang 模型的计算结果，对比了碎石体和外侧黏土的应力特点和碎石体的体变情况，如图 1.5-17 所示的应力点，对于碎石体①点的应力变化如图 1.5-18 所示，能较好反映剪胀性（$\mu_t>0.5$）的广义位势理论模型计算的碎石围压 σ_3 较大于试验的围压 $\sigma_3=100\text{kPa}$，Duncan-Chang 模型不能反映剪胀性（$\mu_t<0.5$），计算的碎石围压 σ_3 接近于试验的围压 $\sigma_3=100\text{kPa}$，这是因为碎石剪胀使外围的黏土产生更大的约束作用，使 σ_3 增大，

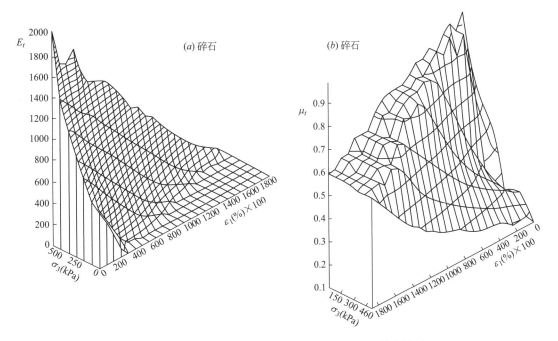

图 1.5-13 碎石在应力空间上 E_t、μ_t 与应力的数值关系

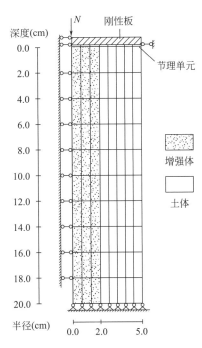

图 1.5-14 有限元计算网格

而 Duncan 模型没有剪胀,产生的碎石围压小。

反之,对于外围黏土③点的围压应力,广义位势理论模型计算的碎石最小应力 σ_3 较小于试验的围压 $\sigma_3 = 100\text{kPa}$,如图 1.5-19 所示,这是因为碎石剪胀使黏土的环向最小应

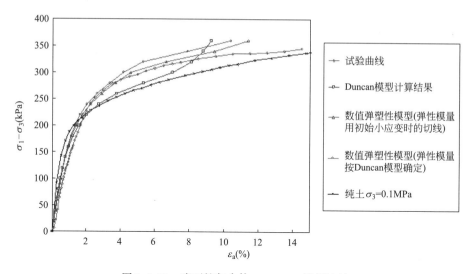

图 1.5-15　碎石桩复合体 $\sigma_1-\sigma_3$-ε_a 计算比较

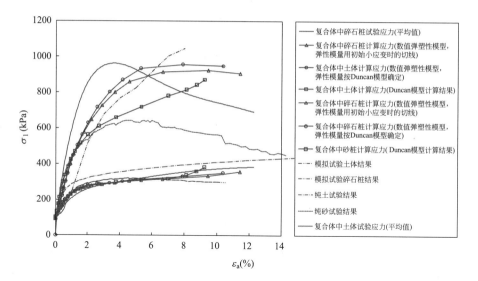

图 1.5-16　复合体中桩、土 σ_1-ε_a 计算比较

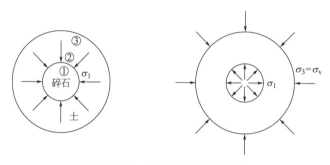

图 1.5-17　碎石桩剪胀效果分析

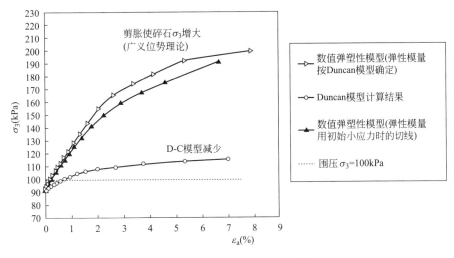

图 1.5-18　复合体碎石桩 σ_3-ε_a 计算比较

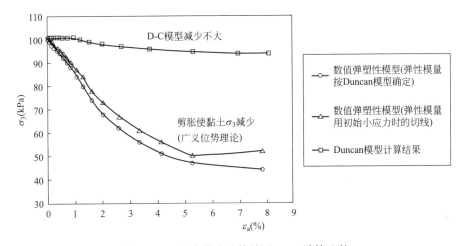

图 1.5-19　复合体中土体外圈 σ_3-ε_a 计算比较

力降低明显。图 1.5-20 计算了碎石的体变曲线，由图可知，广义位势理论模型能计算出碎石体的剪胀体变，Duncan-Change 模型没有体积膨胀。

可见，同样是用 E_t、μ_t 两个参数建立模型，基于广义胡克定律的 Duncan-Change 模型和基于广义位势理论的模型，结果是不同的。广义位势理论模型可以允许 $\mu_t > 0.5$，能用于反映剪胀性的影响，计算结果更能反映碎石变形的特性。

4.广义位势 K-G 模型

通常在 p-q 空间上可以试验得到这样的关系式：

$$\left.\begin{aligned} \mathrm{d}\varepsilon_v &= \frac{1}{K_1}\mathrm{d}p + \frac{1}{K_2}\mathrm{d}q \\ \mathrm{d}\overline{\varepsilon} &= \frac{1}{G_1}\mathrm{d}p + \frac{1}{G_2}\mathrm{d}q \end{aligned}\right\} \tag{1-65}$$

当用广义胡克定律建立 K-G 模型时，要得到 K、G 的显式表达，但上式中存在的 K_2

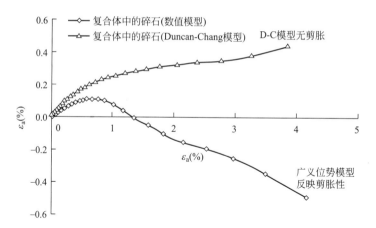

图 1.5-20 碎石桩计算的体变曲线

和 G_1 项难处理。

通常采用迭代处理来获得 K、G 的显式。

$$\left. \begin{aligned} d\varepsilon_v &= \left(\frac{1}{K_1} + \frac{1}{K_2}\frac{dq}{dp}\right)dp = \frac{1}{K}dp \\ d\bar{\varepsilon} &= \left(\frac{1}{G_1}\frac{dp}{dq} + \frac{1}{G_2}\right)dq = \frac{1}{G}dq \end{aligned} \right\} \tag{1-66}$$

这时广义胡克矩阵存在应力增量，应用不方便，难构建通常的应力总量表示的弹性矩阵，关键是 K_2、G_1 项难处理，用广义位势理论则可以很方便地解决这个难题。

求广义位势模型的 4 个参数，建立广义位势 K-G 模型，则很方便！

弹性应变：$\begin{cases} d\varepsilon_v^e = \dfrac{1}{K_e}dp \\ d\bar{\varepsilon}^e = \dfrac{1}{G_e}dq \end{cases}$

塑性应变：$\begin{cases} d\varepsilon_v^p = \left(\dfrac{1}{K_1} - \dfrac{1}{K_e}\right)dp + \dfrac{1}{K_2}dq \\ d\bar{\varepsilon}^p = \dfrac{1}{G_1}dp + \left(\dfrac{1}{G_2} - \dfrac{1}{G_e}\right)dq \end{cases}$

对比：$\begin{cases} d\varepsilon_v^p = Adp + Bdq \\ d\bar{\varepsilon}^p = Cdp + Ddq \end{cases}$

得到广义位势理论模型的 4 个参数：A、B、C、D。

$$A = \frac{1}{K_1} - \frac{1}{K_e}$$

$$B = \frac{1}{K_2}$$

$$C = \frac{1}{G_1} \tag{1-67}$$

$$D = \frac{1}{G_2} - \frac{1}{G_e}$$

代入广义位势模型的矩阵公式（1-57），即构建了广义位势理论的 K-G 模型。当为三参数 K-G 模型时：$G_1 = \infty$，相当于 $C = 0$。这样很方便的由通常的 K-G 模型构建基于广义位势理论的新模型。

广义位势理论模型优势：

① 具有普遍性，适应复杂的岩土特性。

② 应用方便，灵活，根据需要设定试验。

③ 直接根据试验曲线求得 A、B、C、D 即可。

试验曲线可以用经验函数，也可用数值方法，可适应各自试验曲线。

④ 解决了塑性应变增量方向不唯一的问题

p-q 空间上的一般关系：$\mathrm{d}\varepsilon_v^p = A\,\mathrm{d}p + B\,\mathrm{d}q$

$$\mathrm{d}\bar{\varepsilon}^p = c\,\mathrm{d}p + D\,\mathrm{d}q$$

当 $AD - BC > 0$ 时就表示了塑性应变增量方向不唯一。一些试验结果表明，土的塑性应变增量方向存在非唯一性，如图 1.5-21 所示。

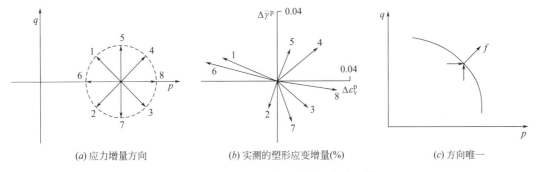

(a) 应力增量方向　　　　*(b)* 实测的塑形应变增量(%)　　　　*(c)* 方向唯一

图 1.5-21　塑性应变增量方向的非唯一性

传统理论强迫满足 $AD - BC = 0$，这时矩阵 $[D_p]$ 存在奇异！

解决的另一个方法是将塑性应变分解为两部分：

$$\mathrm{d}\varepsilon_v^p = \mathrm{d}\varepsilon_v^{pp} + \mathrm{d}\varepsilon_v^{pe} = A_p\,\mathrm{d}p + B\,\mathrm{d}q + A_{ep}\,\mathrm{d}p$$
$$\mathrm{d}\bar{\varepsilon}^p = \mathrm{d}\bar{\varepsilon}^{pp} + \mathrm{d}\bar{\varepsilon}^{ep} = C\,\mathrm{d}p + D_p\,\mathrm{d}q + D_{ep}\,\mathrm{d}q \qquad (1\text{-}68)$$

满足方向无关的纯塑性应变：$\mathrm{d}\varepsilon_v^{pp}$、$\mathrm{d}\bar{\varepsilon}^{pp}$

使 $A_p D_p - BC = 0$，这部分塑性应变用塑性分解准则建立模型，也即传统的理论，直接把 A_p、B、C、D_p 代替广义位势理论模型中的 A、B、C、D 四个参数，只是相当于满足了 $AD - BC = 0$ 的条件，矩阵得以简化。

分出拟弹性塑性应变：

$$\mathrm{d}\varepsilon_{vep}^p = A_{ep}\,\mathrm{d}p \qquad \mathrm{d}\varepsilon_{ep}^p = D_{ep}\,\mathrm{d}q \qquad (1\text{-}69)$$

这部分采用弹性分解准则，即用广义胡克定律，求得 K、G 两个参数建立类似的弹性矩阵。称这部分的塑性应变具有弹性特性，即应变增量与应力增量为线性关系。

ⅰ）水坠坝冲填土塑性系数的拟弹性分解比较如图 1.5-22、图 1.5-23 所示。可见改进的新模型效果较好。

结果：①比关联模型更好。②保证了矩阵的合理性，都是对称矩阵，提高了计算的可靠性。

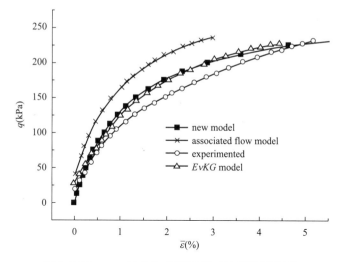

图 1.5-22　$p_1 = 150$kPa 计算效果（比关联模型好）

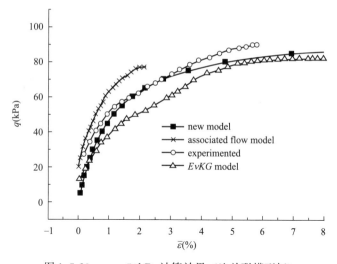

图 1.5-23　$p_2 = 50$kPa 计算效果（比关联模型好）

ⅱ）细砂数值弹塑性模型

拟弹性参数的选取与比较（姚捷博士）

Duncan 模型反映不出体胀，新模型能反映体胀，效果较好，如图 1.5-24 所示。

这里考虑三种方案：确定满足 $A_p D_p - BC = 0$ 的塑性应变，总塑性应变减去满足这个条件的塑性应变，剩余部分的处理：

① 只增加一项 A_{ep}，亦即此时 $D_{ep} = 0$；

② 用误差部分的 A_{ep} 项，再按弹性胡克定律的关系求 D_{ep} 项；

③ 直接用误差部分作为 A_{ep} 项和 D_{ep} 项。

结果比较如图 1.5-25 所示。（a）、（b）、（c）对应①、②、③方案。

可见用独立的两个拟弹性系数的（c）方案效果最好。

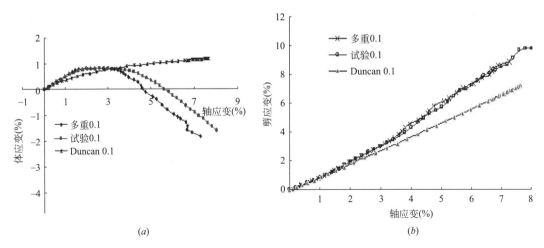

图 1.5-24　新模型和 Duncan 模型的比较

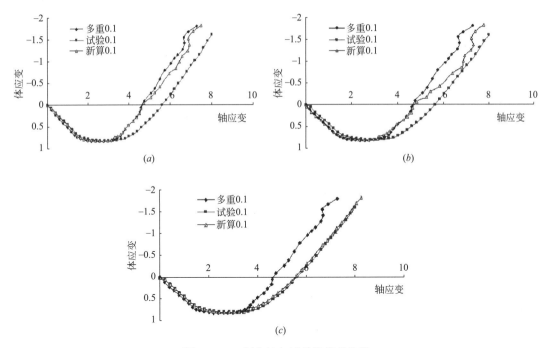

图 1.5-25　新方法与试验结果的比较

新方法计算的偏应力与剪应变关系与试验比较如图 1.5-26 所示,差异不大。

新方法的广义弹塑性刚度矩阵由三项组成,正定性好。

$$[D_{ep}] = [C_{ep}]^{-1}$$
$$[C_{ep}] = [C_e] + [C_e^p] + [C_p]$$

$$(1\text{-}70)$$

第一项是弹性柔度矩阵,第二项是拟弹性塑性柔度矩阵,它是与弹性柔度矩阵一样的对称对角占优矩阵,第三项才是相当于传统理论的塑性柔度矩阵,拟弹性塑性矩阵的拟弹性参数为 $K = A_{ep}$,$G = D_{ep}$,塑性矩阵的四个参数为 A_p、B、C、D_p,塑性柔度矩阵为:

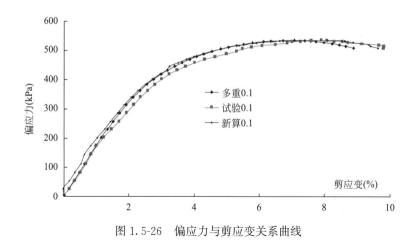

图 1.5-26　偏应力与剪应变关系曲线

$$[C_\text{p}] = A_\text{p}\left(\frac{\partial p}{\partial \sigma}\right)\left(\frac{\partial p}{\partial \sigma}\right)^\text{T} + B\left(\frac{\partial p}{\partial \sigma}\right)\left(\frac{\partial q}{\partial \sigma}\right)^\text{T}$$
$$+ C\left(\frac{\partial q}{\partial \sigma}\right)\left(\frac{\partial p}{\partial \sigma}\right)^\text{T} + D_\text{p}\left(\frac{\partial q}{\partial \sigma}\right)\left(\frac{\partial q}{\partial \sigma}\right)^\text{T} \tag{1-71}$$

5. 从数学上认识剑桥模型

由广义位势理论可知，本构方程只要确定了 A、B、C、D 这四个参数就可以了。假设这四个参数满足

$$AD - BC = 0$$
$$B = C \tag{1-72}$$

则四个参数已有两个方程，再补两个方程则可以确定剩余的两个参数。设

$$\frac{\text{d}\varepsilon_\text{v}^\text{p}}{\text{d}\bar{\varepsilon}^\text{p}} = \beta \tag{1-73}$$

得：

$$\left.\begin{array}{l} \text{d}\varepsilon_\text{v}^\text{p} = A\,\text{d}p + \dfrac{A}{\beta}\,\text{d}q \\[2mm] \text{d}\bar{\varepsilon}^\text{p} = \dfrac{A}{\beta}\,\text{d}p + \dfrac{A}{\beta^2}\,\text{d}q \end{array}\right\} \tag{1-74}$$

这样就剩两个参数：A、β，A 源于压缩试验。

由 $\dfrac{\text{d}\varepsilon_\text{v}^\text{p}}{\text{d}\bar{\varepsilon}^\text{p}} = \beta$ 得 $\text{d}\bar{\varepsilon}^\text{p} = \dfrac{\text{d}\varepsilon_\text{v}^\text{p}}{\beta}$，设：$A = \alpha A_0$，$A_0 = \dfrac{\lambda - \kappa}{1 + e} \cdot \dfrac{1}{p}$

β、α 两个参数的特点如图 1.5-27 和图 1.5-28 所示。图 1.5-27 虚线与帽子屈服面间为 $\text{d}\bar{\varepsilon}^\text{p}$ 的变化规律，在 B 点处，$\text{d}\bar{\varepsilon}^\text{p} = 0$，A 点处 $\text{d}\bar{\varepsilon}^\text{p} = \infty$。图 1.5-28 虚线与帽子屈服面间为 $\text{d}\varepsilon_\text{v}^\text{p}$ 的变化规律，A 点处 $\text{d}\varepsilon_\text{v}^\text{p} = 0$，B 点处 $\text{d}\varepsilon_\text{v}^\text{p} = A_0\text{d}p$。

对 β 图分析：表示 $\text{d}\bar{\varepsilon}^\text{p}$ 的变化图

A 点为破坏点：应力状态为 $M = \eta$，$\text{d}\bar{\varepsilon}^\text{p} = \infty$，相当于 $\beta = M - \eta$，这样，在 A 点处则 $\beta = 0$，满足 $\text{d}\bar{\varepsilon}^\text{p} = \infty$。

P 轴上：$\text{d}\bar{\varepsilon}^\text{p} = 0$，该处应该 $\beta = \infty$。

对 α 图分析：表示 $\text{d}\varepsilon_\text{v}^\text{p}$ 的变化图

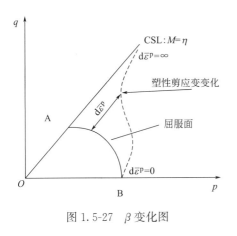

图 1.5-27　β 变化图

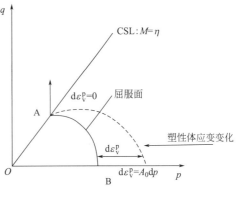

图 1.5-28　α 变化图

B 点：设 $d\varepsilon_v^p = A dp$，$A = \alpha A_0$，则 B 点为等向压缩应力状态 $\eta = 0$，$\alpha = 1$，等向压缩试验得到：$A_0 = \dfrac{\lambda - \kappa}{1 + e} \cdot \dfrac{1}{p}$。

A 点：$d\varepsilon_v^p = 0$，则要求 $A = 0$，由于 $A_0 \neq 0$，则必须 $\alpha = 0$，此时的应力状态：$\eta = M$。

构造函数：$\alpha = 1 - \dfrac{\eta}{M}$，可以满足 A 点 $\alpha = 0$ 和 B 点 $\alpha = 1$ 的条件。

即可得到剑桥模型。

这样可以数学构造：$A = \dfrac{\lambda - \kappa}{1 + e} \cdot \dfrac{1}{p} \cdot \left(1 - \dfrac{\eta}{M}\right) \quad \beta = M - \eta$

得剑桥模型 $\begin{Bmatrix} d\varepsilon_v^p \\ d\bar{\varepsilon}^p \end{Bmatrix} = A \cdot \begin{bmatrix} 1 & \dfrac{1}{M - \eta} \\ \dfrac{1}{M - \eta} & \left(\dfrac{1}{M - \eta}\right)^2 \end{bmatrix} \cdot \begin{Bmatrix} dp \\ dq \end{Bmatrix}$　　　　(1-75)

对 β 图：B 点：$d\bar{\varepsilon}^p = \dfrac{d\varepsilon_v^p}{\beta}$，$\beta = M - \eta$，此时 $\eta = 0$，$d\bar{\varepsilon}^p \neq 0$ 不满足该处 $d\bar{\varepsilon}^p = 0$ 的要求。

为此构造函数 $\beta = \dfrac{M - \eta}{\eta}$，则 $\eta = 0$ 时，$\beta = \infty$，这样满足 $d\bar{\varepsilon}^p = \dfrac{d\varepsilon_v^p}{\beta} = 0$

可得新模型：$\begin{Bmatrix} d\varepsilon_v^p \\ d\bar{\varepsilon}^p \end{Bmatrix} = A \cdot \begin{bmatrix} 1 & \dfrac{\eta}{M - \eta} \\ \dfrac{\eta}{M - \eta} & \left(\dfrac{\eta}{M - \eta}\right)^2 \end{bmatrix} \cdot \begin{Bmatrix} dp \\ dq \end{Bmatrix}$　　　　(1-76)

当设 $A = \dfrac{\lambda - \kappa}{1 + e} \cdot \dfrac{1}{p} \cdot \dfrac{1 - \left(\dfrac{\eta}{M}\right)^2}{1 + \left(\dfrac{\eta}{M}\right)^2}$　$\beta = \dfrac{M^2 - \eta^2}{2\eta}$，可以满足图 1.5-28 中塑性体应变 p 轴

B 点为最大，破坏线的 A 点处为 0，图 1.5-27 中，塑性剪应变在 p 轴 B 点时为 0，破坏 A 点时无限大的特点，即全部可满足 p 轴和破坏点要求的条件。

也满足 A、B 两点 $d\varepsilon_v^p$，$d\bar{\varepsilon}^p$ 的正交条件。

则可得到修正剑桥模型
$$\begin{Bmatrix} d\varepsilon_v^p \\ d\varepsilon^p \end{Bmatrix} = A \cdot \begin{bmatrix} 1 & \dfrac{2\eta}{M^2 - \eta^2} \\ \dfrac{2\eta}{M^2 - \eta^2} & \left(\dfrac{2\eta}{M^2 - \eta^2}\right)^2 \end{bmatrix} \cdot \begin{Bmatrix} dp \\ dq \end{Bmatrix} \tag{1-77}$$

如数学直接构造：
$$\left. \begin{array}{l} A = \dfrac{\lambda - \kappa}{1 + e} \cdot \dfrac{1}{p} \cdot \left(1 - \left(\dfrac{\eta}{M}\right)^n\right) \\ \beta = (M - \eta)/\eta \end{array} \right\}$$
可用 n 拟合试验曲线

A、β 也可满足图 1.5-27、图 1.5-28 中 A、B 两点的要求条件，则不需要假设能量函数

可得新模型：
$$\begin{Bmatrix} d\varepsilon_v^p \\ d\varepsilon^p \end{Bmatrix} = A \cdot \begin{bmatrix} 1 & \dfrac{\eta}{M - \eta} \\ \dfrac{\eta}{M - \eta} & \left(\dfrac{\eta}{M - \eta}\right)^2 \end{bmatrix} \cdot \begin{Bmatrix} dp \\ dq \end{Bmatrix} \tag{1-78}$$

这样可以研究 A、β 的不同形式，使其满足 A、β 在图 1.5-27、图 1.5-28 的 A、B 两点的数学条件，则可构造出各种模型。

可以设待定参数，用试验曲线确定，适应性更好！

模型应用比较（温勇博士）

把原剑桥模型、修正剑桥模型和新模型用于一个试验数据的表述，如图 1.5-29、图 1.5-30 所示，由图可见，新模型可以通过调整参数 n 获得更好的效果。结果表明剑桥模型差、修正剑桥模型好、新模型更好。

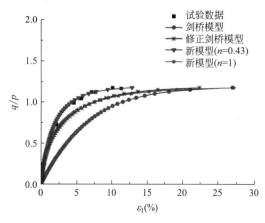
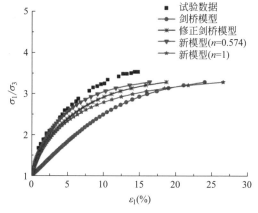

图 1.5-29 应力比 q/p 与轴向应变 ε_1 关系曲线对比

图 1.5-30 应力比 σ_1/σ_3 与轴向应变 ε_1 关系曲线对比

1.6 讨论与展望

1. 本构模型的研究向两个方向发展

（1）更复杂的特性研究和模型建立

如主轴旋转、砂土剪胀性、小应变特性等，可以进行深入研究。

（2）工程应用

建立理论可靠、参数易确定的模型。

如 HS 模型，是结合 D-C 和弹塑性的模型，广义位势模型用于解决工程问题。

2. 理论与模型的发展

（1）作为工程应用，D-C 模型、剑桥模型已够用，已反映土的主要本构特性。

（2）缺考虑剪胀的合适模型：广义位势 K-G 模型是解决的途径之一。

（3）反映复杂本构特性：在传统理论上有局限性。

早期用广义胡克 K-G 模型反映剪胀性，很困难！效果不太好！

用弹塑性理论解决塑性应变增量方向非唯一性，难实现！

要搞清楚理论假设，在不能的基础上去做，会越做模型越复杂。

（4）广义位势理论模型有更大空间，具有普遍性，数学原理清晰，应用方便，可以直接拟合试验曲线建立模型，概念简单，值得推广应用。

3. 模型验证

目前多用室内三轴试验验证模型，其实都是在主空间上验证，对理论验证不够！

一些验证其实是用虚线拟合实线！如图 1.6-1 所示，意义不大！

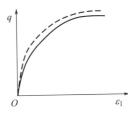

图 1.6-1 曲线拟合

好的验证：应该用边值计算与试验比较。

4. 模型的工程应用问题

以本构模型的计算结果作为设计依据还不多，列入规范的很少，远未能发挥本构模型在工程中的作用。对于实际工程，即使经典的 D-C 模型、剑桥模型，也不能保证计算结果的可靠性！

原因：模型参数不准！

（1）地基沉降计算算例

地基现场载荷试验是一个很简单的问题！荷载沉降过程如图 1.6-2 所示，沉降过程谁能算准？目前还不能准确计算沉降全过程，怎么样计算更准？

一个沉降计算实用模型：

$$E_t = \left(1 - R_f \frac{\sigma_1 - \sigma_3}{(\sigma_1 - \sigma_3)_f}\right)^2 E_{t0} \qquad (1\text{-}79)$$

$$(\sigma_1 - \sigma_3)_f = \frac{2c \cdot \cos\varphi + 2\sigma_3 \sin\varphi}{1 - \sin\varphi}$$

$$\mu = 0.3$$

模型的三个参数，可以用小压板载荷试验定，如图 1.6-3 所示。

由曲线的初始切线模量 K_0 可得到土的初始切线模量 E_{t0}：

$$E_{t0} = \frac{D(1 - \mu^2)}{K_0} \cdot \omega$$

由极限承载力 P_u 可以反算土的强度参数：$P_u \rightarrow c,\ \varphi$

模型参数解决后，可以用于数值计算，预测大型基础的沉降。具体内容参见第 2 章。

边值：数值计算压板试验，效果好！

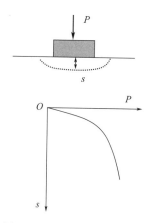

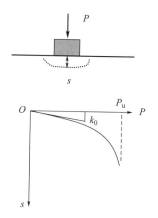

图 1.6-2 地基压板载荷试验   图 1.6-3 压板试验反算模型参数

图 1.6-4 为一个压板试验的计算比较，首先通过压板试验确定沉降实用本构模型的三个参数 E_{t0}、C、φ，然后用于数值计算。数值计算的本构模型为：理想弹塑性 M-C 模型和沉降实用本构模型，计算沉降过程线与实测比较如图 1.6-4 所示，由图可见，沉降实用模型与试验结果较一致。

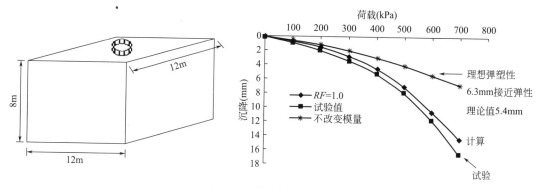

图 1.6-4 压板试验计算比较

（2）比萨斜塔沉降计算（1370 年竣工）

比萨斜塔的沉降是一个很典型的地基沉降问题，其倾斜和基本参数如图 1.6-5 所示。

塔的总高度＝58.36m

地面以上塔的高度＝55m

基底平面至塔重心的距离＝22.6m

环形基础的外径＝19.58m

环形基础的内径＝4.5m

环基面积＝285m²

平均基底压力＝497kPa

1992 年底偏心距＝2.3m

1992 年底塔的倾斜＝5°28′09″

图 1.6-5 比萨斜塔

如何计算其沉降，这里采用前面的沉降实用本构模型作一探索。塔的结构和地基情况如下：塔基的地质分布如图 1.6-6 所示，土的力学参数如表 1.6-1 所示。如果依据土工参数，依据国内现有的规范（表 1.6-2），即使不考虑下卧软土层 B，按持力层 A 参考粉质黏土，按土工试验指标最大可能的承载力是 150kPa，而塔基的实际基底压力是 500kPa，远大于通常的承载力特征值，这是很值得研究的问题。当然基底压力大也就不可避免地产生了很大的沉降，沉降情况如图 1.6-7 所示。

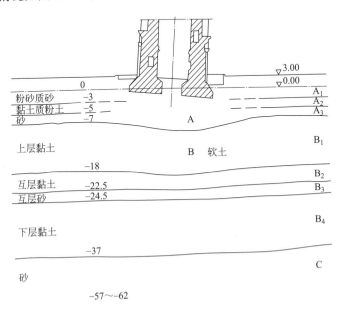

图 1.6-6 最大倾斜平面上的土剖面图

比萨塔地基土的土工参数　　　　表 1.6-1

土层		γ (kN/m³)	w (%)	e	LL (%)	PI (%)	细粒土 (%)	G (kN/m³)
A		18.1～19.0	33.3～37.9	0.88～1.02	28～42	8～19	22～100	26.4～26.9
B	B_1	16.4～17.8	45.2～60.8	1.22～1.66	53～61	27～57	> 80	27.0～27.3
	B_2	19.4～20.4	24.6～28.9	0.66～0.79	34～61	13～19	> 80	26.8～27.3
	B_3	18.5～19.4	28.2～34.5	0.74～0.91	非塑性的	非塑性的	3～50	26.2～26.2
	B_4	17.6～19.3	30.8～42.5	0.81～1.14	35～78	17～48	> 80	26.3～26.8
C		20.2～21.4	16.2～21.8	0.42～0.57	非塑性的	非塑性的	0～20	26.0～26.2

国内规范中粉土承载力特征值的经验值 f_{ak} （kPa）　　　　表 1.6-2

第一指标孔隙比 e ＼ 第二指标液性指数 I_L	0	0.25	0.50	0.75	1.0	1.20
0.5	350	330	310	290	280	
0.6	300	280	260	240	230	
0.7	250	230	210	200	190	150

续表

第一指标孔隙比 e \ 第二指标液性指数 I_L	0	0.25	0.50	0.75	1.0	1.20
0.8	200	180	170	160	150	120
0.9	160	150	140	130	120	100
1.0		130	120	110	100	
1.1			100	90	80	

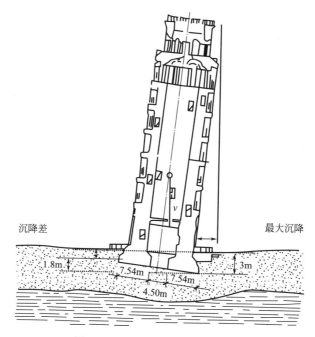

图 1.6-7　比萨斜塔的沉降和倾斜

地基计算简图如图 1.6-8 所示，采用的沉降实用本构模型参数如表 1.6-3 所示，数值计算网格如图 1.6-9 所示，计算的地基应力云图如图 1.6-10 所示。

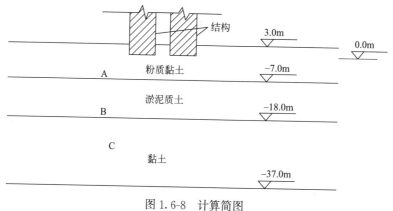

图 1.6-8　计算简图

沉降实用本构模型参数 表 1.6-3

土体类别	c (kPa)	φ (°)	E (MPa)
A 粉质黏土	18	22	17.8
B 淤泥质土	12	10	2.96
C 黏土	25	22	25.8

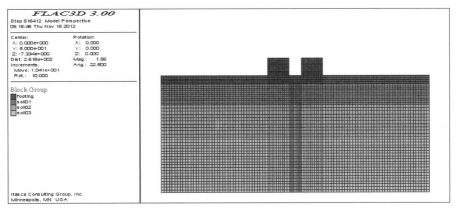

图 1.6-9 数值计算网格

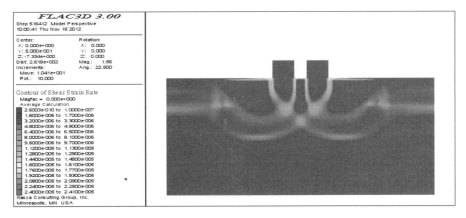

图 1.6-10 计算的地基应力云图

采用简单沉降本构模型：

$$E_t = \left[1 - R_f \frac{\sigma_1 - \sigma_3}{(\sigma_1 - \sigma_3)_f} \right]^2 E_{t0} \qquad (\sigma_1 - \sigma_3)_f = \frac{2c \cdot \cos\varphi + 2\sigma_3 \cdot \sin\varphi}{1 - \sin\varphi}$$

$$E_{t0} = 2E$$

塔基的荷载沉降过程线如图 1.6-11 所示，当基底压力为 500kPa 时，对应的沉降 2560mm，实际沉降 1.8～3m，与计算比较接近，说明沉降实用本构模型是可用的，同时也说明地基可以有 500kPa 那么大的承载力！沉降与荷载关系如表 1.6-4 所示。

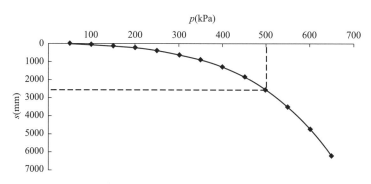

图 1.6-11 塔基的荷载沉降过程

p-s 关系表   表 1.6-4

p(kPa)	s(mm)	p(kPa)	s(mm)
50	14.73	500	2559.50
100	61.79	550	3510.20
150	134.27	600	4710.70
200	238.23	650	6194.10
250	382.23		
300	586.11		
350	872.21		
400	1274.00		
450	1825.30		

1.7 结论

（1）目前本构模型发展方向：顶天立地。

顶天：研究土的复杂特性及精细模型要用新理论，传统理论有局限性。

立地：解决工程问题应该用实用模型，参数确定宜用原位试验。

（2）传统理论可以表述土的主要特性，可应用于工程实践。

砂土剪胀模型缺乏，广义位势理论模型有前景！

（3）广义位势理论数学原理清晰，有普遍性，应用方便，值得发展和应用。可用于精细模型研究。

广义位势理论可以直接用拟合试验曲线求参数建立模型，直观简便！

（4）模型验证

应加强边值问题验证，通常室内试验主要验证主空间特性，对本构理论的验证不够。

（5）解决本构模型工程应用

应建立有效实用模型，参数简单、确定方便、可靠，才能推广应用。

（6）中国缺乏自己商业软件！较难推广自己的模型。

主要参考文献

[1] 杨光华，李广信，介玉新.土的本构模型的广义位势理论及其应用 [M].北京：中国水利水电出版社，2007.

[2] 李广信.高等土力学 [M].北京：清华大学出版社，2002.

[3] 郑颖人，沈珠江，龚晓南.广义塑性力学—岩土塑性力学原理 [M].北京：中国建筑工业出版社，2002.

[4] 杨光华.建立弹塑性本构关系的广义塑性位势理论 [A] //第三届全国岩石力学数值计算与解析方法讨论会论文集 [C].1988.

[5] 杨光华.岩土类工程材料应力-应变本构理论的基本数学问题 [A].岩土力学数值方法的工程应用——第二届全国岩石力学数值计算与模型实验学术研讨会论文集 [C].1990.

[6] 杨光华.岩土类材料的多重势面弹塑性本构模型理论 [J].岩土工程学报，1991 (5)：99-107.

[7] 杨光华.岩土类工程材料本构关系的势函数模型理论 [A] //第四届全国岩石力学数值计算与解析方法讨论会论文集 [C].1991.

[8] 沈珠江.土力学理论研究中的两个问题 [J].岩土工程学报.1992，14 (3)：99-100.

[9] Guang-hua Yang. A New Elasto-plastic Constitutive Model for Soils，lnt. Conf. On Soils Eng.，Science Press，Nov.，1993. Guang Zhou，China.

[10] Guang-hua Yang. A New Strain Space Elastoplastic Constitutive Model for Soils. Proceedings of the 2nd Conf. on Soft Soil Eng，May，1996. Nanjing.

[11] 杨光华.水工结构工程理论与应用 [M].大连：大连海运学院出版社，1993.

[12] 杨光华.土的数学本构理论的研究（综述报告）[C] //第二届全国青年岩土力学与工程会议论文集.1995.

[13] 杨光华.21 世纪应建立岩土材料的本构理论 [J].岩土工程学报.1997 (3)：119-120.

[14] 杨光华.土体材料本构特性的数学分析 [C] //第六届全国岩土力学数值分析与解析方法讨论会论文集.1998.

[15] 杨光华，介玉新，李广信，黄文峰.土的多重势面模型及验证 [J].岩土工程学报，1999 (5)：578-582.

[16] 杨光华，李广信.岩土本构模型的数学基础与广义位势理论 [J].岩土力学，2002 (5)：531-535.

[17] 杨光华，李广信.从广义位势理论的角度看土的本构理论的研究 [J].岩土工程学报，2007 (4)：594-597.

[18] 杨光华.岩土材料不符合 Drucker 公设的一个证明 [J].岩土工程学报，2010，32 (1)：144-146.

[19] 杨光华，温勇，钟志辉.基于广义位势理论的类剑桥模型 [J].岩土力学，2013，34 (6)：1521-1528.

[20] 杨光华，姚捷，温勇.考虑拟弹性塑性变形的土体弹塑性本构模型 [J].岩土工程学报，2013，35 (8)：1496-1503.

[21] Guang-hua Yang，Yu-xin Jie and Guang-xin Li. A. Mathematical Approach to Establishing Constitutive Models for Geometerials [J]. Applied Mathematics，2013，10.

[22] 杨光华.土的现代本构理论的发展回顾与展望 [J].岩土工程学报，2018，40 (8)：1363-1372.

[23] Briaud J L，Gibbens R M. Predicted and measured behavior of five spread footings on sand [A] //Proceedings of a prediction symposium sponsored by the Federal Highway Administration，Settlement'94 ASCE Conference [C]. Texas A&M University，USA，June 16-18，1994.

第 2 章　现代地基设计的新方法

2.1　目前地基设计理论及存在问题

对于地基设计，我们要达到的目的是保证上部结构的安全，一般包括如下两个目的：

（1）地基不破坏，即满足强度安全的要求；

（2）沉降不超标，即满足变形安全的要求。

而除了要保证达到以上两个技术要求，还需尽量使工程造价最低。如何做到安全节省的设计，才是地基设计的重点和难点。地基设计中的一些技术难点，目前还没有得到很好的解决。

2.1.1　工程案例

工程案例 1：广州荔湾商业大厦的地基设计。该大厦楼层分布为地上 12 层，地下 2 层，该设计原方案考虑采用人工挖孔桩，但人工挖孔桩从地面算起，最大孔深约 50m 才能到达中风化岩层，存在较大的施工风险。其实在此地质条件下，直接使用天然地基能否满足要求呢？我们通过两种不同分析方法却得到两种不同的结论。

其原设计桩基平面布置及地质钻孔分布图、地质钻孔平面图、地质剖面图分别如图 2.1-1、图 2.1-2、图 2.1-3 所示。

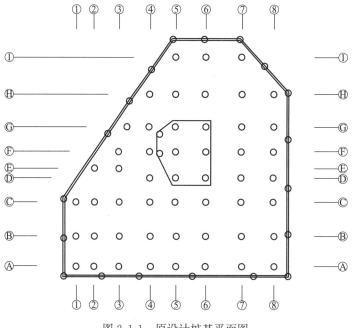

图 2.1-1　原设计桩基平面图

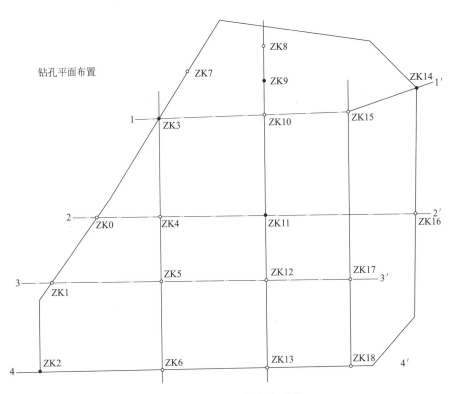

图 2.1-2　地质钻孔平面图

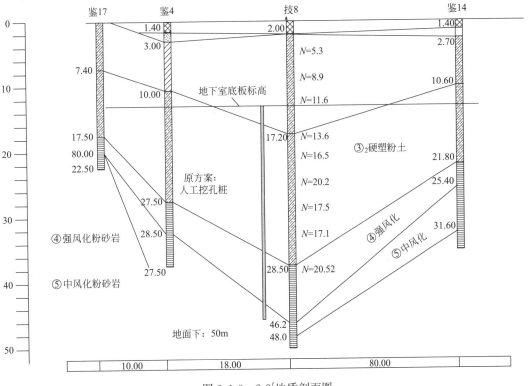

图 2.1-3　2-2'地质剖面图

由勘察结果可得各层土物理力学指标如表 2.1-1 所示。

各层土的物理力学指标 表 2.1-1

分层序号	岩性	湿密度 ρ_s (g/cm³)	天然含水量 w (%)	天然孔隙比 e	塑性指数 I_P	液性指数 I_L	压缩系数 a_{1-2} (MPa⁻¹)	压缩模量 E_a (MPa)	抗剪强度 c (kPa)	抗剪强度 φ (°)	标准击数 $N_{63.5}$	推荐承载力 f_k (kPa)
① Q^{al}	素填土											60~80
② Q^{al}	细砂											60~70
③₁ Q^{al}	粉质黏土	1.83~2.12	16.3~29.5	0.475~0.943	8.8~14.1	0.5~0.53	0.265~0.653	2.61~5.77	26.09~91.87	2°10′~14°45′	5.3~15.6	160~180
		2.02	21.4	6.632	11.5		0.406	4.33			8.5	
③₂ Q^{al}	粉土	18.4~21.0	15.9~22.5	0.548~0.776	6.3~11.4	0.26~0.76	0.245~0.754	2.10~6.65	14.7~75.49	7″8′~35°0′	15.0~32.4	240~260
		2.00	18.8	0.593	8.7			4.40			20.2	

由表 2.1-1 可得此时持力层土的压缩模量 $E_s = 4.4$MPa，根据规范（GB 50007）的沉降计算经验系数表，如表 2.1-2 所示，可得其沉降计算修正经验系数 ψ_s 约为 1.0。如果直接使用天然地基，由计算得沉降约为 700mm，沉降太大。而若考虑卸荷模量，其卸荷模量取约为压缩模量的 3 倍，此时计算得到的沉降约为 270mm，沉降还是太大，结论是不能使用天然地基。而我们通过原位压板载荷试验可得到土的变形模量 $E_0 = 40$MPa，由此计算得到的沉降 $s < 50$mm，可以直接采用天然地基。

沉降计算经验系数 ψ_s 表 2.1-2

基底附加压力 ＼ $\overline{E}_s$ (MPa)	2.5	4.0	7.0	15.0	20.0
$p_0 \leq f_{ak}$	1.4	1.3	1.0	0.4	0.2
$p_0 \leq 0.75 f_{ak}$	1.1	1.0	0.7	0.4	0.2

注：$\overline{E}_s$ 为变形计算深度范围内压缩模量的当量值，应按下式计算：

$$\overline{E}_s = \frac{\sum A_i}{\sum \dfrac{A_i}{E_{si}}}$$

式中 A_i——第 i 层土附加应力系数沿土层厚度的积分值。

在理论上，变形模量 E_0 与压缩模量 E_s 关系为：$E_0 = \beta E_s$，$\beta < 1$，即变形模量 E_0 按理论分析应该小于压缩模量 E_s，原因是 E_0 是由现场压板试验测出的，存在侧向变形。而 E_s 是由室内压缩试验测出的，无侧向变形，约束更刚，所以在理论上 E_0 应该小于 E_s。

但由上述工程案例可知，我们通过原位压板载荷试验可得到土的变形模量 $E_0 = 40$MPa，远远大于土的压缩模量 $E_s = 4.4$MPa。大量工程表明，对于广东的残积土，$E_0 = (6 \sim 10) E_s$，存在与理论结论不一致主要原因是由于土体扰动等，使得取样室内试验所得参数与现场原位土试验所得参数差异大，用室内试验参数计算沉降与实际会有较大差异。

　　工程案例 2：某物流中心的地基处理问题。地面荷载约为 30.5kPa，其总平面图、工地现场及地质剖面图分别如图 2.1-4、图 2.1-5、图 2.1-6 所示。

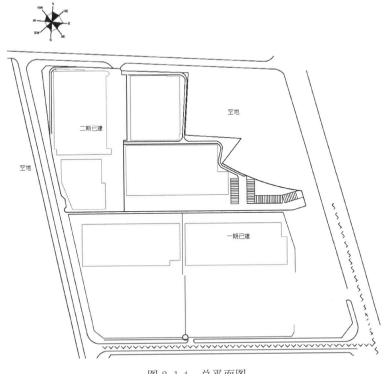

图 2.1-4　总平面图

(a)　　　　　　　　　　　　　　　　　　(b)

图 2.1-5　工地现场图

　　该工程要求场地在 30.5kPa 荷载下的沉降＜50mm，对其中两个钻孔按照建筑地基规范的压缩模量分层总和法进行沉降计算，其计算过程如表 2.1-3 所示。

　　根据其计算结果可知两个钻孔的沉降分别为 59mm 及 56mm，超过场地要求的沉降值，必须进行相应的地基处理。而如果采用变形模量进行沉降计算，得到的结果却小于 30mm，最后经综合分析，没有进行地基处理，一期工程运行 3 年，其沉降为 7～8mm。

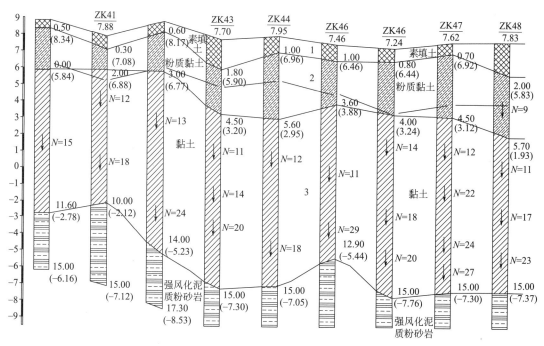

图 2.1-6 地质剖面图

压缩模量分层总和法

表 2.1-3

钻孔 ZK46	z (m)	o_1	$o_1 \cdot z$	A_1 (m)	E_{si} (MPa)	p_0 (kPa)	$\Delta s_t'$ (mm)	s' (mm)	ψ_s	s (mm)	E_q' (MPa)
①压实填土	1.54	1.0000	1.5600	1.5600	5.00	30.50	9.52	9.52			
①压实填土	2.36	1.0000	2.3600	0.8000	5.00	30.50	4.88	14.40	且 $4 \leqslant Es' \leqslant 7, \psi_s = -0.1s' + 1.4$		
②粉质黏土	6.56	0.9991	6.5541	4.1941	5.30	30.50	22.06	36.45			
③黏土	30.00	0.9971	9.9710	3.4169	6.50	30.50	16.03	52.48			
③黏土	16.56	0.9888	16.3745	6.4035	7.50	30.50	26.04	78.53			
④强风化泥质粉砂岩	17.56	0.9870	17.3317	0.9572	16.00	30.50	1.82	80.35	0.742	59.63	6.58 0.0227

钻孔 ZK47	z (m)	o_1	$o_1 \cdot z$	A_1 (m)	E_{si} (MPa)	p_0 (kPa)	$\Delta s_t'$ (mm)	s' (mm)	ψ_s	s (mm)	E_q' (MPa)
①压实填土	1.18	1.0000	1.1800	1.1800	5.00	30.50	7.20	7.20			
①压实填土	1.88	1.0000	1.8800	0.7000	5.00	30.50	4.27	11.47	且 $4 \leqslant Es' \leqslant 7, \psi_s = -0.1s' + 1.4$		
②粉质黏土	5.68	0.9994	5.6766	3.7966	5.30	30.50	19.96	31.43			
③黏土	10.00	0.9968	9.9680	4.2914	6.50	30.50	20.14	51.57			
③黏土	16.18	0.9884	15.9923	6.0243	7.50	30.50	24.50	76.07			
④强风化泥质粉砂岩	17.18	0.9844	16.9120	0.9197	16.00	30.50	1.75	77.82	0.705	56.09	6.95 0.0226
④强风化泥质粉砂岩	18.18	0.9821	17.8546	0.9426	16.00	30.50	1.80	79.62			

由以上两个工程案例可得出，通常使用压缩模量分层总和法进行沉降计算时，如果计算不准确，地基处理方案差异很大，对工程影响重大。

工程案例 3：某建筑物的外观如图 2.1-7 所示，该建筑物在建成后局部位置外墙及地基梁均出现不同程度的开裂情况，如图 2.1-8～图 2.1-11 所示。

图 2.1-7　建筑物外观

图 2.1-8　首层外墙开裂情况

图 2.1-9　二楼外墙开裂情况

图 2.1-10　三楼外墙开裂情况

图 2.1-11　地基梁开裂情况

工程原设计基础平面图如图 2.1-12 所示。该基础采用天然地基＋桩基形式，地质好的区域采用了天然地基，地质不好的位置右边一个轴线采用了桩基础，虽然地基承载力和桩的承载力都满足，但未充分注意变形影响，天然地基与桩基的沉降是不同的，在天然地基与桩基间的基础沉降差过大，造成上部结构出现裂缝，模型示意如图 2.1-13 所示。

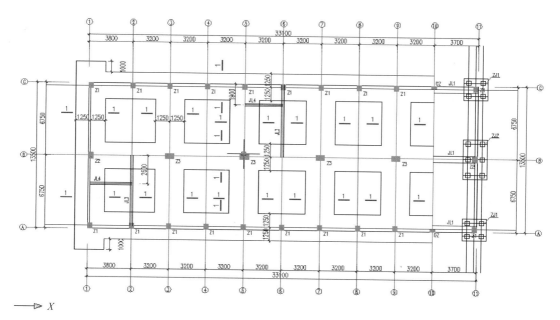

图 2.1-12　原设计基础平面图

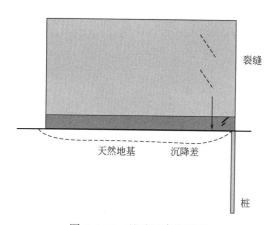

图 2.1-13　基础沉降模型图

综上所述，现有的地基基础设计理论还不够成熟，特别是对于地基沉降的计算存在较大的不准确性，会影响设计的经济性和安全性。

2.1.2　百年难题

1. 土力学目前尚未解决的基本问题

1925 年太沙基（Terzaghi）出版《土力学》已近百年，但对于地基沉降算不准和地基承载力定不准的问题仍然没有很好地解决。

目前工程设计中计算地基沉降权威的方法是国家标准《建筑地基基础设计规范》GB 50007—2011 采用的计算方法，该方法采用压缩模量进行分层沉降总和法，然后乘以修正经验系数，如式（2-1）所示。沉降计算经验系数 ψ_{s} 的取值如表 2.1-2 所示。

$$s = \psi_{\mathrm{s}} s' = \psi_{\mathrm{s}} \sum_{i=1}^{n} (z_i a_i - z_{i-1} a_{i-1}) \frac{p_0}{E_{si}} \tag{2-1}$$

由表 2.1-4 可发现，沉降计算修正经验系数的范围为 0.2～1.4，经验系数相差 7 倍，可见理论计算与实际的差异之大。

而规范中确定地基承载力的方法包括：

（1）根据土的抗剪强度指标以理论公式计算

$$f_a = M_b \gamma b + M_d \gamma_m d + M_c c_k \tag{2-2}$$

（2）按经验确定

$$f_a = f_{ak} + \eta_b \gamma (b-3) + \eta_d \gamma_m (d-0.5) \tag{2-3}$$

（3）由现场压板载荷试验的 $p\text{-}s$ 曲线确定

对于以上确定地基承载力的不同的计算公式，计算的结果有可能不同。同时，这样确定的承载力只能保证地基强度安全，并不保证沉降或变形是安全的。

式（2-2）的方法相当于 $p_{1/4}$ 法，即当基础下土体的塑性区最大深度等于基础宽度 B 的 $1/4$ 时所对应的荷载，示意图如图 2.1-14 所示。

地基容许承载力为什么用 $p_{1/4}$？采用 $p_{1/3}$ 可以吗？对于 $1/4$ 或 $1/3$ 的依据在哪？能否取为 $1/5$？这些取值都是有一定的经验性。

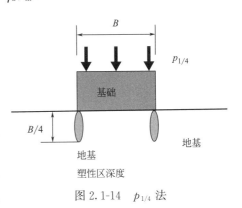

图 2.1-14 $p_{1/4}$ 法

式（2-3）中关键是承载力特征值 f_{ak} 的确定。f_{ak} 最可靠的承载力确定方法应该是通过压板载荷试验确定承载力，规范的确定方法是根据压板载荷试验所得的荷载-沉降曲线（$p\text{-}s$ 曲线）来确定：

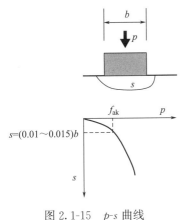

图 2.1-15 $p\text{-}s$ 曲线

（1）当 $p\text{-}s$ 曲线有明显比例界限时，取该比例极限所对应的荷载值。所谓比例界限就是线性段的最大值。

（2）当极限荷载小于对应比例界限的荷载值的 2 倍时，取极限荷载值的一半。

（3）当不能按以上两款确定时，如压板面积为 $0.25 \sim 0.5\text{m}^2$，可取 $s/b = 0.01 \sim 0.015$ 所对应的荷载，但其值不应大于最大加载量的一半，b 为压板宽度或直径，如图 2.1-15 所示。广东的建筑地基基础设计规范则取 $s/b = 0.015 \sim 0.02$。

这一方法其实也是一种半理论半经验的方法，规范方法的经验性表现为：

（1）由压板试验确定特征值时的经验性。通常采用 s/b 值确定的特征值的目的是保证实际基础的沉降不致过大，因此，其内含着按沉降控制确定地基承载力，但实际的地基沉降还要另外计算，还不能保证由此确定的承载力对应的沉降就可以满足要求。

（2）s/b 取值是一个经验值。不同地区可能取值会不同，如目前广东省标准《建筑地基基础设计规范》取值 $0.015 \sim 0.02$，大于国家标准《建筑地基基础设计规范》GB 50007 的取值 $0.01 \sim 0.015$。宰金珉的研究则认为对中低压缩性地基可取值为 $0.03 \sim 0.04$，显然其比规范的值要大多了。到底取多大值合适，其实关键是实际基础的地基强度安全和沉降，而不是压板的沉降值。而实际基础的沉降是与基础的宽度和埋深有关的，这种取值方法并不能真正的解决实际基础的沉降，终究是一个经验值。

工程案例 4：上海展览馆

上海展览馆基础为 $46.5\text{m} \times 46.5\text{m}$，埋深为 2m，其基底压力为 130kPa，$p_{1/4} = 150\text{kPa}$，$p_{0.02} = 140\text{kPa}$，无论是 $p_{1/4}$ 或压板试验的承载力均大于设计的基底压力，但房子实际沉降 160cm，荷载及沉降的时效曲线图如图 2.1-16 所示。可见无论是 $p_{1/4}$ 或压板试验确定的承载力均不能保证实际基础的沉降可以满足要求。

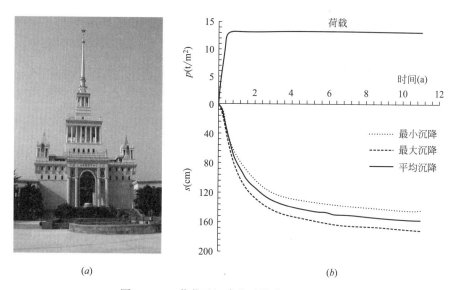

图 2.1-16　荷载及沉降的时效曲线（杨敏）

2. 工程需求——沉降难算准

工程案例 5：港珠澳大桥

港珠澳大桥采用桥-岛-隧的结构形式。其示意图如图 2.1-17 所示。

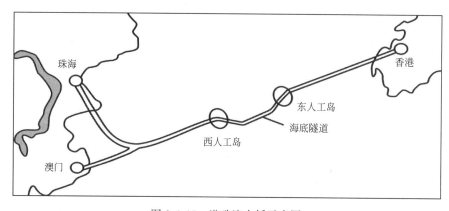

图 2.1-17　港珠澳大桥示意图

针对其海底隧道地基处理，当时专家提出多种技术方法，包括砂桩法、深层搅拌法、换填法、天然地基法，不同方法技术难度、造价差异大，取决于沉降大小。后来通过变形控制设计，采用刚性桩复合地基、挤密砂桩复合地基过渡到天然地基，大大地减少了造价，其基础处理形式及采用方案如图 2.1-18、图 2.1-19 所示。

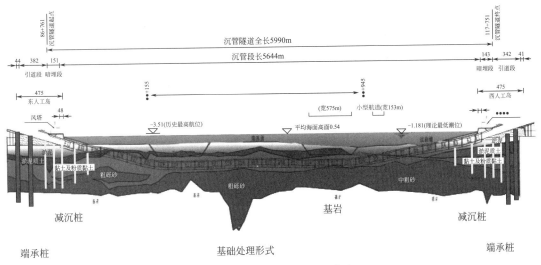

图 2.1-18　基础处理减沉桩方案

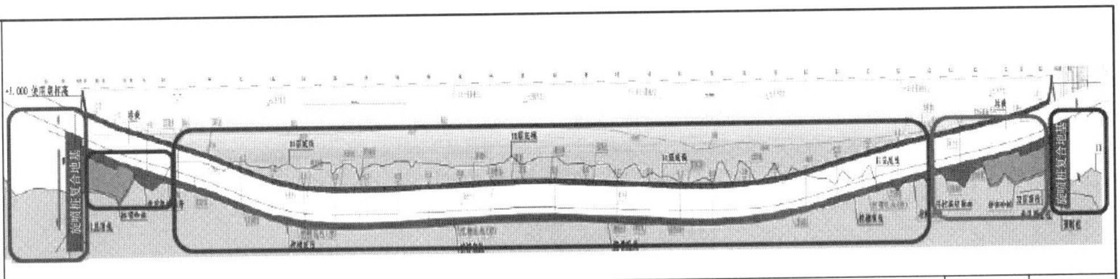

区段	岛上段	斜坡段	中间段	斜坡段	岛上段
管节	暗埋段 敞开段	E33～E 30/S4	E30/S4～E6/S2	E6/S2 ～E1	暗埋段 敞开段
基础类型	刚性桩复合地基	SCP复合地基	天然地基或局部开挖换填(块石夯实+碎石整平)	SCP复合地基	刚性桩复合地基

注：不排除根据岛上地基加固结果、载荷板试验结果、管底回填砂层厚度随纵坡逐渐变厚以及岛上建筑的结束，而将人工岛上隧道敞开段的基础方案进一步优化为逐步减少刚性桩桩数并最终过渡为天然地基的可能性。

图 2.1-19　地基处理采用方案-复合地基和天然地基组合

工程案例 6：广东湛江某楼盘

该楼盘建筑面积为 33 万 m^2、18 栋 32 层住宅（另有 2 层地下室）。其中 1 号楼采用管桩群桩筏板基础，其桩基平面图、钻孔平面图及地质剖面图分别如图 2.1-20、图 2.1-21、图 2.1-22 所示。设计管桩要求如表 2.1-4 所示，根据地质报告揭示，50m 深度内未见有良好的桩基持力土层，施工时沉桩困难。经多次方案比选后确定基础采用静压管桩基础。

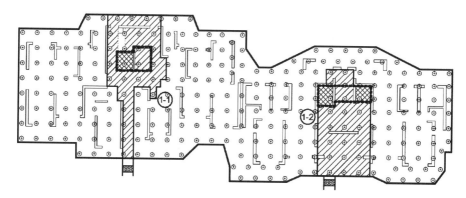

图 2.1-20 1 号楼（32 层）管桩群桩筏板基础

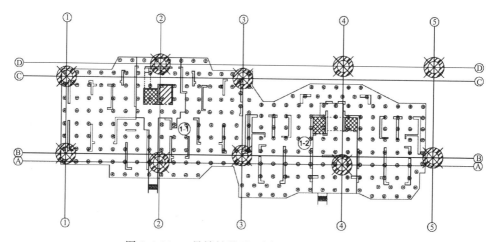

图 2.1-21 1 号楼钻孔平面图 1-1、2-2 剖面位置

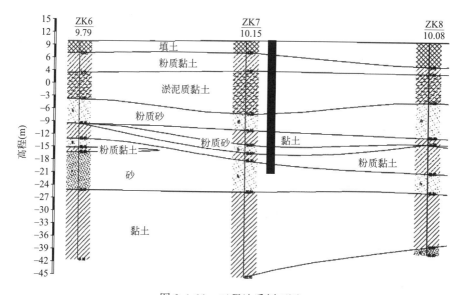

图 2.1-22 工程地质剖面图

设计管桩要求 表 2.1-4

桩号	管桩	桩型	桩外径 D(mm)	壁厚 (mm)	竖向承载力特征值 (kN)	有效桩长 L(m)	靴型	压桩力 (kN)	压桩次数 (次)
\multicolumn{10}{}{静压桩法}
500	PHC	AB	500	125	2200	35～50	A	4800	5
400	PHC	AB	400	95	1200	30～40	A	3000	5

该项目自 2015 年 7 月开始管桩施工后，发现实际施工的大部分管桩桩长不满足设计规范中关于建筑物沉降要求的最小桩长。

经多次考察当地工程经验，并邀请相关部门、设计院的专业人员到现场参加试桩及召开专题会，采取引孔、跳桩引孔等多种设计施工措施，但均无法有效解决桩长不足问题。

在实际施工中，有效桩长 20m，单桩承载力满足要求，沉降很小，其静载试验的 $Q\text{-}s$ 曲线如图 2.1-23 所示。但在计算群桩时沉降不满足要求。

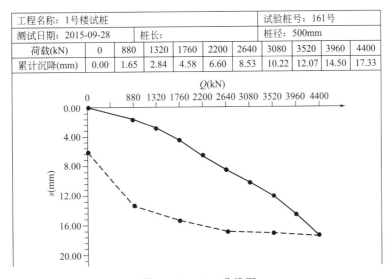

工程名称：1号楼试桩						试验桩号：161号			
测试日期：2015-09-28			桩长：			桩径：500mm			
荷载(kN)	0	880	1320	1760	2200	2640	3080	3520	3960	4400
累计沉降(mm)	0.00	1.65	2.84	4.58	6.60	8.53	10.22	12.07	14.50	17.33

图 2.1-23 $Q\text{-}s$ 曲线图

群桩计算过程：

（1）桩类型

桩类型编号	桩型及成桩工艺	桩顶绝对标高(m)	桩身截面尺寸(m)	桩长(m)
Z-A	混凝土预制桩(圆)	－5.00	0.50	20.00

（2）基础类型

基础类型编号	桩类型编号	几何尺寸 $L \times B$(m)	设计地面相对标高(m)	板底相对标高(m)	底板及其上填土的平均重度 γ(kN/m³)
JC-A	Z-A	17.0×17.0	0.00	－5.00	25.0

JC-A 型基础（沉降计算点附近基础），桩的平面布置：

沿 L 边每排桩的桩数 $n_L=8$，沿 B 边每排桩的桩数 $n_B=8$，沿 L 边桩中心距 $S_{aL}=2.00\text{m}$，沿 B 边桩中心距 $S_{aB}=2.00\text{m}$。

（3）最终沉降量

地基平均附加应力计算：

层号	岩土名称	压缩模量 E_s（MPa）	$\sum p_0(z_i\bar{\alpha}_i-z_{i-1}\bar{\alpha}_{i-1})$（kPa）	压缩量 s'_i（mm）
②$_{5\text{-}2}$	粉细砂	6.4	530.0	82.82
②$_6$	粉质黏土	7	625.9	89.41
②$_8$	粉细砂	10.5	2029.8	193.31
③$_2$	黏土	12.6	1394.7	110.69

计算深度处的附加应力 $\sigma_z=\sum\alpha$：$p_0=88.8\text{kPa}$

计算深度处土的自重应力 $\sigma_z<0.2\sigma_c=457.0\text{kPa}$

桩基沉降量 $s'=\sum s'_i=476.24\text{mm}$

沉降计算深度范围内压缩模量的当量值：

$$\overline{E}_s=\frac{\sum p_0(z_i\bar{\alpha}_i-z_{i-1}\bar{\alpha}_{i-1})}{s'}=\frac{4580.5}{476.24}\times4=9.6\text{MPa}$$

短边布桩数 $n_b=8.0$

桩基等效沉降系数的计算参数 $C_0=0.044$，$C_1=1.555$，$C_2=8.261$

桩基等效沉降系数：

$$\psi_e=C_0+\frac{n_b-1}{C_1(n_b-1)+C_2}=0.044+\frac{8.0-1}{1.555\times(8.0-1)+8.261}=0.41$$

桩基最终沉降量 $s=\psi\psi_e s'=1.00\times0.41\times476.24=195.07\text{mm}$

由于计算沉降达 195.07mm，沉降太大，不满足要求，但如果要求达到设计的深度现场又无法施工达到。而根据当地的静压管桩经验判断，群桩沉降一般为单桩沉降的 3～4 倍，单桩沉降在设计荷载下不到 7mm，估计该地基沉降应该可以满足要求。最后根据经验进行施工，通过实际观测 1 号楼主体沉降，得出其总沉降不大于 30mm，如表 2.1-5 所示，由此可知，计算不准会误判，增加施工难度、造价，沉降、承载力确定不准，对工程影响很大。

1号楼主体沉降观测成果表 表 2.1-5

点号	初值观测成果	上次观测成果	本次（第 22 次）观测成果		
	观测日期	观测日期	观测日期		
	2016-3-6	2017-5-13	2017-6-13		
	高程（mm）	高程（mm）	高程（mm）	本次沉降（mm）	累计沉降（mm）
CJ1	10063.52	10038.05	10036.75	−1.30	−26.77
CJ2	10034.22	10009.70	10007.52	−2.18	−26.80

续表

点号	初值观测成果	上次观测成果	本次(第 22 次)观测成果		
	观测日期	观测日期	观测日期		
	2016-3-6	2017-5-13	2017-6-13		
	高程(mm)	高程(mm)	高程(mm)	本次沉降(mm)	累计沉降(mm)
CJ3	10043.25	10016.87	10015.80	−1.07	−27.45
CJ4	10054.54	10037.15	10035.47	−1.63	−19.07
CJ5	10032.18	10007.15	10005.13	−2.02	−27.05
CJ6	10048.62	10027.01	10025.85	−1.16	−22.77
CJ7	10043.22	10024.27	10022.56	−1.71	−20.76
CJ8	10052.63	10032.32	10029.59	−2.73	−24.04
CJ9	10049.22	10025.99	10024.82	−1.17	−24.40
CJ10	10051.35	10028.76	10027.62	−1.14	−23.74
CJ11	10045.87	10026.53	10024.66	−1.87	−21.21
CJ12	10047.35	10028.00	10026.16	−1.84	−21.20
CJ13	10037.45	10016.72	10014.94	−1.78	−22.51
本次最大沉降点 CJ8				−2.73	
累计最大沉降点 CJ3					−27.45
本次平均沉降量					
本次平均沉降速度	(d)				
工程进度	2016 年 10 月已封顶,墙体完成,正做室内装修				

3.地基现场载荷试验

对于地基沉降预测,其沉降过程能否通过其他方式计算得
到?针对这个问题,美国 1994 年组织系统的地基试验和沉降预
测研究,该试验采用不同尺寸压板载荷试验:3m、2.5m、
1.5m、1m,对场地地质进行了系统的测试试验,如图 2.1-24、
图 2.1-25 所示。

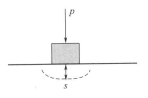

图 2.1-24　压板试验示意图

首先测出压板试验的沉降过程,再使用各种现场或室内试验数据预测压板试验的沉降,
最后将实际沉降与预测沉降进行对比分析。这次试验共有全世界 31 个单位参加预测,包括
大学研究所 16 个,顾问公司 15 个。采用的方法统计情况如图 2.1-26 所示。这里我们列举
1m 压板的结果来进行说明,其沉降及承载力的对比情况如图 2.1-27、图 2.1-28 所示。

通过图 2.1-27、图 2.1-28 的分析可知,预测 1m 板设计荷载下的沉降大部分为 2～
4mm,而实际沉降为 9.5mm,预测沉降结果 90% 不准确;而预测 1m 板在 25mm 下的承
载力,其离散性较大。Poulos 给出一个荷载板在 $p=4$MN 时的预测与实测的结果比较可
见,当取弹性模量 $E_s=2N$(MPa)(N 为标贯击数)弹性解的计算结果为 18mm 与实测
的 14mm 最接近,而有限元法计算为 75mm,远大于实测值。弹性模量取值接近广东省地
基规范对残积土地基的变形模量取值经验值 $E_0=2.2N$(MPa)。

综上所述,土力学创立近百年,地基沉降计算和承载力确定是最基本的问题。到目前为

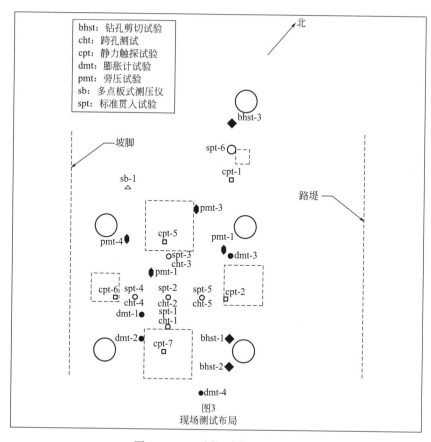

图 2.1-25　不同尺寸的压板试验

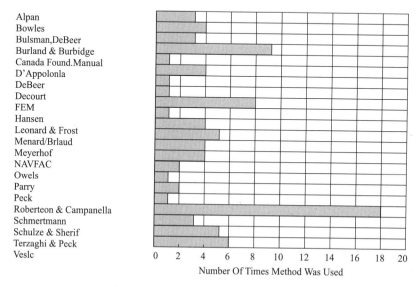

图 2.1-26　预测压板试验沉降采用方法统计结果

止，即使发展了现代土的本构理论、数值方法，工程设计应用的沉降计算方法和承载力确定仍是半理论半经验方法，国外规范方法也是半理论半经验。

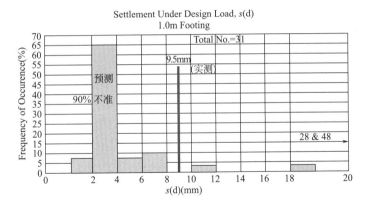

图 2.1-27　1m 板设计荷载下的实际沉降与预测沉降对比情况

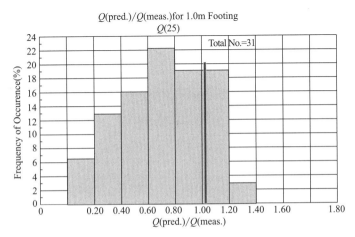

图 2.1-28　1m 板预测承载力对比情况

Poulos 提供的各种方法计算沉降值与实测值比较　　　表 2.1-6

方法	s (mm)
Terzaghi & Peck	39
Schmertmann	28
Burland & Burbridge	21
Elastic Theory ($E_S = 2N$)	18
Elastic Theory (PMT)	24
Elastic Theory (strain-dependent modulus)	32
Finite element	75
Measured	14

2.2　基于原位试验的地基沉降计算新方法

2.2.1　沉降计算不准确的原因

目前工程设计中计算地基沉降最权威的方法是国家标准《建筑地基基础设计规范》GB

50007 提出的计算方法,见式(2-4)。沉降计算经验系数 ψ_s 的取值如表 2.1-2 所示。

$$s = \psi_s s' = \psi_s \sum_{i=1}^{n} (z_i a_i - z_{i-1} a_{i-1}) \frac{p_0}{E_{si}} \qquad (2-4)$$

我们分析一下沉降经验系数,可以理解沉降计算不准的原因。

对于计算沉降我们一般采用压缩模量 E_s(通过压缩试验确定)。理论上压缩试验是有侧限的,压缩试验不能反映侧向变形产生的沉降,用 E_s 计算沉降应该偏小,理应修正系数>1,如图 2.2-1 所示。而规范中软土修正系数>1,硬土修正系数<1,修正系数小于 1 是不符合理论的,主要可能是室内试验土样受扰动等影响,不能反映原位土性状,土越硬可能更易扰动,修正系数最小为 0.2。

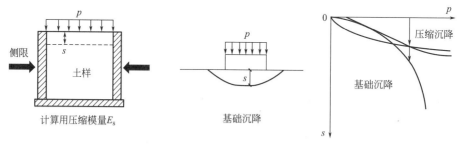

图 2.2-1 压缩沉降与基础沉降对比

地基沉降计算没有解决好的原因在于土的参数确定没解决好:

1)取样扰动,尤其硬土更大,修正系数选用 0.2~1,难修好!

2)软土修正系数为 1~1.4(1.6),反映侧向变形的沉降,难取好。

数值方法依赖于土的本构模型,本构模型参数试验用的也是扰动土,也不准!

所以,影响沉降计算不准确,关键原因在于原位土的参数和应力状态反映不够,或没有原位土的本构模型。

针对以上问题,作者提出的解决办法是:发展用现场原位土试验测试参数的计算方法,建立原位土本构模型。

压板载荷试验与基础沉降状态最接近,关键是解决尺寸效应和分层土。取消修正经验系数,发展基于原位试验建立计算方法的这种方式,可以克服取样扰动,提高精度。

新方法目标:小压板 p-s 曲线求参数,计算大尺寸基础的 p-s 曲线,其示意图如图 2.2-2 所示。

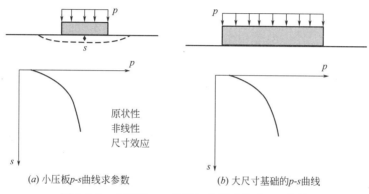

(a)小压板 p-s 曲线求参数   (b)大尺寸基础的 p-s 曲线

图 2.2-2 小压板 p-s 曲线与大尺寸基础 p-s 曲线

2.2.2　压板试验 *p-s* 曲线应用历史

1. Terzaghi-Peck 经验公式

$$s = (\frac{2b}{b + 0.3})^2 s_{0.3} \tag{2-5}$$

式中，$s_{0.3}$ 为 0.3m 压板的沉降，沉降 s 与基础边长 b 的关系密切。

2. 北勘院张在明院士及焦五一弦线模量（1980）

缺点：未能取得突破和推广应用。原因是尺寸效应未解决好。

3. 压板试验求 E_0（广东省地基规范）

当地基压缩层为残积土、全风化和强风化岩层且比较均匀时，地基最终变形量可按下式计算：

$$s = \alpha \frac{p_0 b}{E_0} \tag{2-6}$$

式中　s——地基最终变形量（mm）；

　　　E_0——土的变形模量（MPa）；

　　　p_0——相应于荷载效应准永久组合标准值的基底附加压力（MPa）；

　　　b——基础宽度（mm）；

　　　α——经验系数，按当地经验取值。缺乏经验时，可按表 2.2-1 取值。

沉降计算经验系数 α

表 2.2-1

独立基础	方形	0.5～0.8
	矩形	0.7～1.2
条形基础		1.0～1.5
筏形基础		0.3～0.5

土的变形性质可采用有关模量表示：

（1）由现场压板载荷试验得到变形模量 E_0；

（2）由侧限压缩试验测定压缩模量 E_s；

（3）根据已有沉降观测资料可反算出相应的模量，也可通过静力触探、标准贯入试验击数等确定 E_0 和 E_s 的经验值；

（4）花岗岩和泥质软岩的残积土、全风化岩及强风化岩的变形模量 E_0（MPa）值，宜按浅层平板荷载试验确定；当无条件试验时，可用实测标准贯入击数 N' 按下式估算：

$$E_0 = \alpha N' \tag{2-7}$$

式中　α——载荷试验与标准贯入试验对比而得的经验系数，可按表 2.2-2 取值；

　　　N'——实测（未经修正）标准贯入击数。

经验系数

表 2.2-2

花岗岩		泥质软岩	
N'	α	N'	α
$10 < N' \leqslant 30$	2.3	$10 < N' \leqslant 25$	2.0
$30 < N' \leqslant 50$	2.5	$25 < N' \leqslant 40$	2.3
$50 < N' \leqslant 70$	3.0	$40 < N' \leqslant 60$	2.5

缺点：（1）层状土不能计算，公式没有体现层状土情况；

（2）不能考虑非线性；

（3）尺寸效应未解决好，式（2-6）依赖经验系数 α。

4.《高层建筑筏形与箱形基础技术规范》JGJ 6—2011

当采用土的变形模量计算箱形与筏形基础的最终沉降量 s 时，可按下式计算：

$$s = p_k b \eta \sum_{i=1}^{n} \frac{\delta_i - \delta_{i-1}}{E_{0i}} \tag{2-8}$$

式中　　p_k——长期效应组合下的基础底面处的平均压力标准值；

　　　　b——基础底面宽度；

δ_i、δ_{i-1}——与基础长宽比 L/b 及基础底面至第 i 层土和第 $i-1$ 层土底面的距离深度 z 有关的无因次系数；

　　　　E_{0i}——基础地面下第 i 层土变形模量，通过试验或地区经验确定；

　　　　η——修正系数，可按表 2.2-3 确定。

修正系数 η　　　　　　　　　　　　　　　　　　　表 2.2-3

$m = \dfrac{2z_n}{b}$	$0<m\leqslant0.5$	$0.5<m\leqslant1$	$1<m\leqslant2$	$2<m\leqslant3$	$3<m\leqslant5$	$5<m\leqslant\infty$
η	1.00	0.95	0.90	0.80	0.75	0.70

优缺点：由于采用分层总和法，比广东规范合理。其采用变形模量计算沉降，不是压缩模量，无需经验修正系数，不足是不能考虑非线性。

5.《北京地区建筑地基基础勘察设计规范》

对于一般多层建筑物、浅埋条形及独立基础、受均布荷载、无相邻荷载影响条件下的均一压缩层的沉降量也可按压力变形的非线性关系，按式（2-9）计算：

主体结构完工阶段平均沉降量

$$s' = \left(\frac{p_{cr}}{k_b}\right)^{1/\mu_0} \cdot \left(\frac{p_0}{p_{cr}}\right)^{1/\mu_1} \cdot s_1 \tag{2-9}$$

当 $k_b<p_{cr}$，$p_0<p_{cr}$ 时，μ_1 取 μ_0 值；

当 $k_b>p_{cr}$，$p_0>p_{cr}$ 时，μ_0 取 μ_1 值。

式中　　　　s'——主体结构完工阶段平均沉降量（cm）；

p_{cr}、μ_0、μ_1——平板载荷试验 $\lg p$-$\lg s$ 曲线的折点压力、折点前和折点后的曲线斜率（图 2.2-3）；p_{cr} 单位为 kPa，μ_0、μ_1 无量纲；

　　　　　　p_0——标准宽度基础底面的附加压力（kPa）；

　　　　$p，s$——载荷试验的附加压力（kPa）及对应的附加沉降量（cm）；

　　　　　　s_1——单位下沉量，等于 1cm；

　　　　　　k_b——实际基础沉降量为 1cm 时的附加压力（kPa）

$$k_b = k_{0.08} - m\Delta$$

　　　$k_{0.08}$——压板面积为 50cm×50cm 的载荷试验沉降量为 1cm 时的附加压力（kPa）；

　　　　　　m——周剪斜率（kPa·cm）；

　　　　　　Δ——压板与实际基础周面比之差（cm^{-1}）。

缺点：偏复杂，未能广泛推广使用。

2.2.3　沉降计算新方法

1.原位土的双曲线模型法

压板试验示意图及 $p\text{-}s$ 曲线如图 2.2-4 所示。

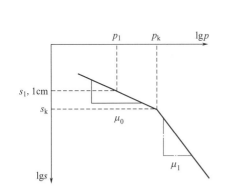

图 2.2-3　双对数载荷试验曲线关系示意图

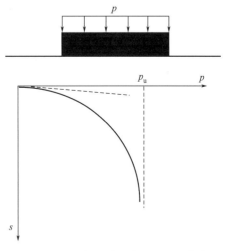

图 2.2-4　压板试验示意图及 $p\text{-}s$ 曲线

假设压板的 $p\text{-}s$ 曲线为双曲线方程：

$$p = \frac{s}{a+bs} \quad \rightarrow \quad s = \frac{ap}{1-bp} \tag{2-10}$$

可以得到：

$$b = \frac{1}{p_u} \quad a = \frac{1}{k_0} = \frac{D(1-\mu^2)\omega}{E_0} \tag{2-11}$$

式中　　p_u——地基极限承载力；

　　　　c——土体黏聚强度；

　　　　φ——土体内摩擦角；

　　　　D——基础宽；

　　　　E_0——土体初始切线模量。

公式源于压板试验，可用于基础沉降计算，最后只需求 c，φ，E_0。$E_0 = 2E_{50}$，E_{50} 为通常的变形模量。

针对双曲线模型，不同土层的适应性如图 2.2-5 所示，说明可以适应不同土层。将其两种不同的获取 E_{50} 的计算结果（一种通过试验得到、另一种取 $E_0 = 2E_{50}$）与试验实测结果进行对比，结果如图 2.2-6 所示，效果很好。

2.原位土的双曲线切线模量法

双曲线模型法不足：对多层土地基各土层 c、φ、E_0 不同，单一曲线方程难以表示不同土层。为此，在计算沉降时引入分层总和法，对不同土层采用各自土层的 c、φ、E_0，以解决分层土的问题。

分层总和法如图 2.2-7 所示，当基础作用荷载 p 时，在增量荷载 Δp_i 作用下基础以下第 i 层土引起的荷载增量为 $\alpha \Delta p_i$，α 为应力分布系数，可以按均质弹性体计算，其计算过程：

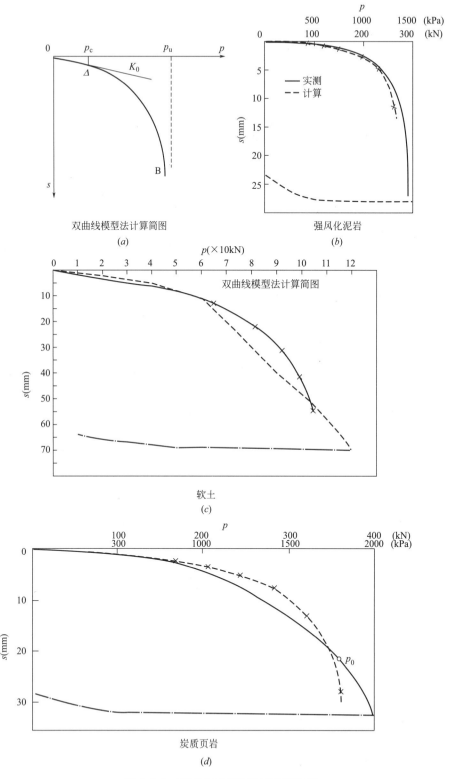

图 2.2-5　不同土层双曲线与实测比较

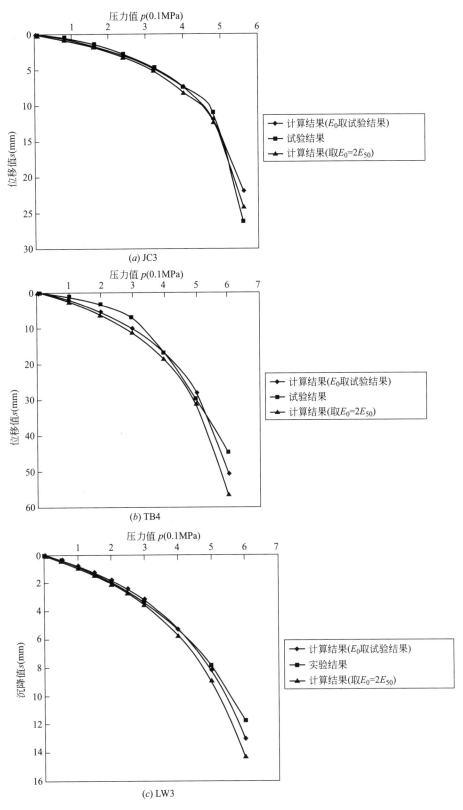

图 2.2-6 计算结果与试验实测结果对比

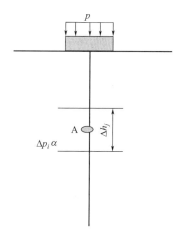

图 2.2-7 分层总和法

$$p \rightarrow \Delta p_i$$

$$\Delta s_{ij} = \frac{\Delta p_j \alpha \Delta h_j}{E_{ij}} \qquad (2\text{-}12)$$

$$\Delta s_i = \sum_{j=1}^{n} \Delta s_{ij}$$

式中，Δs_{ij} 为 Δp_i 作用下分层厚度 Δh_j 产生的沉降增量；Δs_i 为 Δp_i 作用下产生的沉降增量。

规范方法计算沉降采用压缩系数 E_s ＋经验系数 ψ_s（＝0.2～1.4），而我们这里采用切线模量，故关键在于如何求取每层土的切线模量 E_{ij}。

B 点：如图 2.2-8 所示，在 p 时增加一荷载增量 Δp_i，增量过程可以看作为线性，按弹性力学 Boussnesq 求解对应的沉降增量：

$$\Delta s = \frac{D \cdot \Delta p \cdot (1 - \mu^2)}{E_t} \cdot \omega$$

假设土体的压板试验 $p\text{-}s$ 曲线为一双曲线方程，其示意图如图 2.2-8 所示。

$$p = \frac{s}{a + bs}$$

求导得

$$\frac{\mathrm{d}p}{\mathrm{d}s} = \frac{(1 - bp)^2}{a} \qquad (2\text{-}13)$$

令 $\qquad\qquad\qquad \Delta s = \mathrm{d}s \qquad \Delta p = \mathrm{d}p$

a、b 可由双曲线特点由压板试验曲线求得，见（2-11）式，这样可得到：

$$E_t = (1 - \frac{p}{p_u})^2 \cdot E_0 \qquad (2\text{-}14)$$

最后只需求三个土的力学参数 c、φ、E_0。

p 为计算点 A 的分布应力，p_u 为把基础底置于 A 点时的地基极限承载力，由基础尺寸和 c，φ 计算得到。这样求得 $E_{ij} = E_t$ 代回式（2-12），即可进行分层总和法计算基础的沉降。

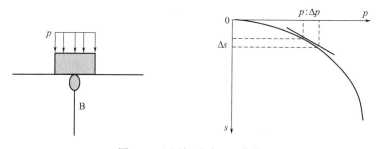

图 2.2-8 压板试验 $p\text{-}s$ 曲线

下面以工程案例 1（广州荔湾商业大厦）来验证双曲线切线模量法的准确性。

通过原位压板载荷试验对其进行分析，如图 2.2-9 所示。3 个试验点得到其 $p\text{-}s$ 曲线如图 2.2-10 所示。

图 2.2-9　原位压板载荷试验

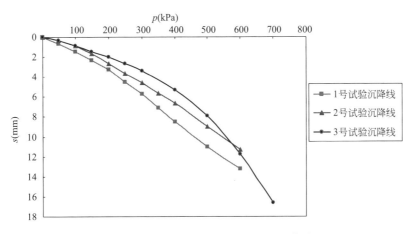

图 2.2-10　1 号、2 号、3 号压板试验曲线

采用原位土的双曲线模型法针对以上压板试验结果进行分析，这里我们采用 3 号试验点分析，根据公式 $p = \dfrac{s}{a + bs}$，可得 $y = \dfrac{s}{p} = 0.000987s + 0.007795$，将压板试验数据代入拟合，可得 $y = \dfrac{s}{p} = 0.000987s + 0.007795$，$a = 0.007795$，$b = 0.000987$。其拟合曲线如图 2.2-11 所示。

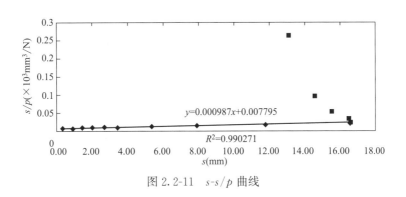

图 2.2-11　s-s/p 曲线

$$E_0 = \frac{D(1-\mu^2)\omega}{a} = \frac{0.8 \times (1-0.3^2) \times 0.79}{0.007795} = 73.78\text{MPa}$$

$$p_u = \frac{1}{b} = 1013\text{kPa} \approx 1000\text{kPa}$$

根据 Prandtl 地基承载力公式，假设 $\varphi = 25°$，反算土的 $c = 42.4$kPa。把求得的 c、φ、E_0 用于计算 E_t，再用于分层总和法计算压板试验的沉降过程，将其计算与试验进行比较，如图 2.2-12 所示。

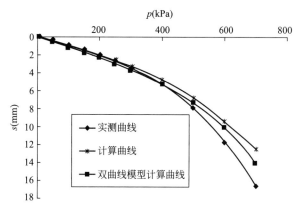

图 2.2-12 计算与试验比较结果

结果表明，用双曲线模型计算的试验曲线与实测曲线十分接近，说明方法和参数可行。施工后对该楼筏基沉降进行观测，基础底板及沉降观测布置图如图 2.2-13 所示，小数为测点号，大数为沉降值（mm）。并将切线模量法计算结果、利用 E_s 规范方法计算结果以及实测结果进行比较，如表 2.2-4 所示。结果表明，切线模量法计算与实测结果十分接近。

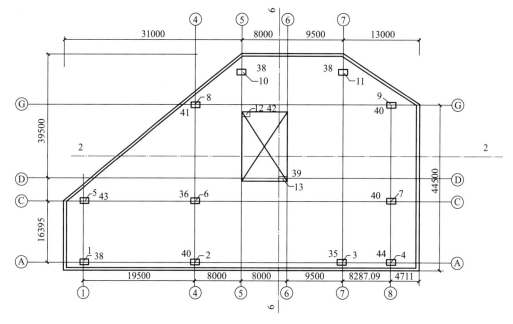

图 2.2-13 基础底板及沉降测点（小值）、沉降值（mm）布置图

切线模量法计算与实测比较（单位：mm） 表 2.2-4

实测平均沉降	$R_f=1.0$ 计算	用 E_s 规范计算
40	46.6	774.4

3. 原位土的任意曲线切线模量法

我们之前假设的 p-s 曲线为双曲线能否将切线模量法推广到 p-s 曲线为任意曲线呢？如图 2.2-14 所示，（a）图较符合双曲线，（b）图不太符合双曲线。对此，进行以下的分析验证。

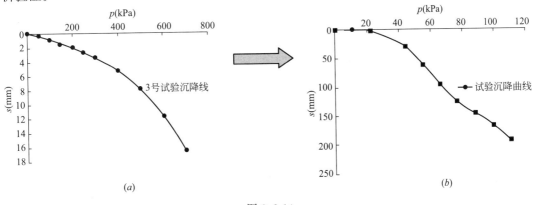

图 2.2-14

由原状土切线模量法的启示：土体在相同荷载水平下有相同的切线模量。

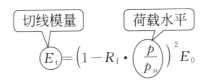

$$E_t=\left(1-R_f\cdot\left(\frac{p}{p_u}\right)\right)^2 E_0$$

假设荷载增量下沉降增量为线性增量，如图 2.2-15 所示。

由压板试验确定实际基础下土体切线模量的计算过程如下：

（1）压板试验：压板下地基土体在某一荷载 p 作用下，设 $\beta=p/p_u$，由 $E_t=\frac{\Delta p}{\Delta s}D(1-\mu^2)\omega$、$E_t=(1-R_f\frac{p}{p_u})E_0$ 可得 β-E_t 关系。

（2）实际基础：地基不同深度土体单元在竖向附加应力 p 作用下，由弹性力学公式可得 p，由承载力公式可得 p_u，由此可得出 β，根据 β-E_t 关系可得 E_t。

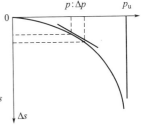

图 2.2-15 压板试验 p-s 曲线

（3）分层总和法求基础沉降，$\Delta s_{ij}=\frac{\Delta p_i\alpha\Delta h_j}{E_{ij}}\rightarrow\Delta s_i=\sum_{j=1}^{n}\Delta s_{ij}\rightarrow s=\sum_{i=1}^{n}\Delta s_i$。

以下通过荔湾大厦原位试验验证任意曲线下切线模量法的准确性。如图 2.2-18 所示，由 2.2-16（d）可见，双曲线方程不如本节的方法效果好，说明对非双曲线情况也可有解决的方法。

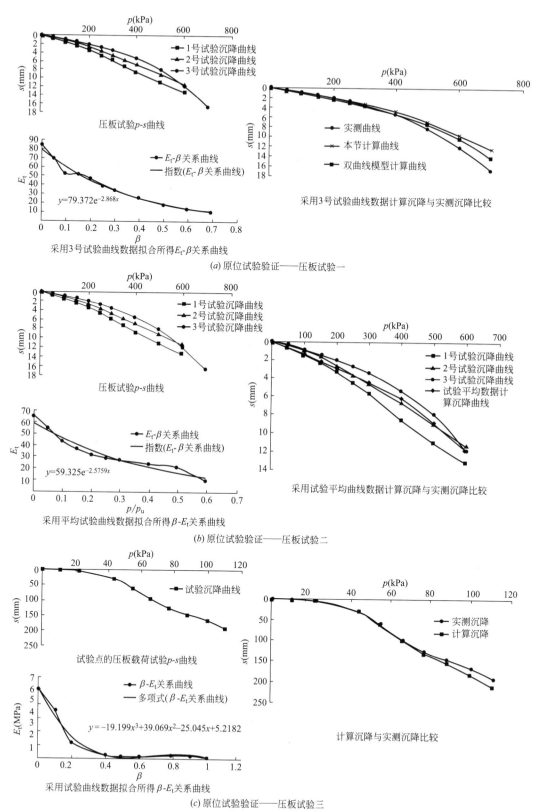

图 2.2-16 任意曲线下切线模量法计算结果与实测结果对比分析（一）

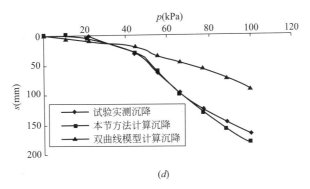

(d)

图 2.2-16　任意曲线下切线模量法计算结果与实测结果对比分析（二）

　　将试验数据计算结果、双曲线切线计算结果以及用 E_s 规范方法计算结果与荔湾大厦实测沉降进行比较，如表 2.2-5 所示，用切线模量法算出的沉降都与实测结果比较接近，而 E_s 规范方法计算结果与实测结果差异很大。

荔湾大厦计算与实测的比较（单位：mm）　　　　　　　　　　　表 2.2-5

实测平均沉降	用 E_s 计算	用 3 号试验数据计算	用平均试验数据计算	双曲线切线计算
40	774.4	39.7	51.3	46.6

4. 原位土的双曲线割线模量法

　　之前已提出了原位土的双曲线切线模量法，并验证其准确性，但切线模量增量法计算步数多，为此，提出割线模量总量法，一步计算，更为方便。在荷载作用下，地基的 p-s 曲线如图 2.2-19 所示。

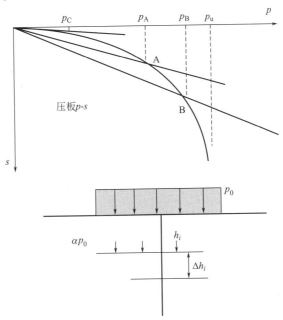

图 2.2-17　地基的 p-s 曲线及附加应力示意图

　　假设 $\beta = p/p_u$，割线模量为 E_β，在荷载 p_0 作用下地基某一深度的地基附加应力为 αp_0，

则可得 $\Delta s = \dfrac{\alpha P_0 \Delta h_i}{E_\beta}$，再根据分层总和法可得 $s = \sum\limits_{i=1}^{m} \Delta s_i$，故其关键在于如何确定 E_β。

在割线线性下，Bussinesq 方程为 $s = \dfrac{DP(1-\mu^2)}{E_\beta}\omega$，假设双曲线方程为 $s = \dfrac{ap}{1-bp}$，

可得 $b = \dfrac{1}{p_u}$，$a = \dfrac{1}{k_0} = \dfrac{D(1-\mu^2)\omega}{E_0}$，在 s 相等时，可得

$$E_\beta = (1 - \dfrac{p}{p_u})E_0 \qquad (2\text{-}15)$$

通过切线模量法、割线模量法计算压板试验曲线并将其与实测值进行对比，如图 2.2-18 所示。另外，也将割线模量法应用在荔湾大厦中，得出结果如表 2.2-6 所示。结果表明，两种结果均与实测结果十分接近，试验证明割线模量法也是可行、准确性好的计算方法，而且相比切线模量法更为方便。通常的变形模量就是相当于对应地基承载力特征值时的割线模量。

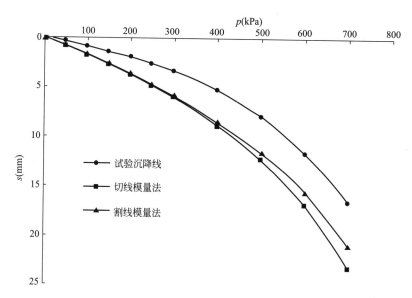

图 2.2-18　计算的压板试验曲线与实测值的比较

荔湾大厦计算与实测的比较（单位：mm）　　　　　　　　　　表 2.2-6

实测平均沉降	用 E_s 计算	用 3 号试验数据计算	用平均试验数据计算	双曲线切线计算	双曲线割线计算
40	774.4	39.7	51.3	46.6	46.6

5. 美国砂土地基上 5 个不同尺寸的压板试验分析

美国 Briaud[27] 教授 1994 年在一个砂基场地上组织了不同尺寸的现场压板试验（图 2.1-24～图 2.1-28）。Poulos 在 2000 年的 Buchanan 讲座上做的报告《地基沉降分析——实践与研究》中曾列举了一个试验在 $P=4\text{MN}$ 作用下的沉降比较，如表 2.1-6 所示。由表 2.1-6 可见，误差最大的是有限元法，预测值 75mm，而实测值为 14mm，最接近的是采用弹性模量 $E = 2N$（MPa）的弹性解方法，预测为 18mm，N 为标准贯入击数。有限元法误差大应该主要是模型参数的影响。这些传统方法实际都是线性方法，很难反映载荷试

验非线性沉降的全过程。用双曲线模型、切线模量法和割线模量法对各试验点进行预测，可以预测载荷沉降试验的全过程。

首先通过双曲线模型拟合试验曲线，把双曲线方程线性化：$\dfrac{s}{p}=a+b \cdot s$，拟合试验数据，获得双曲线方程的 a，b 值；然后假设地基砂土 $c=0$，反算 φ 值，求得切线模量法的土性参数结果如表 2.2-7 所示。各试验点参数的平均值为 $E_{t0}=86\text{MPa}$，$c=0$，$\varphi=36°$，以此参数用切线模量法、割线模量法计算各试验点的荷载沉降试验曲线，与各点拟合的双曲线方程及试验曲线比较如图 2.2-19 所示。由图可见，这种方法对不同尺寸的试验结果都具有较好的一致性，说明这是一种具有较好精度，能预测载荷试验非线性全过程的方法。

基于双曲线模型计算的地基土参数　　　　　　　　　　表 2.2-7

压板试验编号	E_{t0}（MPa）	p_u（kPa）	c（kPa）	φ（°）
5 号（1.0m×1.0m）	83.4	1399	0	39.5
2 号（1.5m×1.5m）	84.4	1202	0	37.2
4 号（2.5m×2.5m）	84.7	1340	0	35.8
1 号（3.0m×3.0m）	90.9	1405	0	35.2
3 号（3.0m×3.0m）	86.4	1128	0	33.8

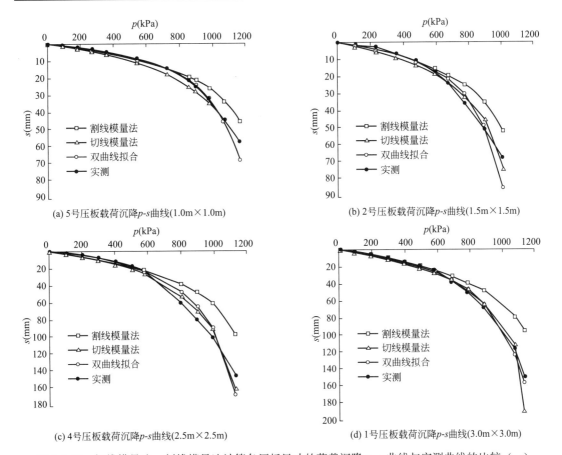

(a) 5号压板载荷沉降p-s曲线(1.0m×1.0m)

(b) 2号压板载荷沉降p-s曲线(1.5m×1.5m)

(c) 4号压板载荷沉降p-s曲线(2.5m×2.5m)

(d) 1号压板载荷沉降p-s曲线(3.0m×3.0m)

图 2.2-19　切线模量法、割线模量法计算各压板尺寸的荷载沉降 p-s 曲线与实测曲线的比较（一）

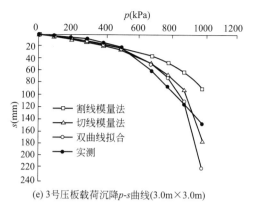

(e) 3 号压板载荷沉降 p-s 曲线（3.0m×3.0m）

图 2.2-19 切线模量法、割线模量法计算各压板尺寸的荷载沉降 p-s 曲线与实测曲线的比较（二）

6.用旁压试验和静力触探试验确定切线模量法参数的方法

压板载荷试验具有很大优点，能够十分准确的获得地基土的 c、φ、E_{t0}，但压板试验也存在如下缺点：一是费用高，不可能每个工程都做压板试验；二是土层深部的压板试验难做，难以获取土层深处的参数。基于此，我们提出用其他方法来获取土层参数，并应用于切线模量法、割线模量法的计算。

（1）用旁压试验求 E_{t0}，如图 2.2-20 所示为旁压试验示意图及其 p-V 曲线，可由 p-V 曲线来获取我们想要的参数 E_{t0}。

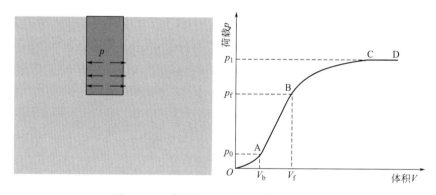

图 2.2-20 旁压试验示意图及其 p-V 曲线

（2）静力触探试验

静力触探试验及曲线如图 2.2-21 所示，其受力示意图如图 2.2-21（a）所示，可通过设定不同的 φ，求得破坏时的端阻力 q_c，并建立 φ-q_c。

用静力触探试验求砂土的 φ（$c=0$）。用数值方法模拟贯入过程，求破坏时的 φ，如图 2.2-23（b）所示。

（3）美国试验的应用和检验

美国 Briaud 教授 1994 年组织系统的地基试验研究，对场地地质进行了系统的测试试验，包括不同压板边长的压板静载试验，压板边长分别为：3m，2.5m，1.5m，1m。室内试验（常规、本构）；旁压试验、静力触探试验及标贯试验。

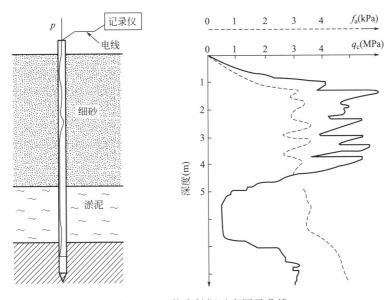

图 2.2-21　静力触探示意图及曲线

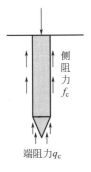

图 2.2-22　静力触探受力图

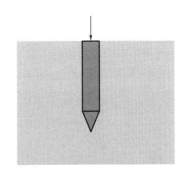

图 2.2-23　静力触探数值模拟

　　通过压板试验，获得典型载荷试验 p-s 曲线，如图 2.2-24 所示，通过旁压试验获得旁压模量，并对比了旁压模量和初始切线模量与深度关系，如图 2.2-25 所示。

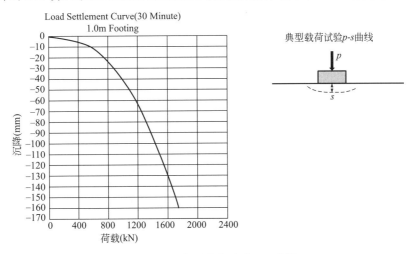

图 2.2-24　典型载荷试验 p-s 曲线

通过数值分析方法，假设不同 φ，计算得其极限端阻力，并建立端阻力与 φ 关系，如图 2.2-26 所示；端阻力和 φ 值与深度关系，如图 2.2-27 所示。通过阻力与 φ 关系曲线图，可得到其关系为：$\varphi = 29.352 \times p_s^{0.0915}$，结果与我国铁路规范经验结果接近。

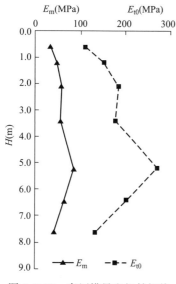

图 2.2-25　旁压模量和初始切线
模量与深度关系

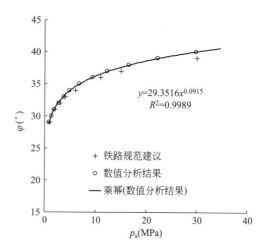

图 2.2-26　端阻力 p_s 与 φ 关系

这样可以根据土层不同深度的旁压试验和触探试验，求得每点不同深度的 c、φ、E_{t0}，再用切线模量法计算所有压板试验的荷载 p 与沉降 s 关系的曲线，并与实测结果比较，如图 2.2-28 所示。结果表明，通过旁压和触探试验获取土层参数并应用于切线模量法的计算结果与压板试验实测结果十分接近，效果非常好！

2.2.4　地基沉降本构模型及其应用

为了确定地基沉降本构模型，通过原位压板试验确定参数 c、φ、E_{t0}，建立简化 Duncan 模型，如式（2-16）所示，并利用有限元法进行计算，在有限元法中分别使用理想弹塑性模型、简化 Duncan 模型计算沉降，并将结果与压板试验结果对比，如图 2.2-29 所示。

结果表明：理想弹塑性模型的地基沉降约为 6.3mm，接近弹性理论值 5.4mm，而简化 Duncan 模型的计算结果与压板试验结果较为接近。因此，地基沉降本构模型应该是简化 Duncan 模型最好，即式（2-16）：

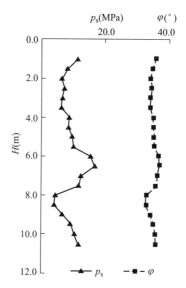

图 2.2-27　端阻力和 φ 值
与深度关系

$$E_t = \left[1 - \frac{\sigma_1 - \sigma_3}{(\sigma_1 - \sigma_3)_f}\right]^2 E_{t0} \tag{2-16}$$

这个简化模型也是只用三个参数：c、φ、E_{t0}。

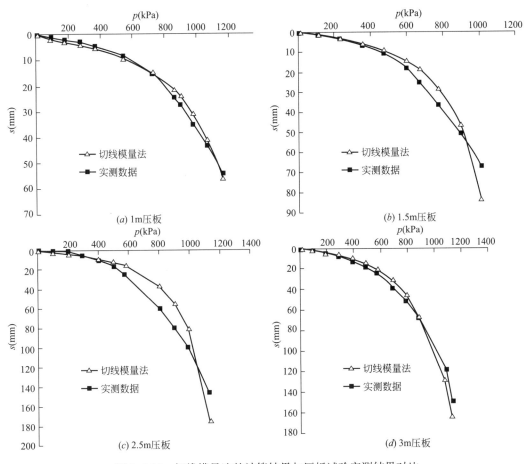

图 2.2-28　切线模量法的计算结果与压板试验实测结果对比

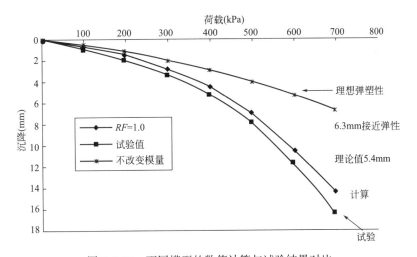

图 2.2-29　不同模型的数值计算与试验结果对比

试验验证：通过试验对原位试验结果的参数确定方法进行研究，并验证原位试验参数的合理性。以广州地铁 21 号线增城象岭停车场作为试验场地，试验场地面积约为 15m×15m。该试验场地概况及地质剖面图分别如图 2.2-30、图 2.2-31 所示。

图 2.2-30　试验场地概况

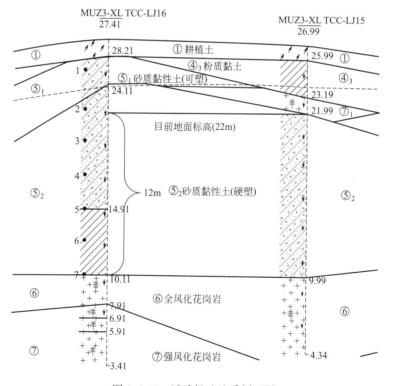

图 2.2-31　试验场地地质剖面图

　　试验内容包括压板试验、旁压试验、标贯试验、现场直剪试验，其试验内容如图 2.2-32 所示。得到其在压板试验范围内的强度变形参数结果，如表 2.2-8 所示。

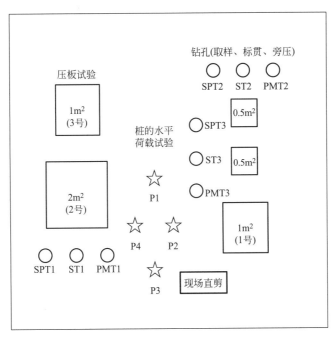

图 2.2-32　现场试验内容

基于各原位试验确定的花岗岩残积土强度变形参数结果（压板试验影响深度范围内）　表 2.2-8

试验类型	强度参数		变形参数		
	c(kPa)	φ(°)	变形模量 E_{50}(MPa)	初始切线模量 E_{t0}(MPa)	旁压模量 E_m(MPa)
压板试验	25	25	15	30	
旁压试验	35	25	25	14（水平向变形指标）	7
标贯试验	21	25	15.4	30.8	
现场直剪试验	32	19			

　　另外，将原位试验参数与室内试验参数对比，参数结果取平均值，其结果如表 2.2-9 所示，由表可知，室内试验参数（黏聚力 c、内摩擦角 φ）以及由室内侧限压缩试验得到的花岗岩残积土变形参数均明显小于现场实测值。

原位试验参数与室内试验参数对比（整个土层平均值）　表 2.2-9

室内强度参数		室内变形参数
c(kPa)	c(kPa)	E_{s1-2}(MPa)
25	20	5
原位强度参数		原位变形参数
旁压试验	标贯试验	标贯试验
c(kPa)	φ(°)	c(kPa)	φ(°)	E_{50}(MPa)
50	25	30	25	25

（1）不同深度土样的常规三轴试验

试验曲线如图 2.2-33 所示，依据试验获得 Duncan-Chang 模型参数如表 2.2-10 所示。

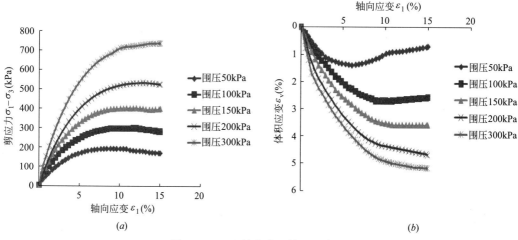

（a）

（b）

图 2.2-33　土的室内三轴试验曲线

（2）基于压板试验数值模拟的参数合理性验证

本构模型：Duncan-Chang（E-ν）模型，反映非线性，由常规三轴试验确定模型参数。

利用 3 号压板试验得到的参数，如表 2.2-12 所示，计算 1 号、2 号压板试验结果。计算网格如图 2.2-34 所示，计算结果如图 2.2-35 所示。

Duncan-Chang（E-ν）模型计算参数　　　　　表 2.2-10

土样深度	K	n	c(kPa)	φ(°)	R_f	D	G	F
1m	128.5	0.419	21.4	31.7	0.734	2.965	0.254	0.152
2.5m	102.8	0.405	28.9	30.7	0.722	3.145	0.224	0.142
平均值	115.7	0.412	25.2	31.2	0.728	3.055	0.239	0.147

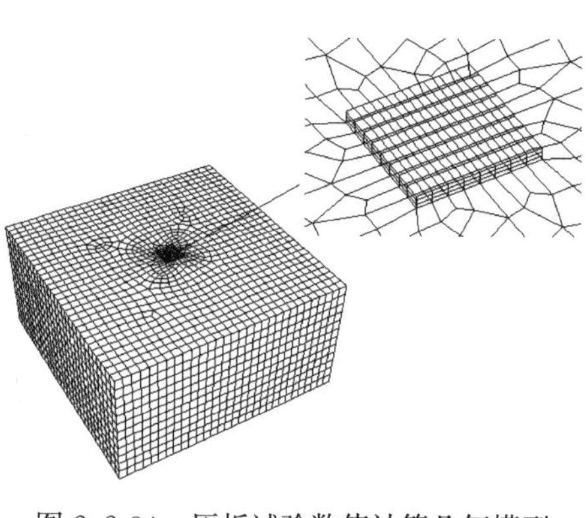

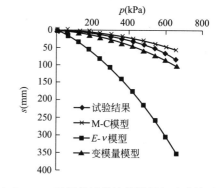

图 2.2-34　压板试验数值计算几何模型

图 2.2-35　2 号压板试验计算结果与试验结果对比

由图示结果可见，有限元数值方法采用的是室内试验参数，比用原位反算参数的方法误差大。为检查原因，对有限元方法的切线模量提取分析如表 2.2-11 所示，可见有限元计算沉降偏大是因为计算的模量偏低，普遍小于压板试验的 $E_{t0}=30MPa$。

$E\text{-}v$ 模型数值计算结果中沉降计算点对应的 σ_3 及 E_{t0} 值 表 2.2-11

压板荷载 p(kPa)	60	120	180	240	300	360	420	480	540	600	660	720
压板中心点 σ_3(kPa)	57	115	173	230	288	347	405	463	521	579	637	695
压板中心点 E_{t0}(MPa)	9	12	15	16	18	19	20	22	23	24	24	25

（3）基于单桩荷载试验数值模拟的参数合理性验证

水平荷载下单桩载荷试验如图 2.2-36 示，计算网格如图 2.2-37 所示，采用的模型参数如表 2.2-10、表 2.2-12 所示，各模型计算结果如图 2.2-38 所示，除有限元 Duncan-Chang 模型用室内试验参数外，其他模型用原位试验参数，结果表明，用原位试参数的方法计算结果与实际结果较符合。

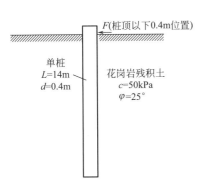

图 2.2-36 计算简图

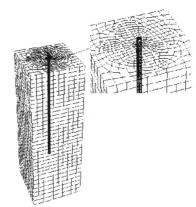

图 2.2-37 数值计算几何模型

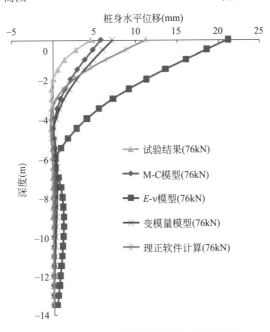

图 2.2-38 第 3 级荷载计算结果与试验结果对比

结论：可见变形参数准确性影响计算精度，理论上有限元是更精细的计算方法，但参数不准，计算结果也不够准。

用沉降本构模型计算比萨斜塔的沉降见第1章1.6节。

M-C 模型、变模量模型计算参数   表 2.2-12

c(kPa)	φ(°)	E_{t0}(MPa)	μ_i
50	25	30	0.3

2.2.5 港珠澳大桥跨海隧道沉降问题

对于港珠澳大桥跨海隧道的地基处理方式，是一大技术难题，其示意图如图 2.2-39 所示。包括：

（1）岛上段：与桥连接，沉降要小，是否使用桩基？

（2）岛隧连接段：有淤泥质土，沉降大，是否进行过渡处理？

（3）中间段：要使用搅拌桩、挖除黏土还是天然地基？不同的处理方案造价差异很大。

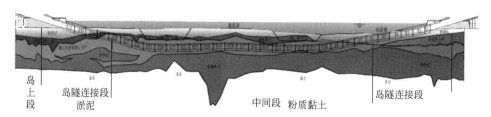

图 2.2-39　港珠澳大桥跨海隧道示意图

针对以上问题，要采取何种地基处理方式，主要取决于沉降控制值。

通过对其地质的勘察得到其中间段地质剖面图，如图 2.2-40 所示。

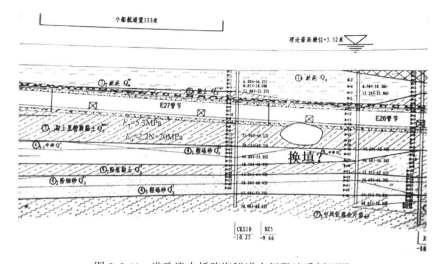

图 2.2-40　港珠澳大桥跨海隧道中间段地质剖面图

中间段隧道地基主要是粉质黏土和砂层，在无地基加固情况下，研究了粉质黏层、砂层在不同压缩模量下的总沉降值，计算得到沉降与变形参数关系：对于 10m 厚粉质黏土，当沉降控制值要求 $s<10$cm，要求 $E_s>25$MPa；如果 $E_s<20$MPa，则沉降 $s>12$cm；对于砂层，当沉降控制值要求 $s<10$cm，则要求 $E_s>40$MPa。而勘察得到的各土层主要土体物理力学指标统计值如表 2.2-13 所示。由表可知，粉质黏土的压缩模量 E_s 为 5.57，按此指标沉降难以满足要求，可能要进行地基处理。但如根据广东省规范由标贯击数得到的变形模量为 28MPa，按此计算则沉降可以满足要求，不需进行地基处理。

主要土体物理力学指标统计值　　　　　　　表 2.2-13

层号	岩土名称	含水量	天然密度	孔隙比	塑性指数	液性指数	压缩系数	压缩模量	直剪快剪		固结快剪		标准贯入试验
									黏聚力	内摩擦角	黏聚力	内摩擦角	
		w	ρ	e	I_P	I_L	$a_{0.1-0.2}$	$E_{s0.1-0.2}$	c_q	φ_q	c_{cq}	φ_{cq}	N
		%	g/cm³	—	—	—	MPa⁻¹	MPa	kPa	°	kPa	°	击
①₁	淤泥	70.1	1.59	1.94	22.3	1.96	1.62	1.89	3	3.8	7	19.0	1
①₂	淤泥	61.3	1.63	1.72	23.2	1.50	1.45	1.92	5	4.9	8	18.8	1
①₃	淤泥质土	46.5	1.76	1.31	19.5	1.28	0.89	2.76	9	7.3	10	19.6	2
②₁	黏土	20.0	1.92	0.85	18.2	0.45	0.32	5.35	38	6.9	20	20.6	7
③₁	淤泥质土	40.1	1.81	1.12	16.3	1.15	0.61	3.75	11	16.5	10	22.6	4
③₁₋₁	黏土及粉质黏土	40.5	1.80	1.14	20.2	0.83	0.43	5.32	26	10.7	18	18.4	6
③₂	粉质黏土夹砂	33.4	1.86	0.95	12.6	0.88	0.37	6.01	13	27.5	16	23.5	10
③₃	粉质黏土	34.5	1.85	0.99	16.0	0.80	0.37	5.57	26	18.3	19	22.5	11
④₁	粉细砂	20.8	2.02	0.62	8.7		0.09	18.16	12	33.6	12	31.4	21
④₂	粉细砂	17.5	2.02	0.57	10.9		0.10	16.38	18	33.2	14	35.3	39

这样，参数的合理性就成为沉降计算准确性的关键问题了。针对这一问题，采用孔压静力触探（CPTU）原位试验，在沿线布设 300 多个 CPTU 测试孔，原位试验纵向三排，如图 2.2-41 所示。

通过试验得到的变形参数分析如表 2.2-14 所示，由表可知通过静力触探试验得到的砂层变形模量 E_0 平均值约为 50MPa，黏土的变形模量 E_0 平均值约为 30MPa，比室内试验的大，这样，在中间无软土段就可以直接用天然地基。

对天然地基隧道的基槽还采用压板载荷试验检验（4.5m×9.0m 水下 40m）进行验证，试验现场如图 2.2-42 所示。试验证明其沉降符合沉降控制要求。

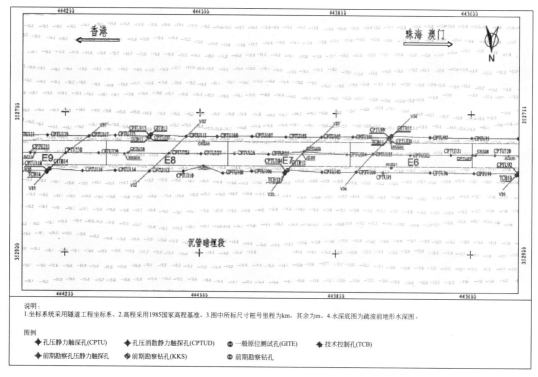

图 2.2-41　沿线布 CPTU 原位试验纵向三排

原位试验经验变形模量汇总表　　　　　　　　　　　表 2.2-14

土层名称	E_0(MPa)(方法一)	E_0(MPa)(方法二)	E_0(MPa)(方法三)	E_0(MPa)(平均值)	极差(平均值)
隧道以下砂层	47.1	50.9	57.3	51.8	20%
③₁ 黏土	30.6(室内5.7)	29.7	31.3	30.5	5%

注：方法一：地基承载力估算变形模量（杨光华）$E_0 = \dfrac{b \times f_{ak} \cdot (1-\mu^2)}{S_k}\omega$

　　方法二：标贯击数估算变形模量（广东规范）$E_0 = \alpha \cdot N = 2.3 \times 12.9 = 29.7$MPa

　　方法三：CPTU 估算变形模量（国外经验）$E_0 = \alpha \cdot q_c = 17.5 \times 1.78 = 31.3$MPa

图 2.2-42　压板试验现场

在施工后，对隧道沉管管节首尾及管节沉降进行监测，其监测结果分别如图 2.2-43、图 2.2-44 所示（据林鸣文章）。监测结果表明：天然地基的沉降量 $s < 10$cm，满足沉降控

制要求，计算沉降时使用原位试验获得的变形参数比室内试验更为准确。

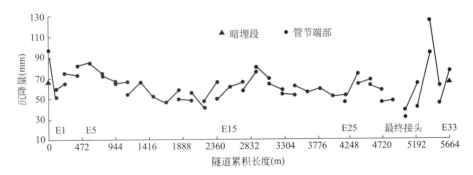

图 2.2-43 沉管管节首尾的沉降量（自西向东）

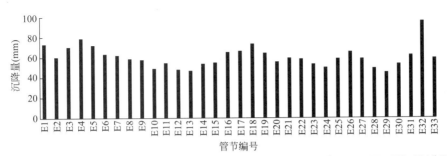

注：沉降数据的统计截止日：E1～E22 为 2016-12-23；E23、E24 为 2017-04-29；E27 为 2017-07-29；E28～E33 为 2017-08-28。

图 2.2-44 沉管管节沉降

2.3 确定地基承载力的新方法

2.3.1 现有确定地基承载力方法的不确定性

现有规范确定地基承载力方法包括：

（1）$p_{1/4}$ 法；

（2）半理论半经验公式：$f_a = f_{ak} + \eta_b \gamma (b-3) + \eta_d \gamma_m (d-0.5)$

其中，f_{ak} 由原位压板载荷试验或其他原位测试、公式计算，并结合实践经验等方法综合确定。

现有规范确定地基承载力的不确定性体现在安全系数不明确，沉降也不明确。

1. $p_{1/4}$ 法

如图 2.3-1 所示，$p_{1/4}$ 是指地基塑性区的最大发展深度为基础宽度的 1/4 所对应的荷载。

假设一个条形基础宽度为 2m，埋深为 1m，地基土重度为 $18kN/m^3$，通过计算可得到它的极限承载力 p_u 及容许承载力 $p_{1/4}$，则安全系数为 $K = \dfrac{p_u}{p_{1/4}}$，将不同 c、φ 的计算结果列出[19]，得到表 2.3-1。由表 2.3-1

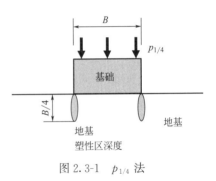

图 2.3-1 $p_{1/4}$ 法

可知，$p_{1/4}$ 的安全系数随 φ 值增大而变大，对于硬土来说较为保守，而 c 值对其影响不大。此外，假设该土为砂土，即 $c=0\mathrm{kPa}$，计算不同内摩擦角 φ 下的安全系数，并列出表格如表 2.3-2 所示，由表可知对于中粗砂（$\varphi > 28°$），$K > 4$。故对于中粗砂和硬土来说，$K > 3.5、4$，此时承载力富余大，未能合理利用，造成浪费。

安全系数（K）分析表　　　　表 2.3-1

c(kPa)	φ(°)									
	0	5	10	15	20	25	30	35	40	45
0	—	—	1.86	2.13	2.80	4.18	5.62	7.84	15.6	21.7
10	1.52	1.78	2.09	2.38	2.94	4.01	5.28	7.25	13.1	19.1
20	1.65	1.87	2.16	2.47	2.99	3.94	5.12	6.95	11.9	17.6
30	1.70	1.90	2.20	2.52	3.02	3.90	5.03	6.77	11.2	—
40	1.73	1.93	2.22	2.55	3.04	3.88	4.97	6.64	—	—
50	1.75	1.95	2.23	2.57	3.05	3.86	4.93	—	—	—
中值	1.67	1.89	2.12	2.44	2.97	3.96	5.16	7.09	13.0	19.5

　　　　　　　　　　　　　　　　　　　　　　　　　　　　　　→ 大

砂土承载力　　　　表 2.3-2

c(kPa)	φ(°)	承载力特征值 f_a(kPa)	承载力极限值 p_u(kPa)	安全系数 $K=p_u/f_a$
0	18	47.70	131.81	2.76
0	20	55.08	169.94	3.09
0	22	63.90	219.51	3.44
0	23	70.65	249.74	3.53
0	24	78.03	284.39	3.64
0	25	88.38	324.19	3.67
0	26	98.73	369.99	3.75
0	27	109.35	422.81	3.87
0	28	119.97	483.85	4.03
0	29	136.44	554.58	4.06
0	30	152.91	636.71	4.16
0	31	175.23	732.35	4.18
0	32	197.55	844.01	4.27
0	33	223.02	974.75	4.37
0	34	248.49	1128.29	4.54
0	35	274.77	1309.18	4.76
0	36	301.05	1523.01	5.06

↓ 大

2. 半理论半经验公式

$$f_a = f_{ak} + \eta_b \gamma (b - 3) + \eta_d \gamma_m (d - 0.5)$$

式中　b——基础宽度，当小于 3m 时取 3m，当大于 6m 时取 6m；

　　　f_{ak}——特征值，压板试验确定，安全系数 K 大于 2；

　　　f_a——修正特征值，比 $p_{1/4}$ 保守。

压板试验确定特征值 f_{ak} 时通常由沉降控制确定，而关于沉降控制，通常以沉降比 s/b 作为沉降控制的依据，但 s/b 取值是一个经验值。尚缺乏充分的准确的理论关系，不同地区可能取值会不同，如目前广东省标准《建筑地基基础设计规范》取值 $0.015 \sim$ 0.02，大于国家标准《建筑地基基础设计规范》GB 50007—2011 的取值 $0.01 \sim$ 0.015。宰金珉[26] 的研究则认为对中低压缩土可取更大值 $0.03 \sim 0.04$。控制沉降比是为控制承载力下基础沉降不过大，但实际上控制不了，因为还是没有解决好尺寸效应，应该直接控制实际基础沉降才是。下面我们通过一个算例来说明半理论半经验公式特征值不唯一，具有人为性。如图 2.3-2 所示为某一压板 p-s 曲线。该压板宽度为 $b = 0.5$m，若按国标 $s/b = 0.01$，则沉降控制值为 5mm，在 p-s 曲线中对应的承载力为 247kPa，而当基础基底压力为 300kPa 时，显然，此时基底压力大于地基承载力，要进行地基处理，而我们由 p-s

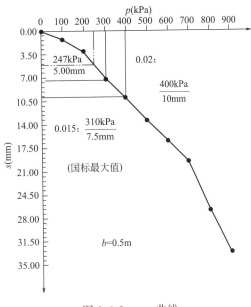

图 2.3-2　p-s 曲线

曲线可知极限承载力可达试验的最大值 $p_u = 900$kPa，安全系数为 3，是否还需要进行地基处理？另外，假设控制值选为 $s/b = 0.015$，则此时沉降控制值为 7.5mm，在 p-s 曲线中对应的承载力为 310kPa，显然可以满足 300kPa 的要求；假设控制值选为 $s/b = 0.02$，则此时沉降控制值为 10mm，在 p-s 曲线中对应的承载力为 400kPa，同时安全系数 $K = 2.25 >$ 2.0，显然也满足。选用规范范围内不同的沉降比，可以得到不同的特征值，故特征值不唯一，存在人为性。

综上所述，我们可得知现有规范承载力确定方法不足：

（1）安全系数不明确；

（2）对应实际基础的沉降不明确；

（3）硬土偏保守，软土一般沉降会偏大；

（4）不是最合理的，未能更好地充分利用地基承载力。

2.3.2　地基承载力应用的误区和案例

案例 1：广昌水闸

该水闸示意图及工地现场如图 2.3-3 所示，纵剖面及地质情况如图 2.3-4 所示。水闸底板宽为 28m，筏板基础，基底压力 80kPa，软土厚度 40m，软土的含水量 80%，闸底地基处理为搅拌桩，处理深度 14m，搅拌桩直径 500mm，间距 1m。

(a)

(b)

图 2.3-3　广昌水闸

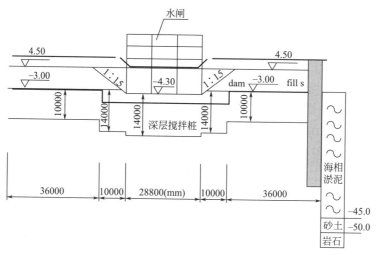

图 2.3-4　水闸纵剖面及地质情况图

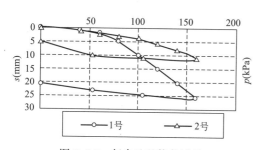

图 2.3-5　复合地基静载试验

施工搅拌桩后，通过复合地基静载试验确定其沉降和地基承载力。复合地基静载试验结果如图 2.3-5 所示，由图可知，在基底压力两倍荷载（160kPa）作用下其最大沉降约为 2～3cm，取安全系数为 2，其承载力为 80kPa，可以满足承载力的要求。

但实际上是不能用这个压板试验获得的承载力来评判实际基础下的承载性能的。

我们计算了地基在上部结构荷载下的沉降为 80～90cm，显然沉降太大，为此提出采用预压处理，在预压荷载下闸室位置Ⅶ区（见图 2.3-6）半年沉降为 40～60mm，其时间-沉降曲线如图 2.3-6 所示。而在水闸完工后，经实测得其一年的沉降约为 16cm，其时间-沉降曲线如图 2.3-7 所示。最终稳定后的沉降为 30cm 多。

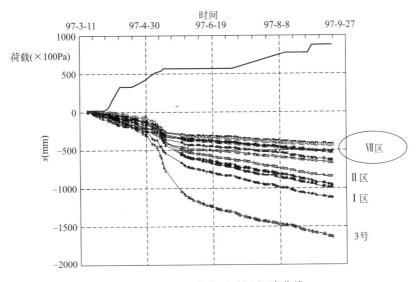

图 2.3-6 预压荷载下时间-沉降曲线

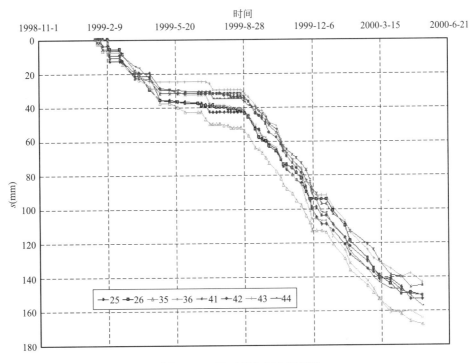

图 2.3-7 竣工后水闸实测沉降

原因：应力影响深度范围不同，静载试验时应力影响深度只在浅层，反映的是搅拌桩处理深度范围内的变形，大面积荷载下应力影响到深层未处理的软土。应力影响深度示意图如图 2.3-8 所示，因此，压板试验的沉降不等于实际基础下的沉降。

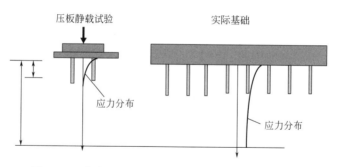

图 2.3-8　静载试验及实际基础下应力影响深度示意图

案例 2：某电厂地基

某电厂，在施工前为确定其地基承载力，采用压板载荷试验，得到其 p-s 曲线如图 2.3-9 所示，按《建筑地基基础设计规范》GB 50007 用相对变形值 $s=0.01d$，确定的承载力特征值为 310kPa，而设计要求为 400kPa，认为天然地基承载力不够，建议采用 $\phi1000$，$L=25$m 的桩基。但由 p-s 曲线可知其极限承载力为最大加载 1500kPa，其安全系数 $K=1500/300=5$，难道还不能满足承载力要求？

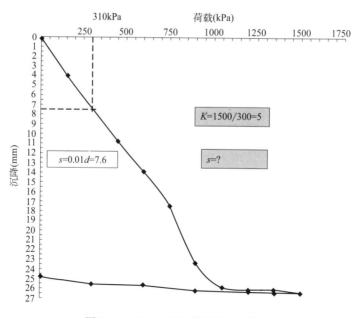

图 2.3-9　C052 点载荷试验 p-s 曲线

实际上，压板与实际基础受力不同，地基承载力不同，而这里错把压板的承载力和地基承载力混淆。该地基为珊瑚状灰岩，浅层珊瑚碎屑含大量粉砂层，从试验曲线可见，开始沉降大主要应该是浅层珊瑚碎屑的压缩沉降，该层压缩后，珊瑚岩的变形很小，承载力很大，这样只需对粉砂层进行处理，用珊瑚状灰岩作为持力层是很安全的，其安全系数也很高。实际上，实际筏板基础面积大，地基受力主要是珊瑚岩，与压板小尺寸不同，如图 2.3-10 所示，而珊瑚岩的承载力是足够安全的。最后，没有采用桩基，应用筏板天然地基，沉降为毫米级，节省几千万，工期缩短了大半年！

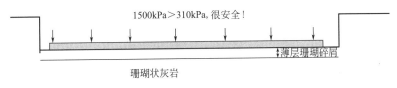

图 2.3-10　筏板天然地基

通过以上的很多工程实践，发现工程中存在很多误用地基承载力的问题，轻则浪费，重则事故，因此，我们提出了改进地基承载力确定的方法。

2.3.3　正确确定地基承载力的双控法及案例

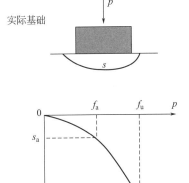

实际上，由于地基承载力与基础实际尺寸相关，因此，确定地基承载力最科学的方法就是应按照实际基础的荷载沉降的 $p\text{-}s$ 曲线来确定，如图 2.3-11 所示。根据最优地基承载力双控三原则，确定地基承载力。最优地基承载力双控三原则：

① $f_a \leqslant f_u/K$，$K = 2 \sim 3$；

② $s_a \leqslant [s]$；

③ 取满足条件的最大值。

以上公式中，f_u 为实际基础下的地基极限承载力，f_a 为修正承载力特征值，s_a 为 f_a 对应基础的沉降，$[s]$ 为允许的基础沉降。

图 2.3-11　实际基础 $p\text{-}s$ 曲线

最优地基承载力实际就是对实际基础，在满足强度安全和变形要求下，取最大承载力。这就要求有实际基础的 $p\text{-}s$ 曲线，如何获得实际基础的 $p\text{-}s$ 曲线？最可靠的方法是现场对基础进行破坏性加载试验，但实际基础宽度、埋深不同，承载力不同，难以对每一基础进行加载试验，可以由切线模量法，通过小压板载荷试验来研究确定实际基础的地基承载力。

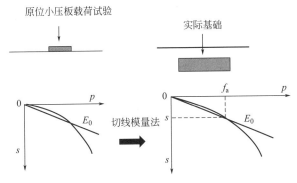

图 2.3-12　原位小压板载荷试验与实际基础模型及 $p\text{-}s$ 曲线示意图

如图 2.3-12 所示，我们可以通过原位小压板载荷试验 $p\text{-}s$ 曲线来反算获得地基土的强度和变形参数 c、φ、E_0，再根据切线模量法求得实际基础的 $p\text{-}s$ 曲线，最后根据最优地基承载力双控三原则，即可以确定安全、合理的地基承载力。

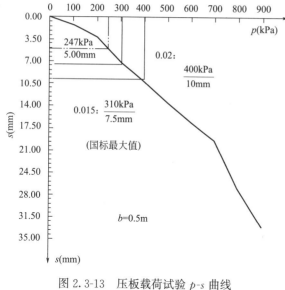

图 2.3-13 压板载荷试验 p-s 曲线

案例 1：

如图 2.3-13 所示为某一压板载荷试验 p-s 曲线，其最大试验荷载为 900kPa。该压板宽度为 $b=0.5$m，若按国标 $s/b=0.01$，则沉降控制值为 5mm，在 p-s 曲线中对应的承载力特征值为 247kPa；假设若按国标选为 $s/b=0.015$，则此时沉降控制值为 7.5mm，在 p-s 曲线中对应的承载力特征值为 310kPa；假设按广东规范选为 $s/b=0.02$，则此时沉降控制值为 10mm，在 p-s 曲线中对应的承载力特征值为 400kPa，同一试验结果，可以有不同的承载力特征值，这就给实际应用带来不便了。

新的方法是利用压板试验曲线求土参数，由双曲线切线模量法可知 $\dfrac{s}{p}=bs+a$，将压板试验数据代入，并对其进行拟合，可得 $\dfrac{s}{p}=0.0131566792s+0.0131566792$，其拟合图形如图 2.3-14 所示。$a=0.0131566792$，$b=0.0006644452$，$E_{t0}=\dfrac{D\,(1-\mu^2)\,\omega}{a}=30.43$MPa，$p_u=\dfrac{1}{b}=1505.02$kPa，设 $\varphi=20°$，可反算出黏聚力 $c=70.2$ kPa。将得到的参数用切线模量法计算压板沉降，并与试验数据进行对比，如图 2.3-15 所示。由图可知，压板试验数据与切线模量法计算数据十分接近。

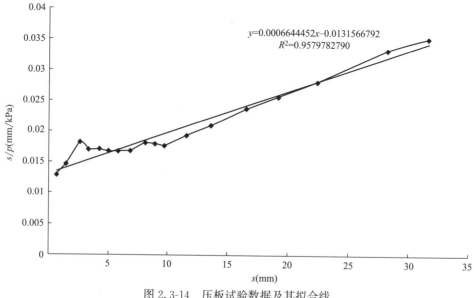

$$y=0.0006644452x-0.0131566792$$
$$R^2=0.9579782790$$

图 2.3-14 压板试验数据及其拟合线

针对压板试验的三个试点，我们根据压板试验用双曲线方程反计算地基土的强度和变形参数，如表 2.3-3 所示。而地质报告给出的 $\varphi = 19.2$，$c = 73.5\text{kPa}$，与反算结果接近。

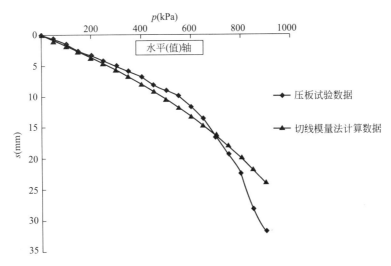

图 2.3-15 切线模量法计算压板沉降与试验实测沉降 p-s 曲线对比

根据压板试验用双曲线方程反计算地基土的强度和变形参数 表 2.3-3

压板试验编号	$E_{t0}(\text{MPa})$	$p_u(\text{kPa})$	假定的 φ	反算所得的 $c(\text{kPa})$
1 号试点	30.43	1505	20	70.2
2 号试点	25.51	1468	20	68.4
3 号试点	21.1	1527	20	71.2
平均值	25.68	1500	20	69.93

如果用压板最大试验值 900kPa 作为极限承载力值（小于外推极限值 1500kPa），假设 $\varphi = 20$，反算出的 $c = 59\text{kPa}$，使用这个参数计算极限承载力，将小于按 $c = 70\text{kPa}$ 推算的极限值，结果偏于安全。

将强度参数和变形参数用于计算 $b = 2\text{m}$、无埋深的方形基础的 p-s 曲线，用压板 900kPa 指标作为压板的极限承载力，反算出的实际基础的极限承载力为 982kPa，其 p-s 曲线如图 2.3-16 所示。假如要求基底压力为 300kPa，由图可知，当沉降控制值为 25mm，其对应地基承载力为 315kPa，安全系数 $K = 3.11$，安全；当沉降控制值为 40mm，其对应地基承载力为 470kPa，安全系数 $K = 2.1$，也是安全。而规范方法按沉降比难以确定出合理的承载力，如按沉降比小值确定时，过于保守，甚至会得出承载力不够的结果，造成浪费。

同样，将强度参数和变形参数用于计算 $b = 6\text{m}$、无埋深的方形基础的 p-s 曲线，用压板荷载 900kPa 作为压板的极限承载力，得到其 p-s 曲线如图 2.3-17 所示，则 6m 宽基础下地基的极限承载力为 1228kPa。由图可知，如沉降控制值为 25mm，其对应的地基承载力为 130kPa；当沉降控制值为 50mm，其对应的地基承载力为 245kPa。虽然是相同的土层，与 2m 基础承载力不同，其承载力取决于沉降变形，如果沉降变形允许，承载力还可以取更大值，即使取安全系数 $K = 3$，强度允许承载力可为 407kPa，安全余地还比较大。但如果按压板试验，按规范方法的沉降比确定承载力，如图 2.3-17 所示，如按沉降比为 0.015，

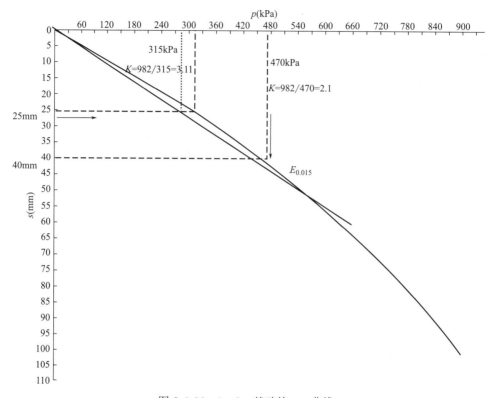

图 2.3-16 $b=2$m 基础的 $p\text{-}s$ 曲线

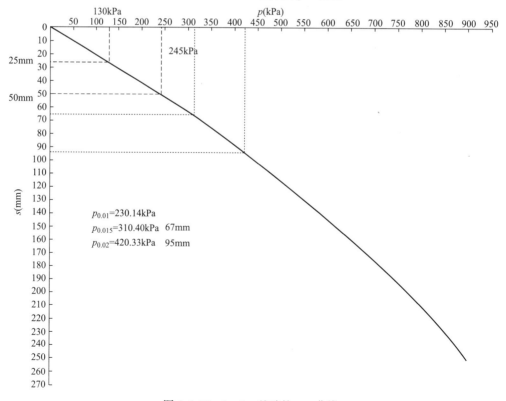

图 2.3-17 $b=6$m 基础的 $p\text{-}s$ 曲线

则承载力为 310kPa，但对应沉降为 67mm，如按沉降比 0.02 确定承载力，为 420kPa，但基础对应沉降已达 95mm，显然都大于控制的沉降。一般大基础承载力由沉降控制。

综上所述，正确的地基承载力确定方法，应由小压板试验确定土力学参数：E_0、c、φ，而不是确定承载力（规范方法）；再对具体基础，计算其荷载沉降的 $p\text{-}s$ 曲线，依据 $p\text{-}s$ 曲线，最后由 K、s 双控制确定承载力，才能实现安全可靠且不浪费。

案例 2： 某建筑地基设计

如图 2.3-18 所示为该建筑的地基剖面图，原地质报告提供其 E_s＝5～10MPa，土的承

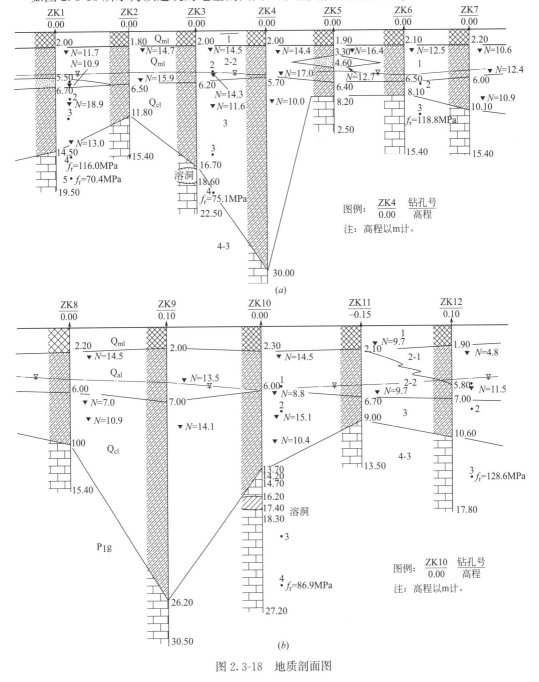

图 2.3-18　地质剖面图

载力 $f_k = 130\text{kPa}$，而上部为 16 层＋1 层地下室荷载，其地基承受压力为 $p = 17 \times 15 = 255\text{kPa} > 130\text{kPa}$，承载力不够，故原设计方案计划采用桩基础。

我们通过压板载荷试验来计算地基承载力，三个试验点得到的 $p\text{-}s$ 曲线如图 2.3-19 所示。通过 $p\text{-}s$ 曲线得到其变形模量 $E_0 = 40\text{MPa}$，各试点持力层强度参数反分析结果如表 2.3-4 所示。

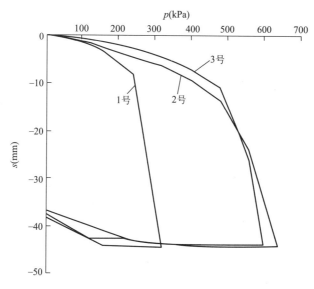

图 2.3-19　压板试验 $p\text{-}s$ 曲线

各试点持力层强度反分析结果　　　　　　　　　表 2.3-4

试验点编号	压板直径 D(cm)	实验极限强度 p_u(kPa)	反分析的抗剪强度		室内试验抗剪强度	
			φ(°)	c(kPa)	φ(°)	c(kPa)
1 号	79.79	240	16	20	4.0～16.7	13.6～20.3
2 号	79.79	560	22	32	2.2～23.8	17.0～30.3
3 号	79.79	560	24	28	8.7～26.4	14.4～27.9

由表可清楚看到现场试验得到的强度和变形参数比室内试验大，而且室内试验得到的参数离散性大，存在较大误差。根据反算得到的参数计算各试点的地基承载力，并列于表 2.3-5。由表可知若设计承载力为 288kPa，该地基强度安全系数仍大于 2，可以采用天然地基。用切线模量法计算基础的沉降，其计算沉降情况如图 2.3-20 所示，并将其与沉降观测结果（图 2.3-21）对比，两者结果接近。

各试点地基承载力　　　　　　　　　表 2.3-5

试验点	临塑 $p_{\lambda=0}$	极限 $p_{\lambda=1}$	设计$[p]$	安全系数 K
1 号	221.3	622.6	288	2.2
2 号	365.3	1353.2	325	4.1
3 号	374.1	1591	349	4.5

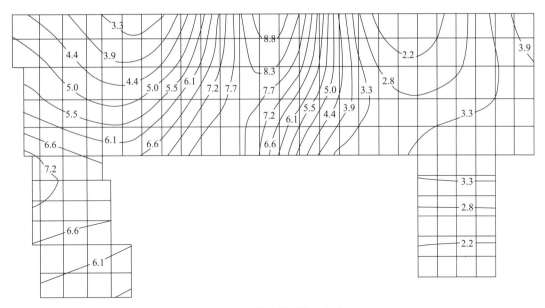

图 2.3-20　计算基础的沉降（单位：cm）

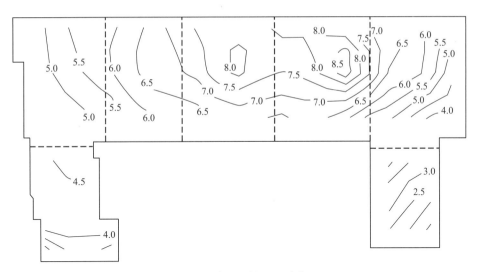

图 2.3-21　沉降观测结果（单位：cm）

2.4　结论

（1）地基沉降计算不准的原因是：取样室内试验参数与现场原位土的参数差异大，靠经验系数修正不是最终办法，有限元等数值方法也依赖准确的本构模型，本构模型参数依靠的是室内试验，也难准确。

（2）发展原位土的本构模型或理论是好途径，可以通过室内试验与原位试验结合来确定其参数。

（3）依据原位压板试验的 p-s 曲线，求得土体切线模 E_t，可反映土的非线性，将 E_t

用于分层总和法，建立新的沉降计算方法——切线模量法，是解决地基沉降计算的好途径。

新方法具有以下特点：①非线性，可反映土体沉降到破坏的全过程；②保留原状土特性；③计算精度高；④应用简单方便。

（4）正确确定地基承载力的方法

压板试验不直接定承载力，也定不准、定不好，而是用来确定土的力学参数 E_0、c、φ，然后用切线模量法计算实际基础的荷载沉降 $p\text{-}s$ 曲线，依据 $p\text{-}s$ 曲线，在满足强度和变形双控条件下，确定最大承载力允许值，得到更安全可靠、合理的承载力！

主要参考文献

[1] 杨光华.基础非线性沉降变形计算的双曲线模型法 [J].地基处理，1997（1）：50-53.

[2] 杨光华.残积土上基础非线性沉降的双曲线模型的研究 [C] //第七届全国岩土力学数值分析与解析方法讨论会论文集，2001：168-171.

[3] 杨光华.地基承载力的合理确定方法 [C] //全国岩土与工程学术大会论文集，2003：129-133.

[4] Yang Guanghua（杨光华）. A Simplified Analysis Method for the Ponlinear Settlement of singhe pile [C] //Prod of 2nd lat. Sym on structure and found of civil Eng，1997.

[5] 杨光华.软土地基非线性沉降计算的简化法 [J].广东水利水电，2001（1）：3-5.

[6] 杨光华.地基非线性沉降计算的原状土切线模量法 [J].岩土工程学报，2006（11）：1927-1931.

[7] 杨光华，王鹏华，乔有梁.地基非线性沉降计算的原状土割线模量法，土木工程学报，2007（5）：49-52.

[8] 乔有梁，杨光华.单桩非线性沉降计算的原状土切线模量法 [J].广东水利水电，2009（6）：26-28＋54.

[9] 刘琼，杨光华，刘鹏.基于原位旁压试验的地基非线性沉降计算方法.广东水利水电，2010（7）：4-6.

[10] 刘琼，杨光华，刘鹏.用旁压试验结果推算载荷试验 $p\text{-}s$ 曲线.广东水利水电，2008（8）：82-84.

[11] 杨光华，骆以道，张玉成，王恩麒.用简单原位试验确定切线模量法的参数及其在砂土地基非线性沉降分析中的验证 [J].岩土工程学报，2013，35（3）：401-408.

[12] 宰金珉，翟洪飞，周峰，梅岭.按变形控制确定中、低压缩性地基土承载力的研究 [J].土木工程学报，2008（8）：72-80.

[13] 广东省标准.建筑地基基础设计规范 DBJ 15—31—2016 [S].北京：中国建筑工业出版社，2017.

[14] 中华人民共和国国家标准.建筑地基基础设计规范 GB 50007—2011 [S].北京：中国计划出版社，2012.

[15] 约瑟夫·E·波勒斯.基础工程分析与设计 [M].5 版.童小东等译.北京：中国建筑工业出版社，2004.

[16] Braja M. Das. Shallow foundations bearing capacity and settlement（second edition），CRC press Taylor &Francis Group，2009.

[17] 中华人民共和国国家标准.岩土工程勘察规范 GB 50021—2001 [S].北京：中国建筑工业出版社，2004.

[18] 陆培炎，徐振华.地基的强度和变形的计算 [M].西宁：青海人民出版社，1978.

[19] 王红升，周东久，郭伦远.理论公式确定地基容许承载力时安全系数的选取 [J].河南交通科技，1999，（4）：31-32.

[20] 杨光华，王俊辉.地基非线性沉降计算原状土切线模量法的推广和应用 [J].岩土力学，2011，32

(S1)：33-37.

［21］杨位光.地基及基础.［M］.3 版.北京：中国建筑工业出版社，2005.

［22］杨光华，姜燕，张玉成，王恩麒.确定地基承载力的新方法［J］.岩土工程学报，2014（4）：597-603.

［23］杨光华.地基非线性沉降计算的原状土切线模量法［J］.岩土工程学报，2006，11：1927-1931.

［24］杨光华.基础非线性沉降变形计算的双曲线模型法［J］.地基处理，1997，8（1）：50-53.

［25］杨光华.地基沉降计算的新方法［J］.岩石力学与工程学报，2008，27（4）：679-686.

［26］宰金珉等，按变形控制确定中、低压缩性地基承载力的研究［J］.土木工程学报，2008，8：72-80.

［27］BRIAUD J L，GIBBENS R M. Predicted and measured behavior of five spread footings on sand ［C］// Proceedings of a Prediction Symposium Sponsored by the Federal Highway Administration，Settlement'94 ASCE Conference，1994，Texas.

［28］杨敏.桩基础设计理论变革：从强度控制设计到变形控制设计// 龚晓南.岩土工程变形控制设计理论与实践［M］.北京：中国建筑工业出版社，2018.

［29］曾国熙.比萨斜塔的历史，现状及加固方案［J］.地基处理，1993，4（1）：6-24.

第3章 软土地基非线性沉降的实用计算方法

软土地基沉降计算困难，存在比较复杂的问题：①非线性问题；②固结问题；③蠕变问题。涉及流体、固体和时间的多种耦合问题。

3.1 软土地基沉降计算存在的问题

软土地基沉降量大，常以米计；沉降非线性严重，难以计算准确，长期困扰工程界和学术界。这里，我们列举了一些关于软土地基沉降的实例，如图 3.1-1 所示。

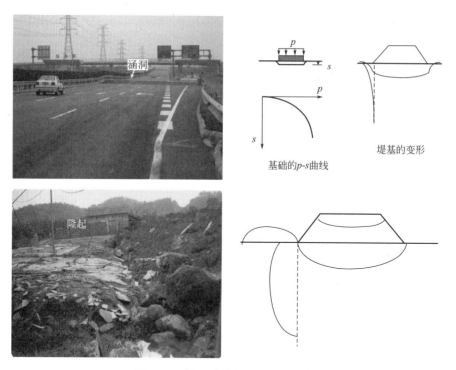

图 3.1-1 软土非线性沉降工程实例

实际上，软土的变形特点：存在体变和剪切变形引起的两部分沉降，而压缩试验由于限制了侧限变形，如图 3.1-2 所示，其沉降只反映体变部分，不包括由于剪切变形产生的沉降。以压缩量计算沉降的分层总和法只计算了体变产生的沉降：

$$s = m \sum_{i=1}^{n} \frac{\Delta e_i}{1 + e_{0i}} H_i \tag{3-1}$$

压缩沉降随着压力的增大沉降增量会越来越小，如图 3.1-2 所示。剪切变形产生的沉

降试图用经验系数 m 来反映，有一定的难度。

1. 软土地基沉降计算方法——压缩模量法

简便、但准确性不够，原因在于通常表示压缩
性关系的 e-p、e-$\lg p$ 曲线和压缩模量 E_{si} 没有反映
侧向变形，代表性公式是规范的分层总和法：

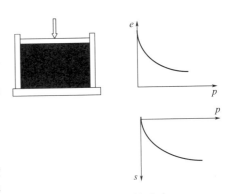

图 3.1-2　压缩试验

$$s = \psi_s s' = \psi_s \sum_{i=1}^{n} (z_i a_i - z_{i-1} a_{i-1}) \frac{p_0}{E_{si}} \quad (3\text{-}2)$$

关于侧向变形的问题，规范方法提出用经验
系数 ψ_s 对侧向变形产生的沉降进行修正，对于
ψ_s，不同规范却有着不同规定。《堤防工程设计规
范》GB 50286：$\psi_s=1.3\sim1.6$；《建筑地基基础设
计规范》GB 50007：$\psi_s=1.1\sim1.4$；《公路桥涵地基与基础设计规范》JTG 3363：$\psi_s=1.1\sim$
1.8；《港口工程地基规范》JTS 147：缺经验，各地自定。由于范围也不统一，故该系数的确
定存在较大人为性、不够准确，一般是给定性的荷载大、土软，取大值；反之，取小值。

这里，提供一个简单的经验系数取值方法：

假设经验系数 ψ_s 与压力 p_0 符合双曲线模型，如图 3.1-3 所示，则修正经验系数可按
荷载的大小插值取定。

$$\psi_s = \frac{p_0}{a + b p_0} \quad (3\text{-}3)$$

取相对值
$$r = \frac{p_0}{f_{ak}} \quad (3\text{-}4)$$

$$\psi_s = \frac{r}{a + b r} \quad (3\text{-}5)$$

对于《建筑地基基础设计规范》GB 50007 的经验值，把 $r=0.75$，$\psi_s=1.1$；$r=1.0$，
$\psi_s=1.4$ 代入，可得 $a=0.586$，$b=0.128$。这样，就可以按照实际基础压力与地基的承载
力特征值修正值之比 r 代入计算得到经验系数值 ψ_s，避免人为取定。

e-p 曲线计算的沉降不能考虑剪切变形引起的沉降，计算的沉降偏小，其示意图如图
3.1-4 所示。因此，软土地基计算不准的主要原因：土的本构模型不准确。要提高准确性，
应该采用可以反映软土非线性变形的本构模型。

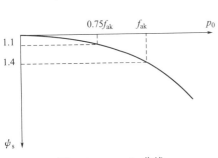

图 3.1-3　p_0-ψ_s 曲线

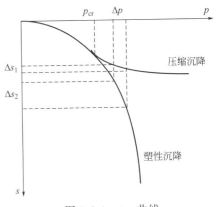

图 3.1-4　p-s 曲线

2.有限元数值方法

有限元数值方法计算精度高，理论完善，不足之处主要在于本构模型不准确、参数不准确，本构模型参数比较难定、获取不易，比如 Duncan-Chang 和剑桥模型已经是最简单的模型了，一般工程勘察报告没有提供模型的参数，试验人员也难定这些参数，缺乏实际可用或可靠的参数，即使计算方法精度高，也会导致实际计算的精度不可靠。所以实际工程中，有限元计算只能用于参考，用于设计时准确性和可靠性差。目前设计主要还是用规范方法，可靠性会更有把握。

针对以上规范法和有限元数值方法在软土地基计算中存在的问题，如何提高软土地基沉降计算的准确性、可靠性、有效性，是值得探讨的问题。

3.2 软土非线性沉降实用计算方法

由前面的分析可知，能不能算准软土地基沉降，关键在于能不能反映侧向变形的非线性沉降，在此提出一种简化的计算方法。这种方法应用弹性解应力，由 Duncan-Chang 非线性模型来确定非线性变化的切线变形模量，用分层总和法的思想来进行软土地基的非线性固结沉降计算，并和工程实例的实测结果与有限元计算结果进行比较。

3.2.1 Duncan-Chang 模型解析应力法

如图 3.2-1 所示，切线模量定义：$E_t = \dfrac{\partial (\sigma_1 - \sigma_2)}{\partial \varepsilon_1}$，在 Duncan-Chang 模型中获得的切线模量为：

$$E_t = \left[1 - \frac{R_f(1 - \sin\varphi)(\sigma_1 - \sigma_3)}{2c\cos\varphi + 2\sigma_3\sin\varphi} \right]^2 \left(\frac{\sigma_3}{p_a} \right)^n \qquad (3-6)$$

同样，我们可以用 Duncan-Chang 模型获得公式计算 ν_t，但较复杂，对于软土，也可以假定 $\nu_t = 0.35 \sim 0.45$。

这样，Duncan-Chang 模型中 E_t 考虑了侧向变形的影响，而压缩模量 E_s 则不能考虑侧向变形的影响。

（1）计算方法：分层叠加总和法

如图 3.2-2 所示，将土层分为若干层，每层厚度为 h_i，上部荷载逐级递增，荷载增量为 Δp_k，则 $p = \sum\limits_{k=1}^{m} \Delta p_k$，$H = \sum\limits_{i=1}^{n} \Delta h_i$，计算各分层 Δh_i 中点 i 处相应于每一荷载增量 Δp_k 时的应力 $\Delta\sigma_{kiz}$、$\Delta\sigma_{kix}$、$\Delta\tau_{kixz}$。

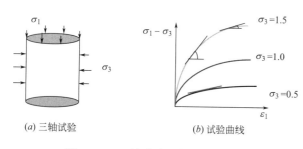

(a) 三轴试验　　　　　　　　(b) 试验曲线

图 3.2-1　三轴试验及应力应变曲线

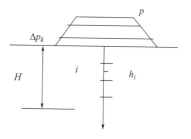

图 3.2-2　分层叠加总和法示意图

$$\sigma_z = \sum_{k=1}^{i} \Delta\sigma_{kz}, \ \sigma_x = \sum_{k+1}^{i} \Delta\sigma_{kx}, \ \sigma_{xz} = \sum_{k=1}^{i} \Delta\sigma_{kxz}, \ (j \leqslant m)$$

$$\frac{\sigma_1}{\sigma_3} = \frac{\sigma_z + \sigma_x}{2} \pm \frac{\sqrt{(\sigma_z - \sigma_x)^2 + 4\tau_{xz}^2}}{2}$$

分层厚度的竖向位移增量 Δh_i 的竖向位移增量 Δs_k

$$\Delta s_{ki} = \frac{\Delta h_i}{E_t} \big[\Delta\sigma_{kiz} - \mu(\Delta\sigma_{kix} + \Delta\sigma_{kiy}) \big] \tag{3-7}$$

$$E_t = \left[1 - \frac{R_f(1 - \sin\varphi)(\sigma_1 - \sigma_3)}{2c\cos\varphi + 2\sigma_3\sin\varphi} \right]^2 \left(\frac{\sigma_3}{p_a} \right)^n$$

Δp_k 的竖向位移增量 Δs_k

$$\Delta s_k = \sum_{i=1}^{n} \Delta s_{ki} \tag{3-8}$$

在 m 级荷载下的总沉降为

$$s = \sum_{k=1}^{m} \Delta s_k \tag{3-9}$$

此时，不需要对计算结果再进行修正。

（2）计算实例：深圳河试验堤

图 3.2-3 为该试验堤剖面图，地面以下约有 12m 厚的淤泥层，软土层含水量 $w=56\%\sim$ 63%，孔隙比 $e=1.54\sim2.14$，$a_{1-2}=16\sim24$kPa，压缩模量 $E_s=1.3\sim1.6$MPa，软土渗透系数 $K=1\times10^{-6}$cm/s。地基软土可细分为两层，地面下 $0\sim2$m 和 $2\sim12$m 分别称为浅层土和深层土。两层地基土的 Duncan-Chang 模型参数的试验曲线如图 3.2-4、图 3.2-5 所示。

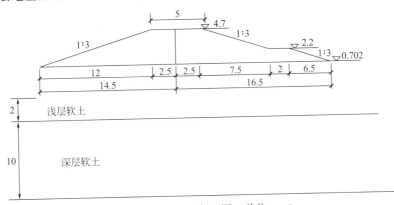

图 3.2-3　试验堤断面图（单位：m）

堤基设计高度 4m，实际填土高度为 4.093m，自 1986 年 1 月 3 日开始填筑，历时 24d，堆载高度与时间的曲线如图 3.2-6 所示。

对堤基进行了两个断面的观测，其中一个断面的观测标点位置图如图 3.2-7 所示，其中 DM01～DM12 为地表沉降观测标点，sp1～sp6 为水平位移观测标点。

采用以上简化方法计算所得结果与有限元结果及实测值比较如图 3.2-8、图 3.2-9 所示，有限元中采用了三个本构模型，即 Duncan-Chang 模型、双三次样条函数（即实用方法）及弹塑性模型（清华模型），其中图 3.2-9 为图 3.2-7 中 DM04 测点的沉降过程。由图可知，弹性应力解的简化方法效果较好。但沉降计算结果偏小，原因是未考虑瞬时沉降。

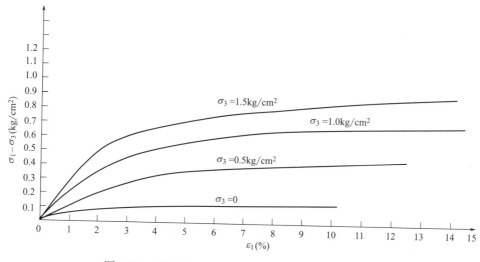

图 3.2-4 浅层土 Duncan-Chang 模型参数的试验曲线

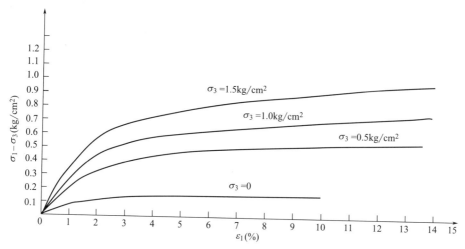

图 3.2-5 深层土 Duncan-Chang 模型参数的试验曲线

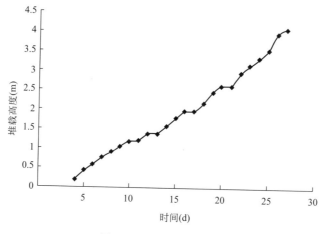

图 3.2-6 堆载时间曲线

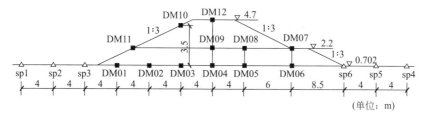

图 3.2-7　路堤监测断面图

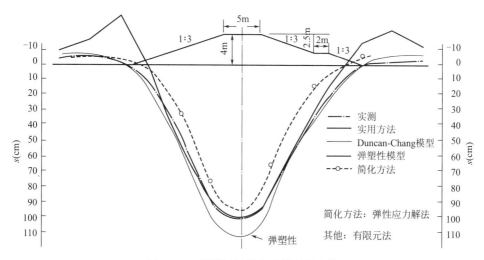

图 3.2-8　横断面计算与实测结果比较

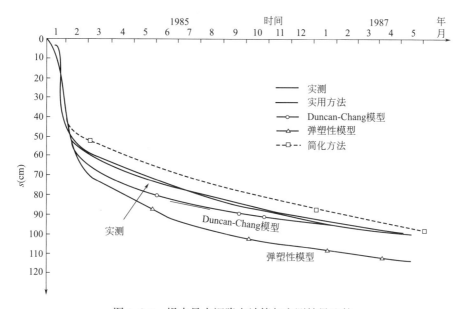

图 3.2-9　堤中最大沉降点计算与实测结果比较

3.2.2 *e-p* 曲线求 Duncan-Chang 模型参数法

用 Duncan-Chang 模型求软土的非线性切线模量，并将其用于分层总和法的计算，是考虑软土非线性的一个较合理的计算方法。但在实际应用中，仍感到 Duncan-Chang 模型参数过多，一般工程都不提供 Duncan-Chang 模型参数，应用不便。而且工程实践中做本构试验的少而且不准，本节进一步提出用压缩试验所得到的 *e-p* 曲线来确定 Duncan-Chang 模型参数的简化方法。由于 *e-p* 曲线试验简单、结果可靠、易判断，使这一方法能更便于工程应用。

在 Duncan-Chang 模型中，变形模量 E_t' 和泊松比 ν_t 均为非线性参数。软土中泊松比的变化不大，一般为 $0.4 \sim 0.5$，在简化计算中可取固定值，对计算结果影响不大，影响大的主要是切线变形模量 E_t。由 Duncan-Chang 模型可知，切线变形模量 E_t 可通过下式计算

$$E_t = (1 - R_f S)^2 E_i \tag{3-10}$$

式中，E_t 为切线变形模量；R_f 为破坏比，即三轴压缩试验中试样破坏时的偏应力与偏应力渐近值之比，无试验值时可取 $0.6 \sim 0.7$；S 为应力水平，即当前应力圆直径与破坏应力圆直径之比，有

$$S = \frac{\sigma_1 - \sigma_3}{(\sigma_1 - \sigma_3)_f} = \frac{(1 - \sin\varphi)(\sigma_1 - \sigma_3)}{2c\cos\varphi + 2\sigma_3\sin\varphi} = S(\sigma_1, \sigma_3, c, \varphi) \tag{3-11}$$

E_i 为初始切线模量，该值随着初始围压 σ_3 而变化，即 $E_i = E_i(\sigma_3)$。

由切线变形模量 E_t 的表达式可知，只需求得当前的土体应力水平 S 和小主应力 σ_3 所对应的初始切线模量 E_i 即可求得变形模量 E_t。在加载过程中，地基土某一点的应力状态可由初始应力和利用弹性解求出的附加应力叠加得出，进而求得大、小主应力 σ_1、σ_3。c、φ 是土的物理力学指标，可通过试验得出。由此，应力水平 S 很容易求得。因此，要求切线变形模量 E_t，只需求得当前小主应力 σ_3 所对应的初始切线模量 E_i，即确定初始切线模量 E_i 与小主应力 σ_3 之间的函数关系。

在压缩试验中，设这种应力状态下的应力水平为 S_0，相应于这一应力状态下的切线变形模量为 E_t'，则有

$$E_s = E_t' = (1 - R_f S_0)^2 E_i \tag{3-12}$$

一般应力状态下的切线变形模量为

$$E_t = \frac{(1 - R_f S)^2}{(1 - R_f S_0)^2} E_t' = \frac{(1 - R_f S)^2}{(1 - R_f S_0)^2} E_s \tag{3-13}$$

根据广义胡克定律，压缩试验中的切线变形模量 E_t' 为

$$E_t' = \frac{d[\sigma_1 - \nu(\sigma_3 - \sigma_1)]}{d\varepsilon_1} \tag{3-14}$$

由 *e-p* 曲线可知，代入 $\sigma_1 = p$、$\sigma_3 = \frac{\nu}{1-\nu}p$，得

$$E_t' = E_s = (1 - \frac{2\nu^2}{1-\nu})\frac{dp}{d\varepsilon_1} = (1 - \frac{2\nu^2}{1-\nu})(1+e)\frac{dp}{de} \tag{3-15}$$

在侧限条件下：

$$S_0 = \frac{\sigma_1 - \sigma_3}{(\sigma_1 - \sigma_3)_f} = \frac{(1 - \sin\varphi)(\frac{1}{\nu} - 2)\sigma_3}{2c\cos\varphi + 2\sigma_3\sin\varphi} \tag{3-16}$$

故

$$E_t = \frac{\left[1 - R_f \dfrac{(1 - \sin\varphi)(\sigma_1 - \sigma_3)}{2c\cos\varphi + 2\sigma_3\sin\varphi}\right]^2}{\left[1 - R_f \dfrac{(1 - \sin\varphi)(1/\nu - 2)\sigma_3}{2c\cos\varphi + 2\sigma_3\sin\varphi}\right]^2}\left(1 - \frac{2\nu^2}{1 - \nu}\right)(1 + e)\frac{\mathrm{d}p}{\mathrm{d}e} \tag{3-17}$$

对于软土，R_f 可根据经验取 $0.6 \sim 0.7$；c、φ 由试验确定；σ_1、σ_3 为土体当前的应力状态；ν 可根据经验取 $0.4 \sim 0.5$；$E_t'(\sigma_3)$ 可根据 $e\text{-}p$ 曲线求得。

土的切线变形模量 E_t 求出后，即可根据广义胡克定律采用分层总和法计算地基土的沉降。

同样，我们使用简化方法针对深圳河试验堤进行沉降计算，地基土 $e\text{-}p$ 曲线见图 3.2-10，根据该曲线所求得的压缩试验过程中变形模量 E_t' 与小主应力 σ_3 之间的关系见图 3.2-11。

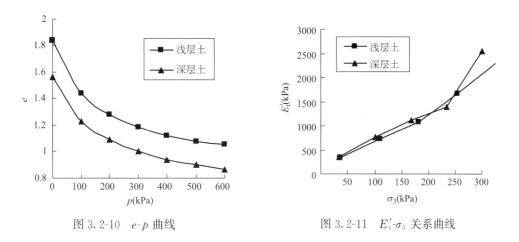

图 3.2-10　$e\text{-}p$ 曲线　　　　　图 3.2-11　$E_t'\text{-}\sigma_3$ 关系曲线

采用上述计算方法所求得的试验堤剖面的地面沉降量与实测结果见图 3.2-12。由图 3.2-12 可知，采用此计算方法所求得的沉降量与实测结果比较接近。

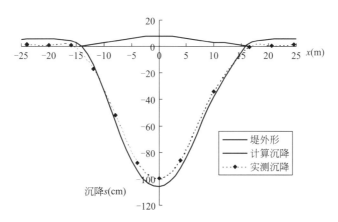

图 3.2-12　试验堤地面沉降量的算值和实测结果

由上述结果可知，简化方法效果也可以，但过程未分出瞬时沉降，沉降过程效果差一些，且计算不稳定，主要是当 σ_3 较小时，E_t 异常，只能当 $\sigma_3 < 0.05\mathrm{MPa}$ 时，取 $\sigma_3 =$

0.05MPa。如果要推广应用，必须改进计算的稳定性，而且要能计算固结过程。考虑到压缩模量比较可靠稳定，软土的压缩模量一般为 2～3MPa，且压缩变形沉降一般是主要沉降，因此进一步提出改进的沉降计算方法。

3.2.3　由压缩模量求切线模量的方法

根据沉降变形的机理，地基的沉降可划分为两个部分：（1）体积变形引起的沉降，为固结沉降；（2）剪切变形引起的沉降，为瞬时沉降。

传统的压缩试验反映体变形的沉降。改进沉降计算方法把沉降分为两部分，第一部分是侧限条件下的压缩沉降，采用通常的 $e\text{-}p$ 曲线分层总和法计算。第二部分侧向变形引起的沉降，基于 $e\text{-}p$ 曲线，利用 Duncan-Chang 模型的思路，用 $e\text{-}p$ 曲线求非线性切线模量，建立计算侧向变形产生的沉降的分层总和法。这样，实际沉降则由侧限压缩沉降和侧向变形沉降两部分之和得到。由此可以建立一个基于 $e\text{-}p$ 曲线和在分层总和法基础上能考虑侧向变形产生的沉降的非线性实用计算方法，以改进通常规范采用经验系数的方法。

根据广义胡克定律：

$$d\varepsilon_1 = \frac{d\sigma_1 - \nu_t(d\sigma_2 + d\sigma_3)}{E_t} = \frac{(d\sigma_1 - k_0 d\sigma_1)}{E_t} + \frac{[k_0 d\sigma_1 - \nu_t(d\sigma_2 + d\sigma_3)]}{E_t} \quad (3\text{-}18)$$

式中，σ_1 为第一主应力；σ_3 为第三主应力；ν_t 为泊松比。等号右边的第一项为 k_0 固结状态下的竖向应变，相当于应力处于有侧限条件下的应力状态的压缩应变，其相应的沉降为有侧限的压缩沉降，第二项相当于侧向变形引起的竖向应变，因此可以写为：

$$\Delta\varepsilon_1 = \Delta\varepsilon_c + \Delta\varepsilon_d$$

式中，$\Delta\varepsilon_c$ 为竖向压缩应变；$\Delta\varepsilon_d$ 为侧向变形引起的竖向应变。当无侧向应变时，相当于 $k_0\Delta\sigma_1 = \Delta\sigma_3$，也即处于 k_0 固结状态。此时，仅有压缩应变，第二项 $\Delta\varepsilon_d = 0$。

侧限条件下的压缩应变：

$$\Delta\varepsilon_c = \frac{\Delta\sigma_1 - k_0\Delta\sigma_1}{E_t} \rightarrow \Delta\varepsilon_1 = \frac{\Delta\sigma_1}{E_s} \quad (3\text{-}19)$$

这样可由 $e\text{-}p$ 曲线计算压缩沉降：

$$\Delta s_{cij} = \frac{\Delta\sigma_{1ij}}{E_s(\sigma_{1ij})} \cdot \Delta h_j \quad (3\text{-}20)$$

压缩模量 E_s 由 $e\text{-}p$ 曲线确定。

侧向变形引起的竖向应变：

$$\Delta\varepsilon_d = \frac{k_0\Delta\sigma_1 - \nu_t(\Delta\sigma_2 + \Delta\sigma_3)}{E_t} \quad (3\text{-}21)$$

瞬时沉降不发生体积变化，对于饱和软土，为简化计算，假设 $\nu_t = 0.5$，对于水平向应力，可近似认为 $\Delta\sigma_2 = \Delta\sigma_3$，则式（3-21）变为：

$$\Delta\varepsilon_d = \frac{k_0\Delta\sigma_1 - \Delta\sigma_3}{E_t} \quad (3\text{-}22)$$

其沉降增量：

$$\Delta s_{dij} = \frac{k_0\Delta\sigma_{1ij} - \Delta\sigma_{3ij}}{E_t(\sigma_{ij})} \cdot \Delta h_j \quad (3\text{-}23)$$

故其关键是怎么求切线模量。当有侧限时，$k_0\Delta\sigma_1=\Delta\sigma_3$，则 $\Delta\varepsilon_d=0$。

求侧向变形引起的沉降的关键在于切线模量 E_t 的计算，可由 e-p 曲线通过 Duncan-Chang 模型来求得。假设切线模量 E_t 符合 Duncan-Chang 模型，则 E_t 的表达式为：

$$E_t=(1-R_f \cdot S)^2 E_i \tag{3-24}$$

式中，R_f 为破坏比，常规三轴试验中破坏时的偏应力与应变达到极限状态时的偏应力的比值；S 为对应应力状态下的应力水平。

$$S=\frac{\sigma_1-\sigma_3}{(\sigma_1-\sigma_3)_f}=\frac{(1-\sin\varphi)(\sigma_1-\sigma_3)}{(2c\cos\varphi+2\sigma_3\sin\varphi)} \tag{3-25}$$

式中，c、φ 为土体黏聚力及内摩擦角；σ_1、σ_3 为土体第一、第三主应力，按均质地基由弹性解求得；E_i 为初始切线模量，关键在于如何求初始切线模量。

对于压缩试验，对应的应力水平为 S_0，则切线模量为：

$$E_t=(1-R_f \cdot S_0)^2 E_i \tag{3-26}$$

压缩应力状态的应力水平 S_0 为：

$$S_0=\frac{(1-\sin\varphi')(\sigma_{10}-k_0\sigma_{10})}{(2c\cos\varphi'+2k_0\sin\varphi')} \tag{3-27}$$

式中，φ' 为地基土慢剪内摩擦角；σ_{10} 为压缩试验的竖向应力，地基土体初始状态下的第一主应力。侧限条件下，切线模量 E_t 等于土的 e-p 曲线的压缩模量 E_s，则由式（3-26）可得初始切线模量 E_i 为：

$$E_i=\frac{1}{(1-R_f \cdot S_0)^2}E_s \tag{3-28}$$

将式（3-28）代入 $E_t=(1-R_f S_0)^2 E_i$，得

$$E_t=\left[1-\frac{R_f(S-S_0)}{(1-R_f S_0)}\right]^2 E_s \tag{3-29}$$

这样，就提供了一种用 e-p 曲线求取切线模量 E_t 的计算式，即由 E_s 求 E_t。

综上，总沉降由压缩沉降和侧向变形沉降组成，如式（3-30）所示，第一部分为压缩沉降，第二部分为侧向变形沉降。

$$s=\sum_{i=1}^{k}\sum_{j=1}^{n}\left(\frac{\Delta\sigma_{1ij}}{E_s(\sigma_{ij})}\cdot\Delta h_j\right)+\sum_{i=1}^{k}\sum_{j=1}^{n}\left(\frac{k_0\Delta\sigma_{1ij}-\Delta\sigma_{3ij}}{E_t(\sigma_{ij})}\cdot\Delta h_j\right) \tag{3-30}$$

若计算考虑固结时间的沉降，则有

$$s_t=U_t\cdot\sum_{i=1}^{k}\sum_{j=1}^{n}\left(\frac{\Delta\sigma_{1ij}}{E_s(\sigma_{ij})}\cdot\Delta h_j\right)+\sum_{i=1}^{k}\sum_{j=1}^{n}\left(\frac{k_0\Delta\sigma_{1ij}-\Delta\sigma_{3ij}}{E_t(\sigma_{ij})}\cdot\Delta h_j\right) \tag{3-31}$$

第一部分为压缩沉降（固结沉降），U_t 为 t 时刻的固结度，第二部分为侧向变形沉降（瞬时沉降）。其中，考虑总应力指标对 φ 产生影响，内摩擦角随固结状态而变化取为：

$$\varphi_t=\varphi_0+(\varphi'-\varphi_0)\cdot\overline{U_t} \tag{3-32}$$

式中，φ_t 为 t 时刻土体内摩擦角；φ_0 为土体快剪内摩擦角；φ' 为土体排水慢剪内摩擦角；$\overline{U_t}$ 为地基的整体固结度。

修正破坏比 R_f：采用弹性解时由于未能考虑土的非线性对应力分布的影响，计算时发现，当荷载比较小时，地基承载力还未达到极限值，但地基中应力水平会出现大于 1 的不合理情况。当应力水平接近于 1 时，E_t 很小，从而会产生很大的沉降。理论上当应力

水平等于 1 时，E_t 趋于 0，沉降会无限大，但地基的稳定安全系数却大于 1，说明地基是稳定的，地基的沉降不应该是无限大。出现这种情况主要是由于采用线性应力解代替非线性状态下的应力。为此，我们认为只有当地基稳定安全系数 $k=1$ 时，地基中最大的应力水平才会 $S_{max}=1$。为此，采用调整破坏比 R_f 的方法使其相适应。方法是把荷载或填土重度加大，使地基稳定安全系数 k 达到 1，地基破坏，此时地基中的应力水平最大值 S_{max} 应为 1，若 $S_{max}>1$，则用修正破坏比 R_f 对各点应力水平进行归一化处理：

$$R_f = 1/S_{max} \tag{3-33}$$

实际中，也可采用更简化的方法确定修正破坏比。当加载全过程中最大应力水平为 S_{max}，相应的地基稳定安全系数为 k，式（3-33）的修正是超载 k 倍的结果，在线弹性下 $S_{max} = kS'_{max}$，则修正破坏比为

$$R_f = 1/kS'_{max} \tag{3-34}$$

通过这样的修正，可以避免计算过程中地基稳定安全系数小于 1 时出现应力水平大于 1 的不合理情况，使计算结果更合理。

工程案例：深圳河试验堤

陆培炎等[6] 在深圳一个约 12m 厚软土地基上做了一个高约 4m 的土堤试验研究。该土堤长约 60m，断面如图 3.2-3 所示。

标高 0.7m 以下的堤基为软土地基，分为两层，分别称为浅层土及深层土。浅层土厚 2m，深层土厚 10m。其相应的物理力学参数如表 3.2-1 所示。其中，快剪指标是依据经验确定的。图 3.2-14 为两层地基土室内压缩试验的 e-p 曲线。

地基物理力学参数表　　　　　　　表 3.2-1

土层	重度 (kN/m³)	含水量	黏聚力 (kPa)	慢剪摩擦角 (°)	快剪摩擦角 (°)	初始孔隙比	压缩模量 (kPa)	渗透系数
浅层土	16.3	60%	10	13.4	6	1.84	1554	$1.193e^{-6}$
深层土	16.3	60%	11	16.9	7	1.565	1619	$1.193e^{-6}$

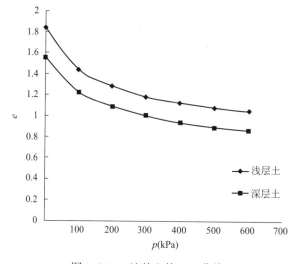

图 3.2-14　地基土的 e-p 曲线

我们通过 e-p 曲线按公式 $E_s = \dfrac{p_2 - p_1}{e_1 - e_2} \cdot (1 + e_1)$ 计算 E_s；通过 e-p 曲线的关系可以拟合出竖向应力 σ_z 与压缩模量 E_s 的关系式。浅层土及深层土 E_s 及 σ_z 的关系可分别表示为：

浅层软土：$E_s(\sigma_z) = -0.0046\sigma_z{}^2 + 9.3636\sigma_z + 253.35$

深层软土：$E_s(\sigma_z) = -0.0033\sigma_z{}^2 + 9.2728\sigma_z + 302.34$

并将部分数据通过两种方式算出 E_s，其结果如表 3.2-2 所示。由表可知，拟合结果接近。

两种方式 E_s 对比   表 3.2-2

p (kPa)	E_s (kPa)	公式拟合 E_s (kPa)
50.00	710.00	710.03
150.00	1554.14	1554.39
250.00	2306.06	2306.75

堤基是自 1986 年 1 月 3 日开始填筑的，24d 填筑至 4m 堤高，设计堆载高度 4m，实际堆载高度 4.093m，分为 20 次填筑，堆载高度与时间的曲线如图 3.2-6 所示。

堆载期间固结度随时间的变化如图 3.2-14 所示。

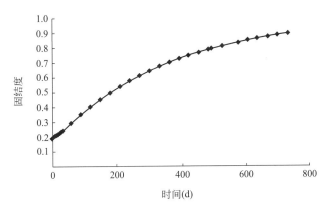

图 3.2-14 堆载期间固结度随时间变化曲线

地基分层厚度取 0.5m，共 24 层，当 20 级荷载加载完毕之后地基应力水平随深度的变化如图 3.2-15 所示。最大的应力水平为 $S'_{\max} = 1.401$，此时用对应的固结度计算得到等效强度指标，按照瑞典条分法计算得到的地基稳定安全系数为 $k = 1.475$，则按公式（3-34）可得到修正破坏比 $R_f = 1/(1.401 \times 1.475) = 0.484$。

不同时刻原地面断面上各点的沉降过程按试验计算方法进行计算。这里分别计算了 1987 年 5 月 13 日整个堤基的表面沉降断面曲线及到 1988 年 1 月 3 日堤基表面中心点的沉降与时间的过程曲线。并将计算结果与实测结果进行对比。同时采用了规范方法和直接应用广义胡克定律进行沉降计算并与采用 Duncan-Chang 模型用有限元比奥固结理论计算的结果进行比较，对比结果如图 3.2-16、图 3.2-17 所示。规范方法计算结果如图 3.2-18、图 3.2-19 所示。从图 3.2-16、图 3.2-17 中可以看出，由新的实用沉降计算方法得到的堤基

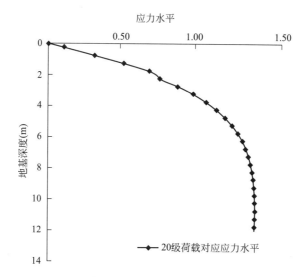

图 3.2-15　荷载加载完毕时应力水平随深度的变化

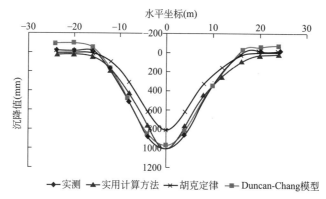

图 3.2-16　实用计算方法得到的堤基地表沉降断面图 （1987-05-13）

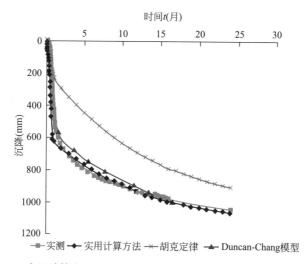

图 3.2-17　实用计算方法得到的堤基地表中心点沉降时间曲线 （1988-01-03）

表层断面的沉降及地表中心点沉降与时间关系曲线得到的沉降与实测值都是比较接近的；由图 3.2-18、图 3.2-19 可知，规范方法没有分出瞬时沉降，开始沉降慢，结果不好。

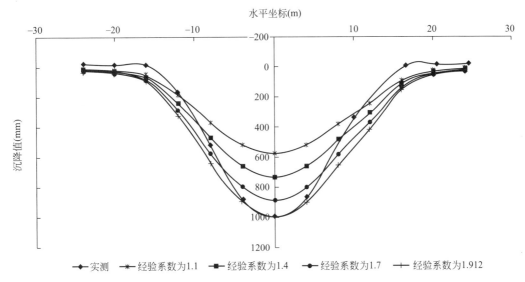

图 3.2-18　规范方法得到的堤基表层断面沉降图（1987-05-13）

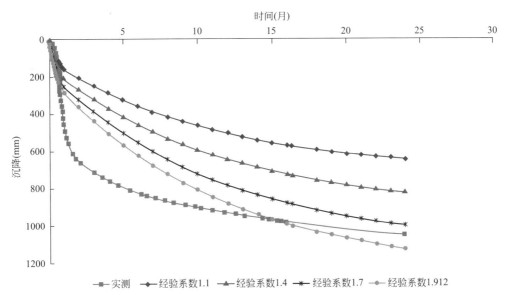

图 3.2-19　规范方法得到的堤基地表中心点沉降时间曲线（1988-01-03）

3.2.4　压缩模量 E_{s1-2} 和压缩指数 C_c 推求压缩曲线法

在前面提出的实用计算方法中使用的模量是切线模量 E_t，计算过程为增量法；而这里我们提出另一种使用割线模量来代替切线模量的方法，计算过程为全量法[4]。

此外，鉴于工程中初始孔隙比 e_0 和压缩模量 E_{s1-2}（压力为 100kPa 和 200kPa 对应的压缩模量，其示意图如图 3.2-20 所示）是常用的参数，可相对稳定且较好反映软土的特性，如一般软土中淤泥质土的初始孔隙比 $e_0＝1.0～1.5$，淤泥土的初始孔隙比 $e_0＝1.5～$

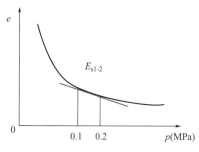

图 3.2-20 压缩模量 E_{s1-2} 示意图

2.5；软土的压缩模量 $E_{s1-2}=2.0\sim3.0$MPa、淤泥质土的压缩模量 $E_{s1-2}=3\sim4$MPa。作者曾对珠海横琴软土压缩模量进行统计，得到压缩模量与软土含水量的关系如图 3.2-21 所示，结果表明软土压缩模量变化不大，可控、稳定，符合前面经验统计的范围。如能建立由 e_0 和 E_{s1-2} 求 e-p 曲线和 e-$\lg p$ 曲线的方法，从而可以求出不同应力水平下的压缩模量 E_{si}，由 E_{si} 进行压缩沉降 s_c 和侧向变形沉降 s_d 的计算，实现可由初始孔隙比 e_0 和压缩模量 E_{s1-2} 进行考虑软土侧向

变形的非线性沉降计算，可为工程计算带来更大的方便。

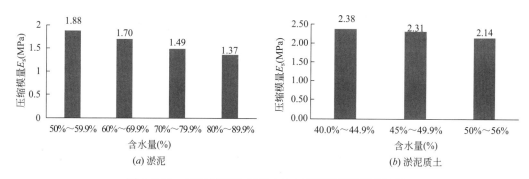

图 3.2-21 珠海横琴软土不同含水量下压缩模量值统计

通过两种方法建立了由 e_0 和 E_{s1-2} 求出不同应力水平下的压缩模量 E_{si} 的方法。

方法一：根据 E_{s1-2} 推导出压缩指数 C_c，通过 C_c 求出正常固结土的 e-$\lg p$ 曲线，然后通过 e-$\lg p$ 曲线求出不同应力水平下的压缩模量 E_{si}。

方法二：假设 e-p 曲线符合双曲线模型，根据 e_0 和 E_{s1-2} 推导出 e-p 曲线，再由 e-p 曲线求出不同应力水平下的压缩模量 E_{si}。

方法一中假设 e-$\lg p$ 曲线符合线性关系，如图 3.2-22 所示。

由图 3.2-22 可知，若要求取原位压缩曲线（即曲线 ABC），只需求得点 B 坐标和原位压缩指数 C_{cf} 即可。下文将分两部分推导出点 B 坐标和原位压缩指数 C_{cf}。

（1）点 B 坐标推导

对于正常固结土，前期固结压力 p_c 为：

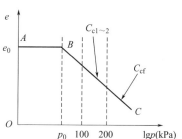

图 3.2-22 正常固结土的 e-$\lg p$ 曲线

p_c—前期固结压力，对于正常固结土，p_c 也为自重应力；e_0—初始孔隙比；C_{cf}—原位压缩指数

$$p_c=\gamma_{sat}h \qquad (3\text{-}35)$$

式中，γ_{sat} 为土体饱和重度；h 为取土点深度。因此点 B 坐标为（$\gamma_{sat}h$，e_0）。

（2）原位压缩指数 C_{cf} 推导压缩模量公式如下：

$$E_s=\frac{(1+e_0)(p_2-p_1)}{e_1-e_2} \qquad (3\text{-}36)$$

压缩指数公式如下：

$$C_{\mathrm{c}} = \frac{e_1 - e_2}{\lg p_2 - \lg p_1} \tag{3-37}$$

由上述两式可得:

$$C_{\mathrm{c}} = \frac{(1+e_0)(p_2-p_1)}{\dfrac{(1+e_0)(p_2-p_1)}{e_1-e_2}\lg\dfrac{p_2}{p_1}} = \frac{(1+e_0)(p_2-p_1)}{E_{\mathrm{s}}\lg\dfrac{p_2}{p_1}} \tag{3-38}$$

若令 $p_1 = 100\mathrm{kPa}$, $p_2 = 200\mathrm{kPa}$, E_{s} 即为 $E_{\mathrm{sl\text{-}2}}$, 则

$$C_{\mathrm{cl\text{-}2}} = \frac{100(1+e_0)}{\lg 2 E_{\mathrm{sl\text{-}2}}} \tag{3-39}$$

假如前期固结压力 $p_{\mathrm{c}} \leqslant 100\mathrm{kPa}$ 时, $C_{\mathrm{cl\text{-}2}}$ 与 C_{cf} 关系如图 3.2-22 所示, 从图可知 $C_{\mathrm{cl\text{-}2}} = C_{\mathrm{cf}}$。

(3) 压缩模量 E_{si} 推导

根据上文推导的点 B 坐标和原位压缩指数 C_{cf}, 结合图 3.2-22, 则土体原位压缩的 $e\text{-}\lg p$ 曲线, 为:

$$e = \begin{cases} e_0 & (p \leqslant \gamma_{\mathrm{sat}} h) \\ e_0 - \dfrac{100(1+e_0)}{\lg 2 E_{\mathrm{sl\text{-}2}}}[\lg p - \lg(\gamma_{\mathrm{sat}} h)] & (p > \gamma_{\mathrm{sat}} h) \end{cases} \tag{3-40}$$

土体在自重压力下对应的孔隙比为:

$$e_1 = e_0$$

土体在自重压力和附加应力之和下对应的孔隙比:

$$e_2 = e_0 - \frac{100(1+e_0)}{\lg 2 E_{\mathrm{sl\text{-}2}}}[\lg p - \lg(\gamma_{\mathrm{sat}} h)] \tag{3-41}$$

将 e_1 和 e_2 代入压缩模量公式得到土体任意应力下的压缩模量为

$$E_{\mathrm{si}} = \frac{\lg 2 E_{\mathrm{sl\text{-}2}}(p - \gamma_{\mathrm{sat}} \cdot h)}{100[\lg p - \lg(\gamma_{\mathrm{sat}} \cdot h)]} \tag{3-42}$$

方法二由彭长学等提出了一种由 $E_{\mathrm{sl\text{-}2}}$ 推导 $e\text{-}p$ 曲线的方法, 假设 $e\text{-}p$ 为双曲线, 其推导结果如下:

$$e = e_0 - \frac{(1+e_0)p}{0.1088 E_{\mathrm{sl\text{-}2}} + 0.0015 E_{\mathrm{sl\text{-}2}} p} \tag{3-43}$$

因此已知压缩模量 $E_{\mathrm{sl\text{-}2}}$ 和初始孔隙比 e_0 即可求出不同附加应力下对应的孔隙比。把上式 e 代入压缩模量计算公式:

$$E_{\mathrm{s}} = \frac{(1+e_0)(p_2-p_1)}{e_1-e_2}, \tag{3-44}$$

可得到不同应力水平下的压缩模量 E_{si} 与附加应力的关系。

(4) 不同方法计算 E_{s} 对比 (以深圳河试验堤为案例)

根据试验及相关参数比较不同方法计算出的 E_{s}, 使用方法包括:

① 直接由试验 $e\text{-}p$ 曲线求 E_{s};

② $E_{\mathrm{sl\text{-}2}}$ 由符合 $e\text{-}\lg p$ 线性关系求得, 即式 (3-42);

③ 假设 $e\text{-}p$ 符合双曲线求得, 即式 (3-43)。

其结果如图 3.2-23 所示。由图可知, 用提出的两种计算方法与根据试验的 $e\text{-}p$ 曲线求得的 E_{si} 总体相差不大。说明用 e_0 和 $E_{\mathrm{sl\text{-}2}}$ 计算任意应力水平 E_{si} 的方法是可行的。

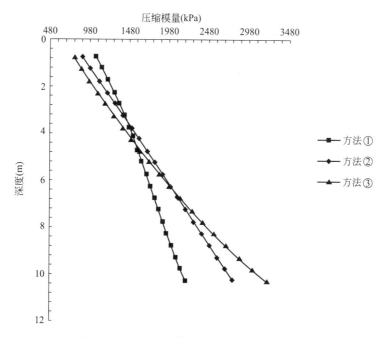

图 3.2-23　三种计算方法所得的 E_{si}-p 曲线

不同实用方法计算沉降的比较：

方法一：根据《建筑地基基础设计规范》GB 50007—2011 的规范公式，

$$s = \phi_s s' = \phi_s \sum_{i=1}^{n} (z_i a_i - z_{i-1} a_{i-1}) \frac{p_0}{E_{si}} \tag{3-45}$$

式中，s 为地基总沉降量；ϕ_s 为沉降计算经验系数，规范中给出的软土的参考范围为 $1.1 \sim 1.4$。根据规范法算出的 ϕ_s 取为 1.4，为了对比规范计算方法在没有经验系数修正时计算结果的精度，本节同时给出了在没有经验系数修正（即修正系数为 1）情况下的计算结果，如图 3.2-24 和图 3.2-25 所示。

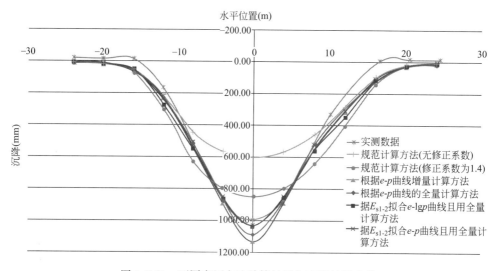

图 3.2-24　不同实用方法计算结果与实测结果比较

方法二：根据试验的 e-p 曲线增量计算方法，即模量使用切线模量。

方法三：根据试验的 e-p 曲线全量计算方法，即模量使用割线模量。

方法四：根据 E_{s1-2} 拟合 e-$\lg p$ 曲线且用全量计算方法。

方法五：根据 E_{s1-2} 拟合 e-p 曲线且用全量计算方法。

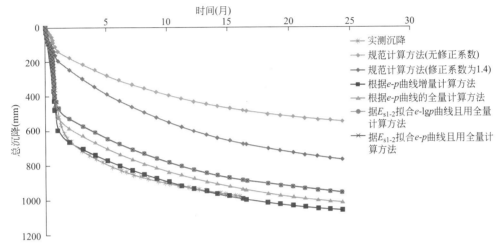

图 3.2-25　堤基地表中心点沉降时间曲线

从计算结果可以看出（图 3.2-24 和图 3.2-25），在堤基两侧，各种计算方法计算结果与实测结果相差不大。在堤基中心，规范计算方法与实测结果相差较大，即使按建筑规范采用了最大修正系数 1.4，计算结果仍比实测小。而考虑了侧向变形引起的沉降的计算方法的计算结果（即方法二至方法五）与实测比较相符，计算结果比实测稍微大，偏安全。对于堤基地表中心点的沉降，全沉降过程规范计算方法同样出现了较大的误差，而考虑了侧向变形引起的沉降的计算方法（即方法二至方法五）与实测较相符，说明方法四和方法五即使没有完整的试验 e-p 曲线，只有压缩模量 E_{s1-2} 和初始孔隙比 e_0，也可以很好地计算地基的非线性沉降，而软土的 E_{s1-2} 和 e_0 较易获得并且数值稳定，经验也易于判断，从而可以为计算带来很大的方便。

3.3　结论

（1）软土地基沉降计算是难题，侧向变形的沉降计算难；规范法经验系数具体取值人为因素影响大，难算准；有限元法本构模型的参数难准确获取，影响了其在工程中的应用。

（2）把沉降分为压缩沉降和侧向变形沉降，确保压缩沉降计算的可靠性，使沉降计算结果可靠、可控，且可以计算固结过程。

（3）发展用 e-p 曲线求参数方法，试验简便。用 E_{s1-2} 求非线性本构模型参数，方便易判断。

（4）非线性沉降实用计算方法可为工程软土沉降计算带来方便，但还需要更多的实践验证并进一步完善。

主要参考文献

［1］杨光华.软土地基非线性沉降计算的简化法［J］.广东水利水电，2001（1）：3-5.

［2］杨光华，李德吉等.计算软土地基非线性沉降的一个简化法［C］//第九届土力学及岩土工程学术会议论文集，2003：506-510.

［3］彭长学，杨光华.软土 e-p 曲线确定的简化方法及在非线性沉降计算中的应用［J］.岩土力学，2008（6）：1706-1710.

［4］杨光华，姚丽娜，姜燕，黄忠铭.基于 e-p 曲线的软土地基非线性沉降的实用计算方法［J］.岩土工程学报，2015，37（2）：242-249.

［5］杨光华，黄志兴，李志云，姜燕，李德吉.考虑侧向变形的软土地基非线性沉降计算的简化法［J］.岩土工程学报，2017，39（9）：1697-1704.

［6］陆培炎等.软土上一个土堤的试验分析［M］//陆培炎科技著作及论文选集.北京：科学出版社，2006.

第4章 刚性桩复合地基的发展

本章主要探讨四个问题：
(1) 复合地基沉降计算问题；
(2) 复合地基沉降计算的发展改进；
(3) 复合地基的优化设计；
(4) 软土地基刚性桩复合地基沉降计算的改进。

4.1 复合地基沉降计算的现状和问题

4.1.1 单桩沉降计算

对于单桩沉降计算，广东规范推荐的公式：

$$s = s_1 + s_2 \tag{4-1}$$

桩身压缩：$s_1 = \dfrac{\bar{\sigma}_v l}{E_c}$；桩底沉降：$s_2 = \dfrac{\xi D q_p}{E_0}$。

式中，$\bar{\sigma}_v$ 为桩身平均应力，l 为桩长，E_c 为桩身弹性模量。

其中，综合系数值 ξ 的取值如表 4.1-1 所示。

综合系数值 ξ 表 4.1-1

土 类	综合系数值
强风化岩、卵石、碎石土	0.8~0.9
砂、砾砂、硬塑—坚硬黏性土	0.6~0.7
可塑黏性土	0.4~0.5

实际上桩底的沉降就是 Boussinesq 解得到的沉降：

$$s = \frac{D q_p (1 - \mu^2)}{E_0} \omega \tag{4-2}$$

式中，D 为桩直径；q_p 为桩底压力；μ 为泊松比，土一般可取为 0.3；ω 为桩底形状系数，圆形为 0.79。

用公式（4-2）不需要综合系数。沉降计算的准确性关键在于变形模量 E_0 的取值，E_0 与土的承载力特征值 f_{ak} 经验关系如图 4.1-1 所示。

4.1.2 刚性桩复合地基设计的规范方法

关于刚性桩复合地基设计的三套设计规范：
(1)《建筑地基处理技术规范》JGJ 79—2012；
(2)《复合地基技术规范》GB/T 50783—2012；

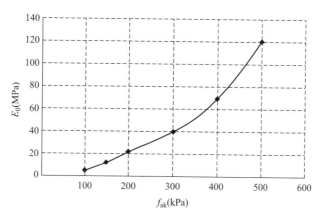

图 4.1-1　土的变形模量与承载力关系

（3）广东省标准《建筑地基处理技术规范》DBJ/T 15—38—2019（广东省建筑地基设计规范也采用）。

1.复合地基的承载力

《建筑地基处理技术规范》JGJ 79—2012 中式（7.1.5-2）对有粘结强度的增强体复合地基，提供了计算公式：

$$f_{spk} = \lambda m \frac{R_a}{A_p} + \beta(1-m) f_{sk} \tag{4-3}$$

式中　f_{spk}——复合地基承载力特征值（kPa）；

　　　f_{sk}——处理后地基承载力特征值；

　　　λ——单桩承载力发挥系数，宜按当地经验取值，无经验时可取 0.7～0.90；

　　　m——面积置换率；

　　　R_a——单桩承载力特征值（kN）；

　　　A_p——桩的截面积（m²）；

　　　β——桩间土承载力发挥系数，按当地经验取值；无经验时，可取 0.9～1.00。

问题：式（4-3）对于分层地基和有埋深的情况，由于各层地基承载力不同，地基承载力值 f_{sk} 如何选取？若取最差土层的承载力是偏安全和保守的。若取各土层的厚度加权平均呢？对图 4.1-2（a）是有风险的，对图 4.1-2（b）还不好说。

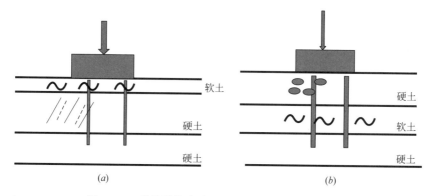

图 4.1-2　地基承载力选取（加权平均法能否解决？）

对图 4.1-3 的情况，需要考虑的问题是：

1）地基承载力是否考虑了埋深的影响？

2）多层地基时地基承载力取哪一层的？取①粉砂？还是②泥炭土？

这两个问题现有理论还解决不了！

（1）端承桩复合地基承载力的风险

一些岩溶地区桩底进入岩层，形成端承桩，其桩刚度大，如图 4.1-4 所示，复合地基承载力计算仍用公式（4-3），式中，$\lambda=1.0$；$\beta=0.9\sim1.0$。

由于端承桩刚度大，沉降小，桩间土承载力可能发挥小，会导致桩间土承载力取值偏高，而实际桩的受力则可能会大于设计值，是否会因此增加了风险？

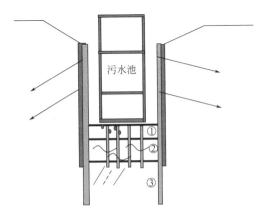

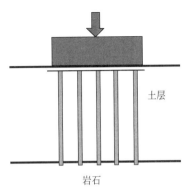

图 4.1-3　埋深地基的承载力
①—粉砂，$N=10\sim13$ 击；②—泥炭土；
③—粉土，$N=15\sim23$ 击

图 4.1-4　端承桩复合地基的风险

（2）正确确定复合地基承载力的方法

应该采用桩土沉降变形协调的方法，则可以较好地解决复合地基的承载力问题。依据变形协调，桩土相同沉降时各自发挥的承载力之和作为复合地基的承载力，设沉降比为：

$$\beta=\frac{s_{spk}}{s_{sk}} \tag{4-4}$$

式中，s_{sk} 为桩间土在承载力 f_{sk} 作用下的沉降；s_{spk} 为复合地基的沉降。因此对于端承桩，如图 4.1-5 所示，复合地基的沉降 s_{spk} 较小，使得桩间土的沉降变形小，土发挥作用也小。对于图 4.1-5 所示分层土情况，上软下硬与上硬下软的地基，产生相同沉降时，上硬地基承载力发挥大。

这样，变形协调的方法就可以更好地解决软硬土层分布的问题，按刚度和沉降变形协调确定地基承载力的发挥程度，这是更科学、合理的方法。

2.复合地基沉降计算

对于端承桩复合地基的沉降还没有太满意的算法，规范的等效模量法不适合。

（1）《建筑地基处理技术规范》JGJ 79—2012

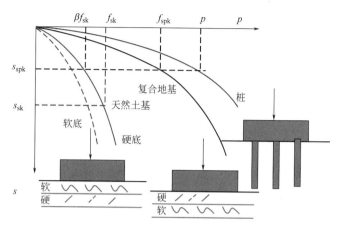

图 4.1-5　不同地基承载力

规范第 7.1.7 条，复合地基变形计算应符合国家标准《建筑地基基础设计规范》GB 50007 的有关规定。

复合地基的压缩模量由复合地基承载力与桩间土承载力比值进行修正而得到其等效复合模量，可按式（4-5）计算：

$$E_{sp} = \zeta \cdot E_s \tag{4-5}$$

$$\zeta = \frac{f_{spk}}{f_{ak}}$$

式中　f_{ak}——基础底面下天然地基承载力特征值（kPa）。

复合地基采用等效模量代替加固区的压缩模量，用分层总和法计算沉降，沉降的修正系数按 7.1.8 条选取。

规范第 7.1.8 条，复合地基的变形计算经验系数应根据地区沉降观测资料统计确定，无经验资料时可采用表 4.1-2 的经验系数。

变形计算经验系数 ψ_s　　　　　　　　　　　　　　　　　　　　　　　表 4.1-2

$\overline{E}_s$(MPa)	4.0	7.0	15.0	30.0	45.0
复合地基	1.0	0.7	0.4	0.25	0.15

在均匀土或桩底土层与基础底土层一致时适用性尚可，但对端承为主时计算沉降偏大。如图 4.1-6 所示，在软土区，刚性桩已把荷载传到桩底的硬土层了，理论上基础不会有太多的沉降，但如果按照以上的等效模量，已经等效为一种压缩土层，按照分层总和法计算，可能会得到不合理而过大的沉降，软土层越厚，沉降越大。

某水闸地基采用搅拌桩、管桩复合地基、CFG桩复合地基进行地基处理，地质剖面如图 4.1-7

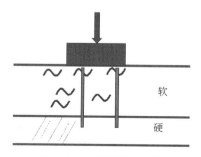

图 4.1-6　端承复合地基

所示。

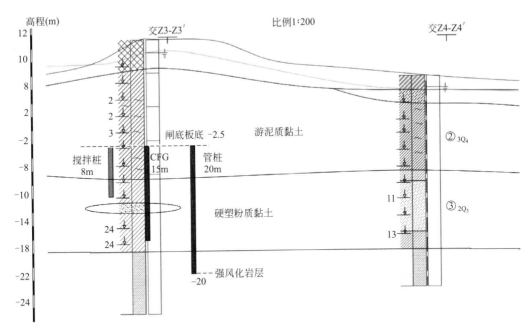

图 4.1-7　某水闸地基不同复合地基处理方案

按《建筑地基处理技术规范》JGJ 79 计算不同复合地基处理方案计算结果沉降如表 4.1-3 所示。

不同复合地基处理方案沉降计算 　　　　　　　　　　　　　　　　　　表 4.1-3

项目	总长(m)	单桩承载力(kN)	复合地基承载力(kPa)	复合地基变形量(mm)	工程投资(万元)
水泥搅拌桩	49380	85	160	118	1003
CFG 桩＋防渗墙	14280	252	219	105	873
预制管桩＋防渗墙	20835	1208	279	97	872

对于 CFG 桩＋防渗墙，桩端入硬塑土层，对于预制管桩＋防渗墙，桩端入强风化岩，计算的沉降偏大，尤其是管桩复合地基，桩身压缩量在毫米级内，桩底为强风化岩层，沉降最多 1～2cm，桩顶垫层压缩最多 2～3cm，总沉降最大应该小于 5cm。而按规范方法，其与搅拌桩复合地基沉降相差无几，显然管桩复合地基计算的沉降偏大，不合理！

（2）《复合地基技术规范》GB/T 50783—2012

刚性桩复合地基沉降计算：将沉降分为加固区沉降和下卧层沉降两个部分，如图 4.1-8 所示。

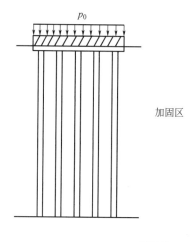

图 4.1-8　刚性桩复合地基

对于加固区沉降 s_1

$$s_1 = \psi_p \frac{Ql}{E_p A_p} \qquad (4-6)$$

式中　Q——桩顶荷载；

l——桩长；

E_p——桩体弹性模量；

A_p——桩截面积；

ψ_p——经验系数。

对于下卧层沉降 s_2 　　$s_2 = \psi_{s2} \sum_{i=1}^{n} \frac{\Delta p_i}{E_{si}} l_i \qquad (4-7)$

总沉降为　　　　　　　　　$s = s_1 + s_2$

问题：

① 式（4-6）计算的是桩身压缩量，刚性桩桩身压缩量是很小的，通常会小于 1cm，但实际包含了桩顶垫层刺入、桩底土层刺入变形，这两个刺入变形通常大于桩身压缩，经验系数很难取定，因此，这一项较难计算准确。

② 下卧层沉降计算选用压缩模量计算效果不好，主要靠经验系数调整，如表 4.1-4 所示，结果误差也大。

下卧层沉降计算经验系数 ψ_{s2}　　　　　　　　　　　　　　　表 4.1-4

E_s(MPa)	2.5	4.0	7.0	15.0	20.0
ψ_{s2}	1.1	1.0	0.7	0.4	0.2

所以，该规范不太好用。

（3）广东省《建筑地基处理技术规范》DBJ/T 15—38—2019

沉降同样分为加固区沉降和下卧层沉降两个部分，如图 4.1-8 所示。

桩间土变形按照天然地基的分层总和法计算

$$s_s = \psi_s s_s' = \psi_s p_0 \sum_{i=1}^{n} \frac{z_i \bar{\alpha}_i - z_{i-1} \bar{\alpha}_{i-1}}{E_{si}} \tag{4-8}$$

式中，p_0 为桩间土的附加压力，取 $p_0 = (0.8-1.0)(1-m)f_{sk}$，$f_{sk}$ 为处理后桩间土承载力特征值。

桩的变形分为垫层压缩、桩身及桩底土变形两个部分：

$$s_{p1} = \frac{R_a h_c}{E_c A_p} \quad （垫层压缩） \tag{4-9}$$

$$s_{p2} = \frac{1}{2}\left[\frac{(p_p+q_p)l}{E_p} + \frac{Dq_p}{E_0}\right] （桩身及桩底土） \tag{4-10}$$

$$s_p = s_{p1} + s_{p2}（总变形量）$$

复合地基的沉降取值：s_s、s_p 相差小于 30% 时，取 $\max\{s_s, s_p\}$，相差大于 30% 时调整参数，按经验计算取值。

存在问题：

① 不计算下卧层沉降有风险，不合理！

② s_s，s_p 相差经常大于 30%，导致沉降计算有两种参数：桩间土沉降用压缩模量 E_s，桩底土沉降用变形模量 E_0。

③ 没有考虑桩土共同作用。

广东新规范把本书的共同作用方法作为参考方法写入了其中，可供参考。

（4）三种规范计算方法的优缺点

计算法	优缺点
《建筑地基处理技术规范》JGJ 79—2012	应用最多、最广泛，且可操作性强。桩底持力层较基础底持力层好时，计算沉降偏大
《复合地基技术规范》GB/T 50783—2012	系数 ψ_{s2},ψ_p 需根据实测或经验确定。是一种概念设计，操作性不够
广东省《建筑地基处理技术规范》DBJ/T 15—38—2019 广东省《建筑地基基础设计规范》DBJ 15—31—2016	不计算下卧层沉降，有风险。经常不满足其桩和土沉降相差在 30% 范围内

结论：刚性桩复合地基沉降方法还需要研究！

4.2 刚性桩复合地基设计方法的改进

4.2.1 变形协调设计法

实际工程中，可以用切线模量法计算基础作用于桩间土天然地基和单桩的沉降曲线，然后根据基础底沉降相等确定桩土分担的荷载，得到复合地基的荷载沉降曲线，然后按照强度安全和沉降控制确定其承载力。

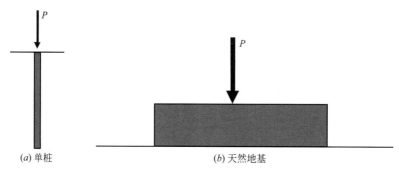

图 4.2-1　变形协调

　　如图 4.2-2 所示，可以计算基础在天然地基下的荷载沉降曲线，计算单桩（含垫层）的荷载沉降曲线，如图 4.2-1 所示，在相同的沉降时获得对应天然地基和单桩的抗力，则对应复合地基的抗力为天然地基的抗力加上基础下各单桩抗力，不同沉降点均可以这样得到，从而可以获得基础的复合地基荷载沉降曲线。

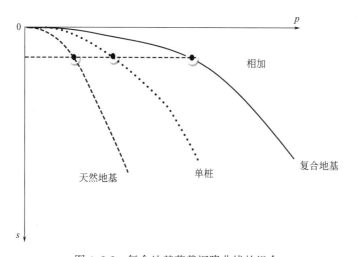

图 4.2-2　复合地基荷载沉降曲线的组合

4.2.2　复合地基试验

　　复合地基试验费用昂贵，操作困难，应遵循先简单后复杂的原则，比如先进行单桩复合地基试验，再进行多桩复合地基试验。其实，如果按以上的沉降变形协调方法，也可以从单桩载荷试验和桩间土压板载荷试验，采用切线模量法计算大压板下桩间土的沉降，然后计算多桩复合地基的荷载沉降曲线，这样可以省去多桩复合地基试验。如图 4.2-3 所示。

　　复合地基试验的目的：对桩间土和单桩做简单的现场试验，再由简单试验预测复杂试验，以期望能够推测多桩复合地基的情况，并预测复合地基的沉降。

　　难点：试验压板与基础的尺寸有差别，存在尺寸效应，不能直接用压板的试验曲线。

　　解决问题的方法：切线模量法。

　　切线模量法通过压板试验曲线，求得地基土的强度和变形参数，这些土性参数与压板

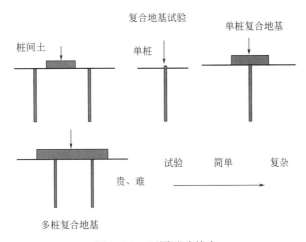

图 4.2-3　不同试验特点

尺寸无关。有了这些参数后，则可以由切线模量法计算实际基础下天然地基的沉降曲线，如图 4.2-4 所示。单桩的荷载沉降曲线没有尺寸效应，如果试验获得，则可以应用，但可能不同的桩的试验曲线也有差异，这就需要分析，确定单桩的荷载沉降曲线。有了天然地基下基础的荷载沉降曲线和单桩（含垫层）的荷载沉降曲线，就可以按以上方法合成复合地基的荷载沉降曲线。依据这个曲线，可以获得复合地基的沉降，如图 4.2-4 所示。

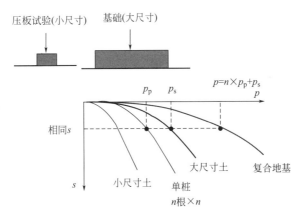

图 4.2-4　不同基础沉降曲线对比

如果地基为多层土，则需要获得各土层的切线模量法的参数，才可以计算天然地基下对应的荷载沉降曲线。

1. 沉降计算工程实例 1

某大型水闸基础，采用 CFG 桩复合地基整体筏板基础，筏板长 78m，宽 22m，基础底压力设计为 300kPa。CFG 桩直径 500mm，长度 21.2～21.4m，桩间距为 2m×2m，垫层 30cm。对天然地基进行加固，对桩间土进行压板载荷试验，桩间土压板面积为 0.5m²，进行单桩复合地基载荷试验，压板面积 4m²，压板大小为 2m×2m，还进行单桩载荷试验。水闸建成后如图 4.2-5 所示。桩间土压板载荷试验曲线、单桩复合地基载荷试验和单桩载荷试验曲线如图 4.2-6 所示。用桩间土试验曲线和单桩试验曲线，按以上方法计算单桩复合地基的试验曲线，与实测比较如图 4.2-7 所示，还是可以的。用以上方法，由桩间土压板试验计算天然地基筏板的沉降，同时计算筏板基础在复合地基下的荷载沉降曲线如图 4.2-8 所示，由图可见，基础在 300kPa 时沉降为 35mm，但从单桩复合地基载荷试验曲线可见，对应的单桩复合地基沉降是 7mm，如图 4.2-9 所示。实测水闸底板沉降如图 4.2-10 所示，24～35mm，平均 28mm，与计算值接近。各种方法计算的沉降与实测比较见表 4.2-1。可见，这里的复合地基沉降计算值与实测值是比较接近的。

图 4.2-5　水闸建成后

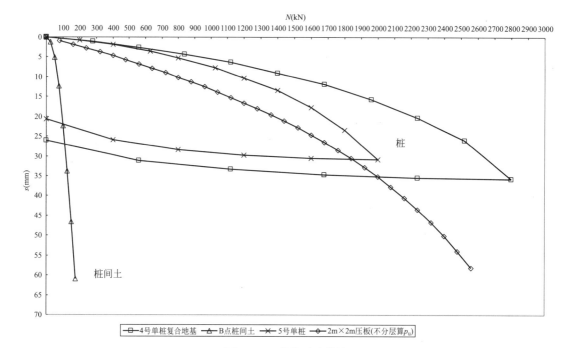

图 4.2-6　载荷试验曲线

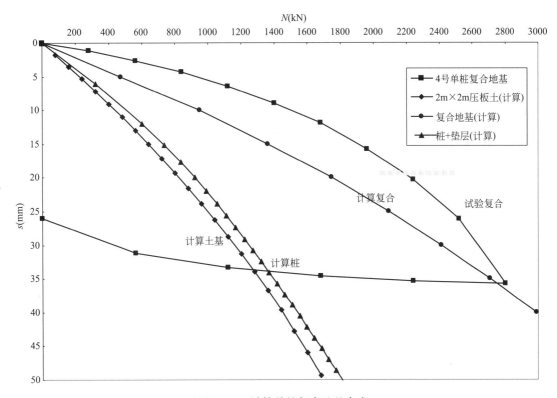

图 4.2-7　计算单桩复合地基合成

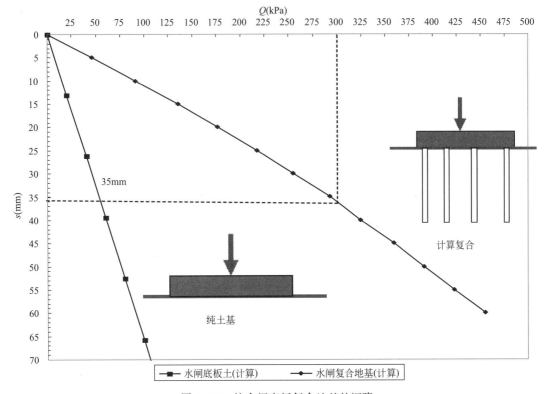

图 4.2-8　按全闸底板复合地基的沉降

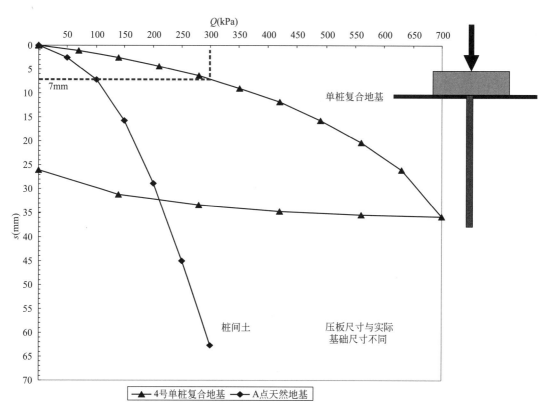

图 4.2-9 按单桩复合地基的沉降

点号\日期	06.03.24	07.03.17	沉降值	07.03.28	沉降值	沉
S1	-0.499	-0.528	-29	-0.528	-29	
S2	-0.521	-0.530	-9	闸门挡了未测		
S3	-0.485	-0.509	-24	-0.509	-24	
S4	-0.519	-0.523	-4	闸门挡了未测		
S5	-0.471	-0.506	-35	-0.506	-35	
S6	-0.520	-0.526	-6	闸门挡了未测		
S7	-0.471	-0.495	-24	-0.494	-24	
S8	-0.527	-0.540	-13	闸门挡了未测		

图 4.2-10 观测沉降

不同方法计算结果比较　　　　　　　　　　　　　　　　　　表 4.2-1

方法 荷载	2m×2m 单桩 复合试验(mm)	观测沉降(mm)	复合地基计算(mm)	规范计算(mm)
300kPa	7	24~35(平均 28)	35.9	119

2.沉降计算工程实例 2

　　某西南水闸室基底为饱和、中密,局部夹薄淤泥的中砂层,基底应力 260kPa,地基承载力小于设计要求值而且沉降量较大,根据地质情况,设计采用 $\phi500$ 的长螺旋钻管内泵压的水泥粉煤灰碎石桩(CFG 桩)进行地基处理。水闸底板长 86m,宽 20m。CFG 桩平面布置如图 4.2-11 所示,地质剖面如图 4.2-12 所示。

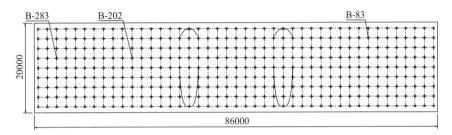

图 4.2-11　西南水闸 CFG 桩平面布置图

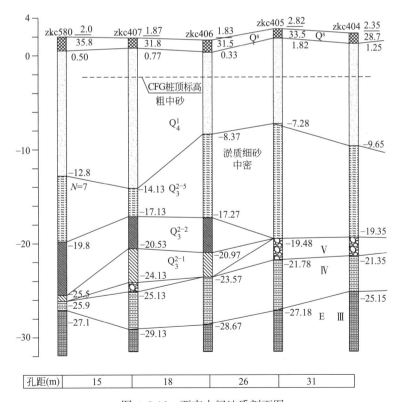

图 4.2-12　西南水闸地质剖面图

桩间土的压板载荷试验曲线如图 4.2-13 所示，按切线模量法求得土的参数后计算天然地基下水闸筏板的沉降如图 4.2-14 所示，可见，天然地基下沉降过大。采用不同桩数时筏板的沉降比较如图 4.2-15 所示，实际复合地基下底板的沉降如图 4.2-16 所示，由图可见，在设计荷载 260kPa 下，筏板沉降约 25mm，实测沉降为 22.1~23.2mm，因此水闸基础沉降比较均匀，与计算结果接近。

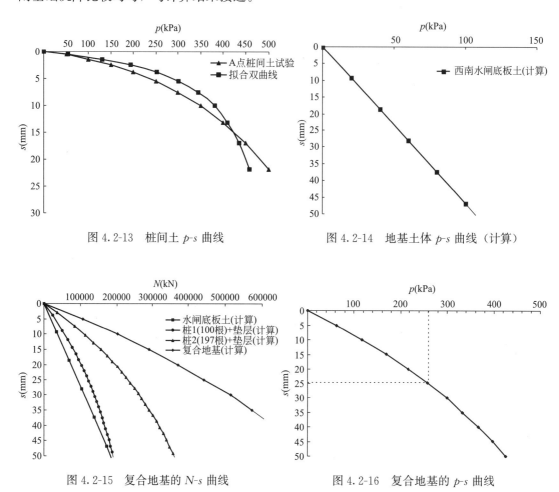

图 4.2-13　桩间土 p-s 曲线　　　　　图 4.2-14　地基土体 p-s 曲线（计算）

图 4.2-15　复合地基的 N-s 曲线　　　　图 4.2-16　复合地基的 p-s 曲线

4.3　刚性桩复合地基的优化设计及案例

4.3.1　优化设计思想

设计思想：缺多少补多少是最高境界。

变形协调优化设计目标：承载力缺多少补多少。

尽量充分利用天然地基的承载力，不足部分由桩来提供。

补桩数可以用公式（4-11）进行计算。

如图 4.3-1 所示，当天然地基要发挥其承载力 f_{sk} 时，需要沉降 s，设基础面积为 A，则天然地基总发挥力为 $R = f_{sk}A$。在相同的沉降量时，单桩（含垫层）发挥的承载力为

R_p，设基础承担的总荷载为 p，则需要补的桩数为 n_p：

$$n_p = \frac{p-R}{R_p}。$$ (4-11)

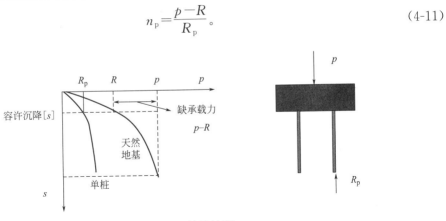

图 4.3-1　补桩计算

背景： 地基设计的一般方法往往让桩承担了绝大部分的荷载，而桩间土则没有充分发挥承担荷载作用，因此造成了设计的浪费。以图 4.3-2 为例，当地基承载力大于上部荷载时，通常就采用天然地基方案，当地基承载力小于上部荷载时，一般就采用桩基，由桩基承担全部的上部荷载，天然地基的承载力就不用了，这对于天然地基的承载力显然是一种浪费。

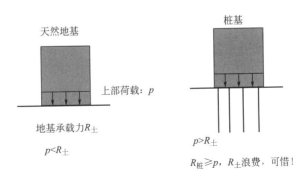

图 4.3-2　地基土承载部分

以图 4.3-3 所示的一个楼高 30 层的工程案例做一个分析。该工程对应的地质剖面如图 4.3-4 所示，底板埋深 10.5m，地基为深厚残积土层，对该土层进行了压板载荷试验，如图 4.3-5 所示，压板试验做到 800kPa，没有破坏，从承载力角度，基底承载力极限值取试验最大值 800kPa 是偏于安全的，承载力特征值可以取为 400kPa。

这样地基承载力：800kPa/2＝400kPa

上部结构荷载：536kPa

地基承载力差值：536－400＝136kPa

常规桩基设计：536kPa 由桩全部承担，土的承载力不考虑，则造成地基承载力浪费。

新思想：地基土承担 400kPa，起主要作用。桩承担剩余部分：136kPa，

就是说缺多少补多少！这样设计应该是最科学、最节省、最优化的！

一般复合地基设计方法计算地基承载力公式为：

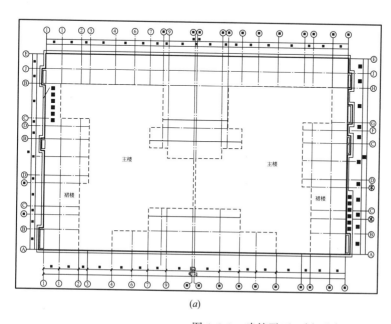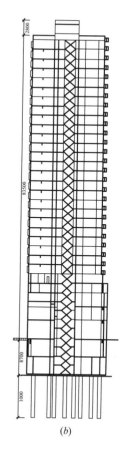

(a) (b)

图 4.3-3　建筑平面、剖面图

$$f_{sp} = \alpha m f_p + \beta(1-m)f_s \qquad (4-12)$$

式中　m——置换率；

α——桩承载力发挥系数；

β——土承载力发挥系数。

α，$\beta \leqslant 1$，取值靠经验，缺乏理论计算。

变形协调方法可设计使得 α，$\beta = 1$，这样，最好地利用两者的承载力，是最优设计。

配桩数的确定：按图 4.3-6 的方法，则可以计算配桩数为：$n = (p - R_t) \times \dfrac{A}{R_p}$

图中 s_R 为地基能发挥到 400kPa 时的沉降，R_p 为对应相同沉降时桩（含桩顶垫层）的抗力或承载力。补桩只需要承担 136kPa 的承载力，如果完全不考虑地基的作用，上部荷载全部由桩承担，则桩要承担 536kPa 的荷载。这样不仅充分利用了地基的承载力，还可以大量地减少用桩的数量。

而要实现这个思想，关键在于：

（1）沉降计算的准确性；

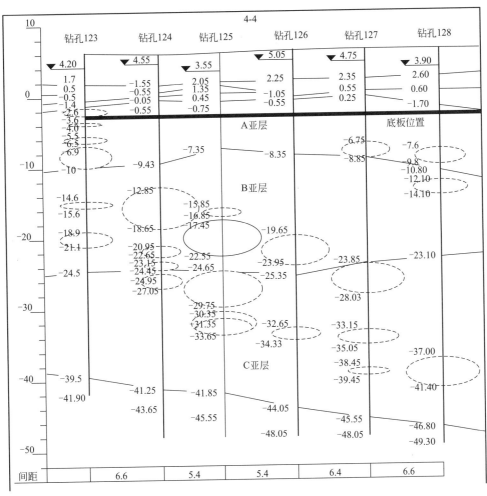

图 4.3-4　工程地质剖面图

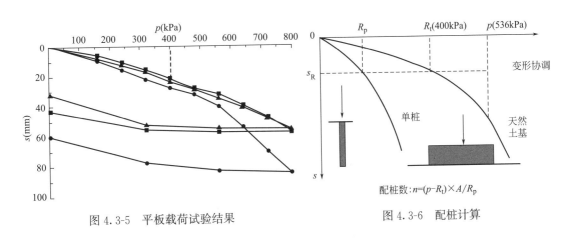

图 4.3-5　平板载荷试验结果　　　　　图 4.3-6　配桩计算

（2）要分别计算地基和桩的沉降过程；

（3）考虑沉降过程的非线性；

（4）采用新的沉降计算方法——切线模量法。

4.3.2 案例分析和效果

以前面第一个水闸为案例，水闸基础平面图、地质剖面图如图 4.3-7、图 4.3-8 所示。其基底应力为 300kPa。

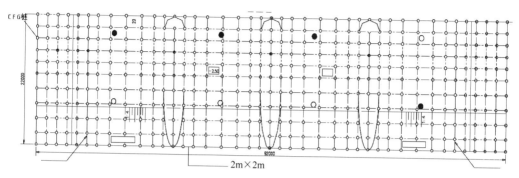

图 4.3-7 水闸基础平面图

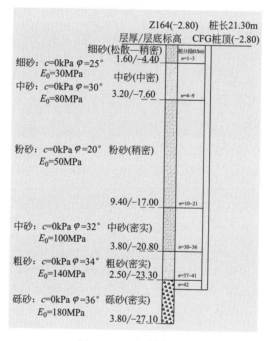

图 4.3-8 地质剖面图

图 4.3-9 为桩间土的压板载荷试验曲线，载荷试验压力超过 300kPa，偏安全取地基的承载力特征值为 150kPa，依据压板试验结果，由切线模量法计算基础在天然地基时的荷载沉降关系如图 4.3-10 所示。

由图可见，天然基础在 150kPa 荷载时对应的沉降为 47mm 。则多余荷载为：（300－150）$kPa \times A$＝$150kPa \times A$，这部分荷载由桩承担。

图 4.3-11 为单桩载荷试验曲线，单桩承载力取值为：2000kN/2＝1000kN，荷载为 1000kN 时对应沉降为 8mm≪47mm，因此桩的刚度太大，与土基础变形难协调，要实现

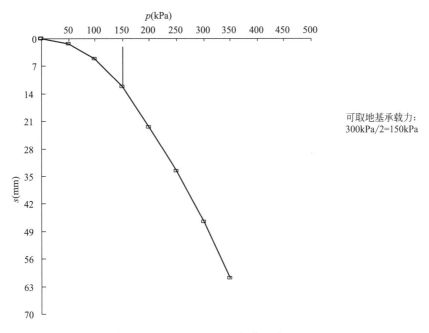

可取地基承载力：
300kPa/2=150kPa

图 4.3-9　地基土载荷试验

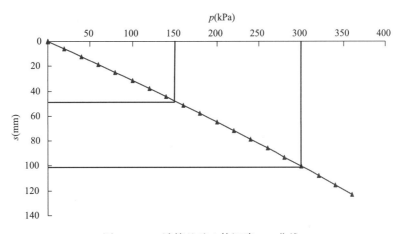

图 4.3-10　计算基础土体沉降 p-s 曲线

让地基沉降达到 47mm，桩承担的荷载正好是 1000kN 则是最好的，可以采用垫层协调桩的支承刚度。

当采用不同垫层厚度时，桩顶位置处基础 A 点的沉降如图 4.3-12 所示，最优的方案是：桩顶基础沉降与 150kPa 荷载相同时土的承载力能充分发挥，桩分担的荷载不超过 1000kN。

（1）表 4.3-1 为垫层为 30cm 时优化减少桩数。由表可见，当允许沉降为 30mm 时，桩的荷载 1083kN 稍超 1000kN，地基应力 96kPa，小于要求的 150kPa，说明桩的刚度太大了。当加大荷载，使允许沉降为 50mm 时，桩的荷载 1693kN 超 1000kN，地基应力 156kPa，接近地基承载力的 150kPa，但桩的荷载太大，说明桩的刚度太大了。

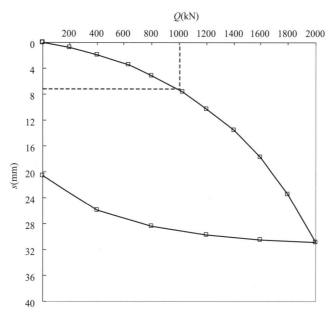

图 4.3-11 单桩载荷试验曲线

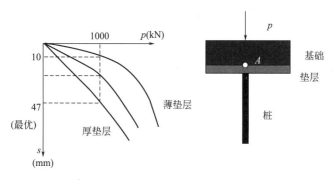

图 4.3-12 不同垫层厚度桩的 p-s 关系

垫层为 30cm 时优化减少桩数　　　　　　　　　　　　　　　表 4.3-1

	允许的沉降量(mm)	用桩量	单桩承担的荷载(kN)	基础底板土应力(kPa)	桩土应力比
原设计		451	965	84	57
优化设计	30	382	1083	96	57
	50	172	1693	156	54
	80	48	2414	243	50

　　优化的目标是实现土的应力为 150kPa；桩的荷载为 1000kN。但土的应力增加，桩荷载也会增加！地基刚度是确定的，只能调整桩的刚度。为此，采取增加垫层厚度的方法降低桩的刚度。取垫层厚度为 50mm。

（2）表 4.3-2 是垫层为 50cm 时优化的桩数。由表 4.3-2 可见，保持相同厚度，很难达到优化目标（土的应力为 150kPa；桩的荷载为 1000kN）。土应力增加，桩荷载也增加。

垫层为 50cm 时优化桩数　　　　　　　　　　　　　　　　　　　表 4.3-2

	允许的沉降量（mm）	用桩量	基础底板土应力（kPa）	单桩承担的荷载（kN）
原设计		451	112	839
优化设计	30	577	96	716
	50	250	156	1162
	80	65	243	1779

（3）同时优化桩数和垫层厚度，结果如表 4.3-3 所示，显然，当垫层厚度取为 56cm，沉降控制 47mm 时，基础底应力和桩分担的荷载就非常接近目标了，此时用桩数量可以减少约 32%。

同时优化桩数和垫层厚度　　　　　　　　　　　　　　　　　　表 4.3-3

垫层厚度		计算的沉降量（mm）	用桩量	减少用桩量百分比（%）	基础底板土应力（kPa）	单桩承担的荷载（kN）
原设计（30cm）		26.4（30）	451	—	84	965
优化设计	10cm	12.3	518	−14.86	40	999
	30cm	27.4	429	4.88	88	999
	50cm	42.5	335	25.72	134	999
	56cm	47	307	31.93	148	999
	57cm	47.6	305	32.37	149	995

（4）总结

新方法效果：用新方法优化可节省 32% 用桩数量。

对于前面的高层建筑的案例：常规桩基方案桩承担全部 536kPa 荷载，如果新方法设计，天然地基承担 400kPa，桩只承担 136kPa 荷载，估计可节省超过 50% 用桩数量，效益显著！

与传统复合地基设计方法的不同，复合地基承载力计算公式 ［式（4-12）］，可设计使得 α，$\beta=1$，最好地利用桩和地基的承载力，是最优设计。

4.4　软土地基刚性桩复合地基沉降计算的改进

4.4.1　现有方法存在的问题

现有规范方法或理论存在问题，与实际情况有出入。

图 4.4-1 所示为港珠澳大桥人工岛上一个地基处理的剖面图，采用管桩做的刚性桩复合地基，中间有一层约 15m 厚的游泥质土的软土层，桩底则进入较好的粉质黏土层硬层。图 4.4-2 为某水闸深厚软土地基采用 CFG 桩（实际为素混凝土桩）复合地基处理，软土厚度超过 20m，桩底进入下卧的砂卵石层。显然，这两个案例的刚性桩桩底持力层较好，接近端承桩性能，如果按规范方法计算沉降，会存在使沉降计算偏大的问题。

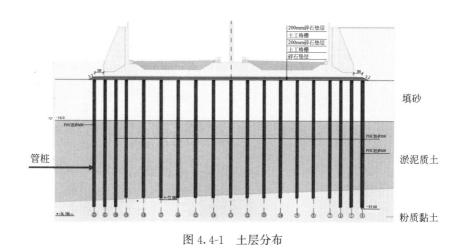

图 4.4-1 土层分布

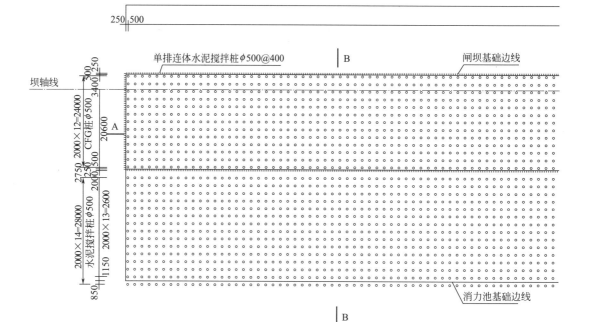

图 4.4-2 深厚软土地基水闸地基处理 CFG 桩（一）

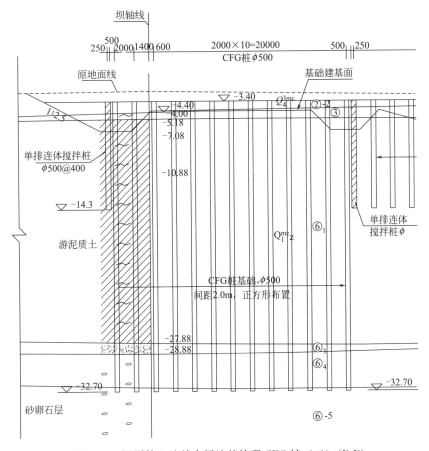

图 4.4-2　深厚软土地基水闸地基处理 CFG 桩（二）（B-B）

规范方法进行复合地基沉降计算（分层总和法）：

$$s = \psi_s \left[\sum_{i=1}^{n_1} \frac{p_0}{\zeta E_{si}} (z_i \bar{\alpha}_i - z_{i-1} \bar{\alpha}_{i-1}) + \sum_{i=n_1}^{n_2} \frac{p_0}{E_{si}} (z_i \bar{\alpha}_i - z_{i-1} \bar{\alpha}_{i-1}) \right] \quad (4\text{-}13)$$

$$E_{sp} = \zeta E_s \qquad \xi = f_{spk}/f_{ak}$$

按此计算的沉降值会偏大很多！因为桩已经到持力层！

假设淤泥质软土的压缩模量 $E_s = 3 \sim 4\text{MPa}$，淤泥质土层承载力特征值和加固后复合地基承载力特征值为：$f_{ak} = 80\text{kPa}$，$f_{spk} = 200\text{kPa}$，则软土层的复合模量为：

$$\zeta = 2.5 \times （3 \sim 4）= 7.5 \sim 10\text{MPa}，模量值偏小！$$

由于软土层厚，计算沉降 $s > 15\text{cm}$。其实刚性桩已穿越软土层，把荷载传到下卧硬土层了，不可能会有太大的沉降产生，但如果按这个公式计算，软土层越厚，沉降会越大，这样与端承桩复合地基的受力特点不符。

4.4.2　改进的简化方法

1.改进的沉降计算方法

（1）加固区沉降由三部分组成：垫层压缩 s_d，桩身压缩 s_p，桩底刺入沉降 s_b，三部分之和为 s_{pa}。

（2）下卧区沉降 s_2 采用变形模量计算。

复合地基总沉降为加固区沉降加下卧层沉降，如图 4.4-3 所示。

$$s = s_{pa} + s_2 \tag{4-14}$$

加固区沉降：$s_{pa} = s_d + s_p + s_b \tag{4-15}$

$s_d = \dfrac{f_{pa} \cdot h_1}{E_0 d}$，$h_1$ 垫层厚度，f_{pa} 桩顶应力

$s_p = \dfrac{f_{pa} + f_{pb}}{2} \cdot \dfrac{h_2}{E_c}$，$h_2$ 桩长，f_{pb} 桩底应力

$s_b = \dfrac{f_{pb} \cdot D(1 - \nu^2)}{E_0} \times 0.88$，$D$ 桩径

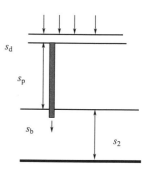

图 4.4-3　沉降计算模型

下卧土层沉降：

$$s_2 = \sum_{i=1}^{n} \dfrac{\Delta p_i}{E_{0i}} \cdot \Delta h_i \tag{4-16}$$

公式中采用变形模量 E_0 计算。

图 4.4-1 案例的沉降计算结果对比见表 4.4-1。

沉降对比计算　　　　　　　　　　　　　　　　　　　　表 4.4-1

	简化方法	规范等效分层总和法	实测
计算沉降（mm）	36.35	126.8	30～40

2. 刚性桩复合地基线性沉降协调作用模型

一般荷载作用下，地基或桩的沉降可以近似为线性变化，这样，根据以上的思想，考虑桩土共同作用时，可以计算加固区的桩土共同作用，以确定桩土的荷载分担和复合地基的承载力，这时可以按线性变形分别独立计算桩的沉降和天然地基在基础作用下的沉降。桩由桩顶垫层压缩、桩身压缩和桩底刺入变形三部分组成，如下式所示：

桩基沉降：$s_p = \dfrac{R_a h_c}{E_c A_p} + \dfrac{1}{2} \dfrac{(p_p + p_q) l}{E_p} + 0.7 \dfrac{D p_q}{E_0} \tag{4-17}$

土基的沉降用变形模量按分层总和法计算，计算深度为桩底位置，计算式如下：

$$s = \sum_{i=1}^{n} \dfrac{p_0}{E_{0i}} (z_i \bar{\alpha}_i - z_{i-1} \bar{\alpha}_{i-1}) \tag{4-18}$$

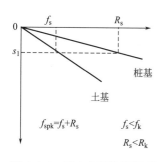

图 4.4-4　桩土共同作用模型

土的变形模量可以采用压板试验或其他经验方法确定，也可以依据一般勘察报告提供的地基承载力特征值近似按图 4.1-1 取值。计算得到基础在天然地基下的线性沉降线和桩的线性沉降线如图 4.4-4 所示。这样，按照沉降变形协调，在基础沉降为 s_1 时，对应的土桩分担的荷载为 f_s 和 R_s，则复合地基承载力为：

$$f_{spk} = m R_s + (1 - m) f_s \tag{4-19}$$

$$R_s = R_{sn} / A_p$$

式中，R_{sn} 为桩对应沉降 s_1 的荷载；A_p 为桩的截面积；m 为桩的置换率。当 R_{sn} 为单桩承载力特征值时，则可以根据 R_{sn} 对应的桩的沉降量由图 4.4-4 确定地基土的反力 f_s，由式（4-19）即可以确定复合地基承载力。

3. 问题：对于图 4.4-6 的分层地基情况，基础底地基承载力值 f_s 如何取？

当基础底处为软土时，取软土层的承载力值似乎是没有异议的。但当基础底为硬土层，而其下卧有软土层时，复合地基承载力计算中桩间土承载力是取硬土层还是取下卧软土层的呢？取硬土层的偏不安全，取软土层的偏保守。但如果按共同作用，可以通过变形协调确定是比较合理的。即计算基础在天然地基下的沉降，如图 4.4-5 所示，基础底往下的土层先软后硬时，相同沉降下产生的地基承载力 f_s 是小的，而先硬后软时，相同沉降时产生的承载力 f_{s2} 是大的，这样用变形协调的方法确定地基提供的承载力是比较合理的。详细内容可以参考相关的文献。

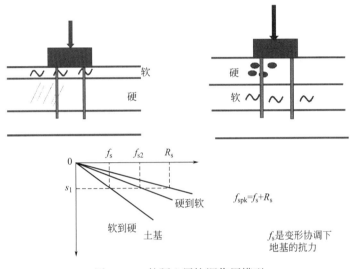

图 4.4-5　软硬土层协调作用模型

4.5　结论

（1）刚性桩复合地基前景好，实际使用中质量可靠，沉降可控。

（2）现有理论还需要发展，目前还是半理论半经验方法，经验因素多，存在一些问题：

1）复杂地基问题没有解决好；

2）共同作用是解决计算问题的出路，切线模量法实际使用效果好；

3）使用压缩模量 E_s 参数计算沉降的方法还需要改进。

主要参考文献：

［1］Yang Guanghua. A Simplified Analysis Method for the Ponlinear Settlement of single pile. Prod of 2nd lat. Sym on structure and found of civil Eng，Jan，1997，Hong Kong.

［2］杨光华. 地基非线性沉降计算的原状土切线模量法［J］. 岩土工程学报，2006（11）：1927-1931.

［3］乔有梁，杨光华. 单桩非线性沉降计算的原状土切线模量法［J］. 广东水利水电，2009（6）：22-24＋50.

［4］中华人民共和国国家标准. 复合地基技术规范 GB/T 50783—2012［S］. 北京：中国建筑工业出版

社，2012.

[5] 广东省标准.建筑地基处理技术规范 DBJ/T 15—38—2005 [S].广州：广东省建设厅，2005.

[6] 中华人民共和国行业标准.建筑地基处理技术规范 JGJ 79—2012 [S].北京：中国建筑工业出版社，2012.

[7] 中华人民共和国国家标准.建筑地基基础设计规范 GB 50007—2011 [S].北京：中国建筑工业出版社，2012.

[8] 杨光华.基础非线性沉降变形计算的双曲线模型法 [J].地基处理，1997，8 (1)：50-53.

[9] 杨光华，苏卜坤，乔有梁.刚性桩复合地基沉降计算方法 [J].岩石力学与工程学报，2009，28 (11)：2193-2200.

[10] 杨光华，李德吉，官大庶.刚性桩复合地基优化设计 [J].岩石力学与工程学报，2011，30 (4)：818-825.

[11] 刘鹏，杨光华.刚性基础下复合地基桩长计算方法 [J].地下空间与工程学报，2011，7 (6)：1078-1085.

[12] 杨光华，范泽，姜燕，张玉成.刚性桩复合地基沉降计算的简化方法 [J].岩土力学，2015，36 (S1)：76-84.

[13] 杨光华.桩基非线性沉降计算的一个简化方法 [J].广东水利水电，2006 (1)：1-2＋4.

[14] 杨光华，刘清华，孙树楷，姜燕，贾恺.刚性桩复合地基承载力计算问题的探讨 [J].广东水利水电，2019 (12)：1-7.

[15] 杨光华，徐传堡，李志云，姜燕，张玉成.软土地基刚性桩复合地基沉降计算的简化方法 [J].岩土工程学报，2017，39 (S2)：21-24.

第 5 章　深基坑支护工程的实践及理论发展

5.1　深基坑支护工程概况

城市建设中的基坑工程主要包括高层建筑地下室、地铁车站等，我国的深基坑工程主要发展于 20 世纪 80 年代末，1999 年才有第一本国家基坑规范《建筑基坑支护技术规程》JGJ 120—1999。

1.实际中存在的工程问题

深基坑的支护是由于存在邻近建筑物，需要进行垂直开挖，这时就必须要采取支护措施，才能保证垂直土坡的安全。

图 5.1-1　桩锚支护与邻房很近

图 5.1-2　基坑周边房子多、风险大

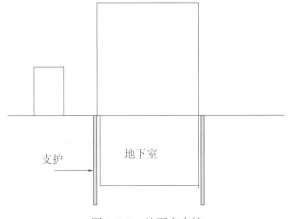

图 5.1-3　地下室支护

2.历史背景

由于地质条件的特殊性，目前很多省市都有自己的基坑规范，尤其是经济发达地区：广州市、深圳市、北京市、上海市、天津市等。

广州高层建筑发达，是国内最早研究深基坑支护地区之一：1988年，广州华侨大厦深基坑，深11.7m，锚杆地下连续墙；1989年，珠江过江隧道，17.8m，支撑地下连续墙；早期设计无规范，直到1999年才有国家规范，广州市规程是1998年，冶金部规程是1997年。

早期的工程经历了较多的考验，由于基坑支护是临时工程，开始是不用设计，由施工单位实施。后来发生一些事故，有垮塌，有位移大，影响周边环境安全，这时候开始要求进行设计，并要求组织专家组审查，这时发现深基坑支护设计缺少理论方法，从而促进了我国深基坑支护理论的研究。

目前中国的深基坑工程特点：（1）数量、规模世界最大；（2）技术水平最高；（3）学术研究处于前列，建立了中国深基坑支护理论体系。中国深基坑工程发展促进了设计理论的发展，实现了由工程大国发展为技术强国。

3.实际工程图片

图5.1-4　钢筋混凝土支撑

图5.1-5　钢管桩支护

图5.1-6　混凝土支撑拆除

图5.1-7　混凝土角支撑

图 5.1-8 锚索分层施工

图 5.1-9 钢板桩支护

图 5.1-10 中山东河水闸钢板桩围堰（钢板桩有止水作用）

图 5.1-11 锚索的钢绞线

5.2 典型事故案例分析与支护的形式

5.2.1 工程案例

1. 某建筑基坑事故

图 5.2-1 围墙内准备基坑开挖的场地

图 5.2-2 围墙与邻近房屋距离很小

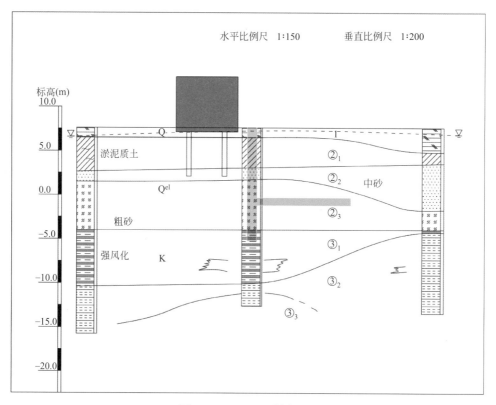

图 5.2-3 工程地质剖面图

从地质上看，一些老房子是木桩基础，有软弱土层，下部为砂层，含水量丰富。

图 5.2-4 支护桩间灌浆防水

图 5.2-5 西侧楼房沉降 6cm

支护方案评述：桩支撑支护结构，受力安全没问题，但由于有厚砂层，桩间用旋喷桩止水难以做到滴水不漏，一旦漏水，砂层上面的软土层会沉降，导致邻近房屋沉降。有条件宜采用地下连续墙比较安全可靠。

2.海珠城广场基坑塌方

图 5.2-6　海珠城广场基坑塌方报道

图 5.2-7　基坑塌方时

图 5.2-8　塌方后抢险回填混凝土

图 5.2-9　塌方抢险回填后照片

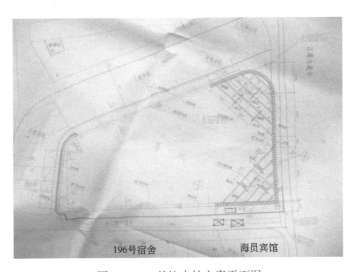

图 5.2-10　基坑支护方案平面图

如图 5.2-10 所示平面图上，左侧有河涌，采用了桩锚支护，右侧江南大道中有地铁通过，不允许打锚索，才有了钢管角支撑。上下侧采用了土钉支护，土钉支护剖面如图 5.2-11 所示，塌方开始发生于土钉支护和桩撑支护的交叉点位置，这里桩撑支护刚度大，土钉支护刚度小，支撑受力大于平面计算，风险大！

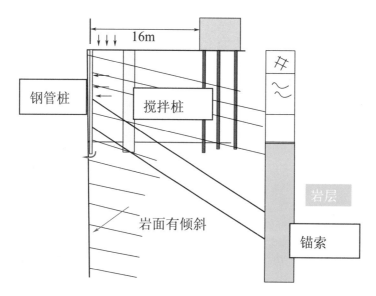

图 5.2-11　塌方一侧的土钉支护剖面

塌方的岩层中有顺倾结构面，钻探的一孔之见不易发现。土钉支护增加的锚索对钢管支护产生竖向荷载，钢管桩底也可能产生不利的稳定问题。

图 5.2-12 为当时专家组提出的事故直接原因。

"7·21"事故直接原因

1. 施工比原设计挖深了 3.3 米。该基坑原设计深度只有 -17 米，2004 年 7 月设计深度变更为 -19.6 米，而实际基坑局部开挖深度为 -20.3 米，超深 3.3 米，造成部分支护桩（深度 -20 米）变为吊脚桩；同时该基坑施工时间长达 2 年 7 个月，基坑暴露大大超过临时支护期限为一年的规定，致使开挖地层软化渗透水、钢构件锈蚀和锚（索）锚固力降低，致使基坑支护严重失效，构成重大事故隐患。

2. 从地质勘察资料反映，在基坑开挖深度内的岩层中存在强风化软弱夹层，而且南侧岩层向基坑内倾斜，软弱强风化夹层中有渗水流泥现象，客观上存在不利的地质结构面，但施工期间虽发现上述情况后采取了加固措施，但仍错过排除险情的时机。

3. 基坑坡顶严重超载。7 月 17 日事发当日，汤建光土方运输队在南侧顶进行土方运输施工，在基坑坡边放置 汽车吊 1 台（自重 23 吨），履带反铲 1 台（自重 17 吨），自卸车（满载 25 吨），致使基坑南边支护平衡打破，坡顶出现开裂。

4. 自 2005 年以来基坑南边出现过多次变形量明显增大、坑顶裂缝宽度显著增大和裂缝长度明显增长的现象。监测方虽然提供了基坑水平位移监测数据但未做分析提示，业主方知道变形数值但也未予以重视，没有及时对基坑有效加固处理，当存在不利的外荷载作用时，就引发了失稳坍塌事故。

图 5.2-12　报纸公布的塌方原因

3.广州某基坑塌方事故

图 5.2-13 是 1993 年广州较早、影响较大的一个基坑塌方事故。基坑上层约 10m 厚的土层采用人工挖孔桩加桩顶锚杆支护，下部为中微风化的泥岩，采用垂直开挖，喷锚护

面，邻近有一栋三层楼的民居在基坑塌方时倒塌。关键问题是支护桩底部，泥岩有遇水变软的特点，桩底在锚杆竖向分力和桩土自重作用下，桩底岩层承载力不足而滑出，从而产生塌方，这是广州第一个吊脚支护塌方事故。后来邻近 065 门牌号的 067 号工地，也采用相同的吊脚桩支护方案，但吸取教训，如图 5.2-14 所示，在桩脚处增加锁脚锚杆，同时复核垂直荷载下岩层稳定性，方案取得成功。后来这种增加锁脚锚杆并复核底部稳定的方法在广州被应用于吊脚支护处理。具体内容可参考《深基坑支护结构的实用计算方法及其应用》（杨光华著，地质出版社，2004）。

图 5.2-13　1993 年广州较早的基坑塌方（065 号塌方）

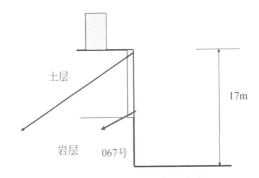

图 5.2-14　吊脚桩支护方案

4.京光广场基坑塌方

京光广场基坑塌方事故是广州市第一个造成人员伤亡的重大深基坑塌方事故（图 5.2-15、图 5.2-16）。这个基坑平面 310m×45.5m，深约 15m，采用人工挖孔桩悬臂支护，支护桩一空一实，剖面示意图和地质条件如图 5.2-17 所示。施工开挖约 13m 时发现位移过大，最大位移达 500mm，于是采取回填补打一排锚杆的加固处理，如图 5.2-18 所示。局部未及时处理发生塌方，由于塌方发生在夜晚，塌方时基坑边上的集装箱房子倒塌，造成工人被掩埋。从这个事故后广州要求深基坑工程须由有资质的单位设计，并要求组织专家组审查，为此成立广州市建设科技委办公室负责全市的基坑审查。

图 5.2-15　京光广场基坑塌方报道

图 5.2-16　基坑倒塌照片
（基坑平面 310m×45.5m，深约 15m）

5.珠海祖国广场基坑塌方

图 5.2-19 是珠海祖国广场的深基坑支护工程，采用一种逆作施工方案，每层约 2～3m，利用土体的自稳能力垂直开挖 2～3m，利用垂直土体作为外模，内侧用模板，施工一

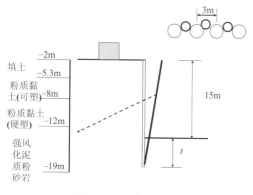

图 5.2-17　施工方案

图 5.2-18　抢险加固

层钢筋混凝土连续墙，然后对着一层墙架设一层支撑，接着垂直开挖土体并施工第二层钢筋混凝土连续墙，然后对着第二层墙架设一层支撑，如此一直往下施工。不过这种工法的前提是土质较好，有一定的自稳能力保证一层土在垂直开挖能自稳，否则需要用超前支护。图 5.2-19 为由于支护墙踢脚而型钢支撑向上位移的状态，图 5.2-20 为支护墙踢脚下塌方的状态，塌方造成邻房倒塌。那么是什么原因造成这一事故呢？主要是由于下部存在软弱土层，而这种工法是先开挖后支护，软弱土层自稳能力差，当垂直开挖一层土时，软土在上部土体自重作用下承载力不足，产生挤出，造成上部土体下沉，墙体踢脚坍塌，上部墙体后仰，支撑向上移并受拉，破坏模式如图 5.2-21 所示。所以，深基坑支护的计算必须要与施工过程相适合，与施工方法是有关的，这就是为什么需要用增量法来模拟施工过程的原因。

图 5.2-19　珠海祖国广场基坑支护

图 5.2-20　珠海祖国广场基坑塌方

　　图 5.2-22 是由于支护桩入土段太小，嵌固不够所致的悬臂桩倾倒的情况，受力示意如图 5.2-23 所示。

　　图 5.2-24 为土钉塌方的情况，一般基坑塌方时，回填反压（图 5.2-25）是最快和有效的手段。造成土钉支护塌方较常见的原因是由于下部有软弱土层，通常的土钉稳定计算考虑土钉作用后安全系数会大于 1.0，但在上部土体自重作用下垂直承载力不足而下沉，这种情况稳定计算考虑不到，如图 5.2-26 所示。所以，有软土层时，还要考虑其垂直承载力的问题。

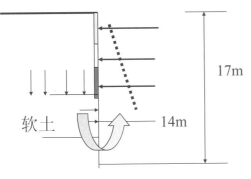

图 5.2-21   局部地基强度不足

图 5.2-22   悬臂桩倾倒

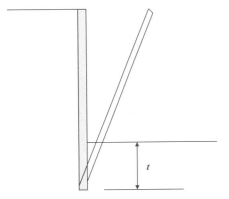

图 5.2-23   悬臂桩入土深度太浅会产生倾倒

图 5.2-24   土钉塌方（地基强度不足）

图 5.2-25   土钉塌方时回填反压

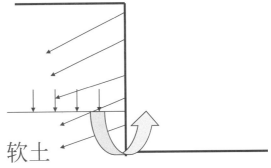

图 5.2-26   土钉支护下部软土失稳

6. 某基坑塌方造成邻房倒塌

图 5.2-27 为基坑角支撑失稳产生塌方造成邻房倒塌的案例。斜支撑的受力在支座连接点处会产生一个与墙体平行的剪切力（图 5.2-28），钢管支撑支座处与钢围檩的连接不是 90°的连接，一般较少复核其抗剪切的能力，较容易产生剪切失稳，造成支撑的失效（图 5.2-27），90°的钢管支撑还在，但端头的角支撑已失稳，由此造成基坑的塌方。因此，角支撑应该用钢筋混凝土支撑比较可靠，接头是超静定结构。顶层支撑宜用钢筋混凝土

支撑。

图 5.2-27 基坑端头斜支撑失稳

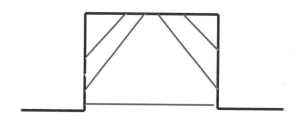

斜撑钢围檩 ━━━▶ 钢筋混凝土腰梁

图 5.2-28 斜撑钢围檩及钢筋混凝土腰梁

7. 杭州地铁 1 号线湘湖站基坑塌方

图 5.2-29、图 5.2-30 是杭州地铁 1 号线湘湖站基坑塌方的情况，该工程事故造成 21 人死亡。事故调查报告认为基坑超挖，支撑体系存在缺陷且钢管支撑架设不及时等因素造成。该工程④₂ 软土层深厚，土层与基坑关系如图 5.2-31 所示。深厚软土中支护变形大，根据增量法的计算，多支撑支护的位移是鼓肚式，在开挖面以下附近位移最大，第一层支撑可能会受拉，钢管支撑在支点接头处受拉能力差，容易被拉开脱落，造成支撑体系的破坏。广州地铁一般要求第一层支撑采用钢筋混凝土支撑，通过冠梁连接成为超静定结构，可以较好地承受复杂的受力条件。

图 5.2-29 杭州地铁基坑塌方图

图 5.2-30 基坑塌方后的钢支撑

8. 广州地铁某基坑支护险情

广州地铁某深基坑，开挖到坑底时发生坑底隆起，第二层钢管支撑弯曲变形严重（图 5.2-32），即使第一层钢筋混凝土支撑，也有弯曲变形（图 5.2-33），支护桩踢脚变形大（图 5.2-34），地质为深厚软土，好在第一层是钢筋混凝土支撑，才没有造成塌方事故。

9. 珠海横琴某基坑险情

图 5.2-35 所示为珠海横琴一个深厚软土层深基坑的支护，第一层钢筋混凝土支撑在支点附近的表面均产生了很多的裂缝（图 5.2-36），支护桩的下部也出现了水平裂缝（图 5.2-37），支撑支点附近的表面均产生裂缝主要原因是支撑在该位置受弯所致，其受力分析示意图如图 5.2-38 所示。因此，深厚软土层深基坑的支撑应尽量采用钢筋混凝土支撑较安全。

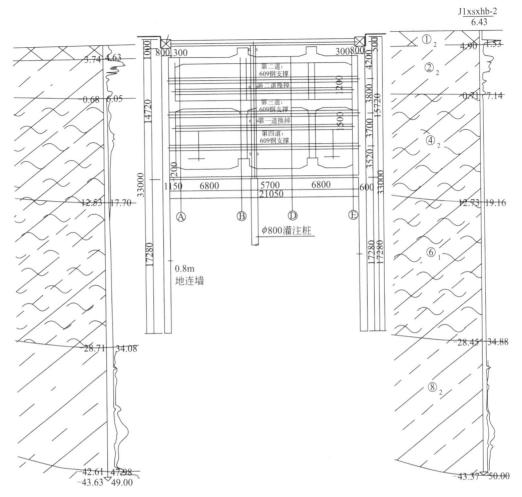

图 5.2-31 地质剖面与基坑关系

图 5.2-32 基坑坑底隆起、
第二层钢管支撑隆起弯曲

图 5.2-33 混凝土横撑受弯起拱

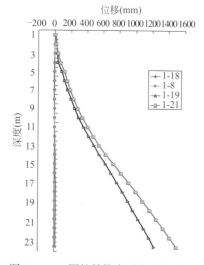

图 5.2-34　围护结构水平位移曲线图

图 5.2-35　珠海横琴一工地

图 5.2-36　第一层支撑梁表面裂缝

图 5.2-37　基坑支护桩身水平裂缝

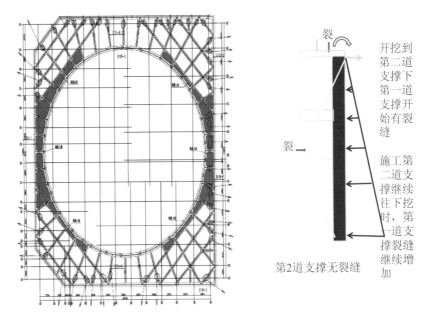

图 5.2-38　第一层支撑梁表面裂缝原因（受弯）

注：如果是钢支撑，则比较危险！广州地铁基坑规定：第一道支撑必须是混凝土支撑！

10.上海某新建楼塌楼

上海一个新建楼（13 层），采用管桩基础，倒塌后房子的情况如图 5.2-39、图 5.2-40 所示。在房子旁边开挖 4.6m 的地下室，支护为放坡复合土钉支护，如图 5.2-41 所示（上海建设科技，2011 年第 5 期）。图 5.2-42 为当时专家组给出的造成楼房倒塌的原因，认为主要是在该楼房的外侧堆土过高，而产生约 3000t 的水平推力，内侧挖基坑，产生了很大的压力差，造成楼房倾倒。基坑边不能超载！

图 5.2-39　上海塌楼（2009.6.27）

图 5.2-40　房子倒向基坑一侧

但两侧压力差如何使其下的桩基破坏而造成楼房倒塌？其机理如何还是值得认真探讨的。是否有可能是在侧压力作用下，房子产生倾斜偏心，使基坑一侧的桩承受更大荷载而沉降，从而进一步加大房子的偏心，使桩的上部或桩顶位置产生受弯破坏而后倒向基坑一侧？如图 5.2-43 所示。

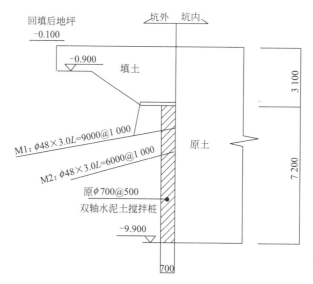

图 5.2-41　基坑支护的方案，基坑深 4.6m

图 5.2-42　事故原因调查

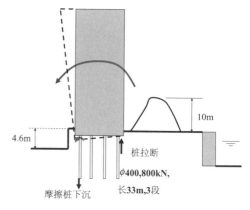

图 5.2-43　堆土和房子倒塌示意图

11. 软土基坑开挖造成工程桩倾斜

在很多软土基坑开挖时形成一定的坡度，使软土产生侧向位移，影响了工程桩的垂直承载力，如图 5.2-44 为广州南沙一个工程的基坑开挖，造成已做好的工程桩全部顺开挖的土坡方向倾斜，图 5.2-45 为广州番禺一个工程的基坑土方开挖，挖掘机边挖边退，形成土坡太陡，造成管桩倾斜。所以软土开挖要注意控制开挖面土体的高差，要分层开挖，广东一些规范要求分层厚度不大于 1m。当然多大的分层厚度可以进行分析，这是一个被动桩的问题，与工程桩基受水平外力作用的机理是不同的。同时，工程桩倾斜后会对其承载力有多大的影响？也可以参考图 5.2-46 的示意图进行研究，这主要取决于桩的倾斜度，一般工程桩允许施工的倾斜度为 1%，理论上在 1%～1.5% 之间估计影响不是太大。

5.2.2　基坑支护的形式实践

（1）排桩。按挖孔方式分为钻孔桩、人工挖孔桩；按排布方式分为密排式、分散式。

图 5.2-44　广州南沙某工程管桩倾斜　　　　图 5.2-45　广州番禺某工程管桩倾斜

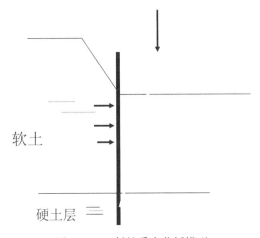

图 5.2-46　斜桩受力分析模型

当土质好时，可以采用分散式，对砂层等有止水要求时，可以在桩间加旋喷桩或密排搅拌桩等止水措施，如图 5.2-47 所示。

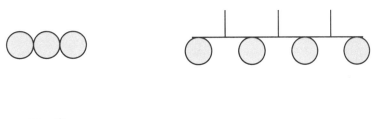

桩间止水

图 5.2-47　排桩的布置形式

（2）土钉墙：加超前微型桩、预应力锚杆，可以减少位移。

（3）地下连续墙。

（4）逆作拱墙。

图 5.2-48～图 5.2-50 为早期广州一些人工挖孔桩的支护工程。

图 5.2-48　亚洲大酒店基坑施工中　　　图 5.2-49　亚洲大酒店基坑全景（深 20m，局部一排锚杆，
（人工挖孔桩加锚杆支护）　　　　　　　　　　周边以及地质不同设置不同锚杆）

图 5.2-51～图 5.2-53 为广州某深基坑支护工程，该工程基坑深 17m，距离已经倾斜了 17cm 的一栋 4 层天然地基的住宅楼（危楼）2m，深基坑支护方案为前面珠海祖国广场应用的逆作拱墙法。基坑开挖中如何保护危楼的安全？我们采用了超前支护的方案，如图 5.2-52 所示，采用搅拌桩止水，钻孔灌注桩加锚杆超前保护，开挖后的效果如图 5.2-53 所示。

图 5.2-50　离房屋较近某地铁站施工（桩撑）　　　图 5.2-51　危房保护：未开挖前

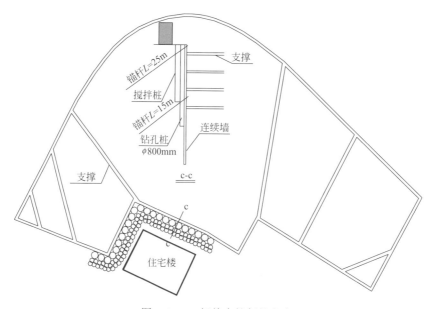

图 5.2-52　超前支护保护方案

图 5.2-53　逆作拱墙开挖

图 5.2-54～图 5.2-57 是广州城市广场的深基坑支护方案，基坑深 20m，根据地质条件，部分采用桩撑、桩锚支护，部分采用土钉支护。在图 5.2-55 的桩锚支护区，基坑开挖到坑底时，侧斜管监测到的位移如图 5.2-58 所示，可见最大位移已经超过 130mm 了，按照规范一级基坑控制 30mm 的标准早已超标。当时要求施工赶快回填处理，图 5.2-54、图 5.2-55 就是回填的情况，后来检查发现桩身已产生水平裂缝。因此，基坑位移的控制标准应根据支护受力安全时允许的位移和地质条件、周边环境要求来确定比较合适。

图 5.2-54　混合支护（桩锚和桩撑区，大位移区回填）

图 5.2-55　桩锚区和大位移区回填

图 5.2-56　混合支护（土钉支护区）

图 5.2-58 所示为人工挖孔桩锚的深大基坑工程，图 5.2-59 为带腿的地下连续墙支护，上部地质条件差，采用连续墙支护，下部为强风化岩层，采用疏桩支护，以节省造价。

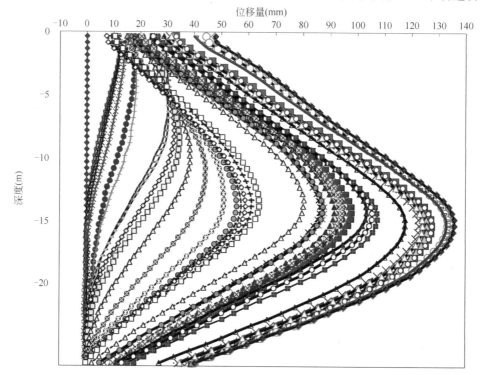

图 5.2-57　桩锚支护测斜孔位移图

图 5.2-58　人工挖孔桩锚支护

图 5.2-59　带腿地下连续墙支护

图 5.2-60 为土钉支护施工过程，土钉支护一般为先开挖后支护，这就要求土体有较好的自稳能力。一般土钉位移较桩墙支护位移大，为控制土钉位移，可以采用钢管桩超前支护和增加预应力锚索等控制位移，也称为加强型土钉支护，如图 5.2-61、图 5.2-62 所示，图 5.2-63 为方案图。

图 5.2-64、图 5.2-65 为采用圆环钢筋混凝土拱梁作为支撑体系，一般支撑构件是轴向受压构件，但对于跨度大时，可以考虑用环钢筋混凝土拱梁作为支撑体系，发挥钢筋混凝土拱梁的受压作用，同时中间可以获得较大的施工空间。

图 5.2-60　土钉施工：土质好，可直挖

图 5.2-61　加强型土钉支护

图 5.2-62　该土钉支护基坑深 14m，产生最大水平位移 170mm

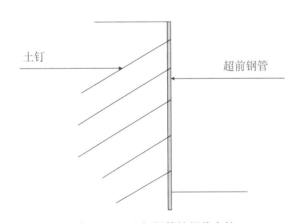

图 5.2-63　土钉钢管桩超前支护

图 5.2-64　圆环支护结构

本节总结：（1）基坑工程危险性大；（2）岩土工程复杂性强；（3）支护结构因地制宜；（4）深基坑工程风险高，一旦发生灾害影响严重，但支护工程是临时工程，如何在安全的前提下，尽量做到科学设计，安全节省，则需要好的设计理论。

图 5.2-65 "钻孔咬合素混凝土桩＋环撑"的支护结构
(深圳市岩土工程公司设计施工)

5.3 增量法及其应用

深基坑支护结构设计要解决的问题：

（1）支护结构的弯矩、剪力和位移的计算问题；（2）支护结构入土深度的确定；
（3）支撑及锚杆设置和受力计算问题。

支护结构的计算模型：比较直观的模型是把支护结构作为一个竖放的弹性地基梁，承受侧向水土压力的作用，如图 5.3-1 所示，关键是如何确定作用的荷载和入土段的土弹簧刚度。这种方法通常称为荷载结构法计算模型。

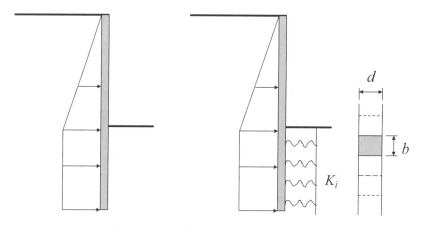

图 5.3-1 侧向荷载下的竖放弹性地基梁

5.3.1 基坑支护计算方法概述

基坑支护结构的计算方法通常有三类：经典法、弹性地基梁法、有限元法。

1. 经典法

（1）二分之一分割法：认为各支撑分担支撑位置上下各 1/2 范围的土压力，如图 5.3-2

第 5 章 深基坑支护工程的实践及理论发展

所示。显然，如果土压力采用朗肯或库仑等传统的三角形的分布模式时，则结果是最下一层支撑的轴力最大，这是不合适的。支撑力要考虑支撑是先开挖后架设的过程，这样就有了太沙基-佩克（Terzaghi-Peck）的表观经验土压力方法，即采用的土压力是表观经验土压力的模式，而不是朗肯或库仑等传统的三角形的分布模式。后面会介绍。

（2）等值梁法：把支挡墙视作以支撑和土作为支座的梁，一般将开挖面以下土压力差为零点位置简化为铰支座，土体对墙的作用简化成为主被动土压力的差值的土压荷载，如图 5.3-3 所示。

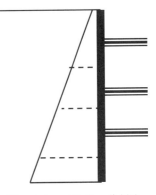

图 5.3-2　二分之一分割法

（3）山肩邦男弹性法：把支护结构作为一个竖放的弹性地基梁，开挖面以下土的抗力与墙体变形位移成正比，后设支撑对前设支撑内力和其上墙体不产生影响，由水平力的平衡，每次计算一层开挖，每次计算一个支撑力，计算下层支撑力时，上部的支撑力不变。计算示意图如图 5.3-4 所示。

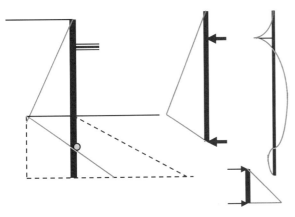

图 5.3-3　等值梁法

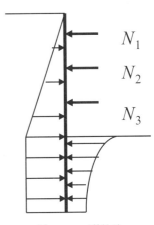

图 5.3-4　弹性法

山肩邦男弹塑性法与弹性法不同之处是假设开挖面以下土的抗力分为两个区域，即塑性区和弹性区。计算示意图如图 5.3-5 所示。山肩邦男法和二分之一分割法主要是计算支护结构和支撑的内力。

2. 弹性地基梁法

将围护结构看作为竖放的弹性地基梁，支撑也用弹簧刚度代替，基坑底以下土体用一系列土弹簧代替，形成弹簧系统上的梁承担基坑外的水土压力，如图 5.3-6 所示，这样可以计算梁的弯矩、剪力、位移和支撑力及基坑底以下土弹簧的反力。为考虑施工过程的影响，提出了增量法和全量法，计算简图如图 5.3-7 和图 5.3-8 所示。

（1）增量法（杨光华，建筑结构，1994.8）。每一增量步计算的是增量内力和位移，作用于每一增量步计算简图上的荷载是增量荷载，包括两部分，增量土压力和每次挖除的土弹簧的反力。

171

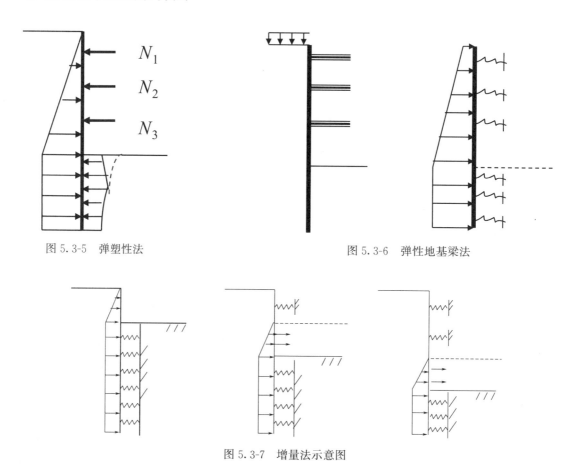

图 5.3-5　弹塑性法

图 5.3-6　弹性地基梁法

图 5.3-7　增量法示意图

（2）全量法（弹性支点法）

作用于支护结构上的荷载是总荷载，总土压力差值，支撑刚度要减去设撑前该处的位移量。

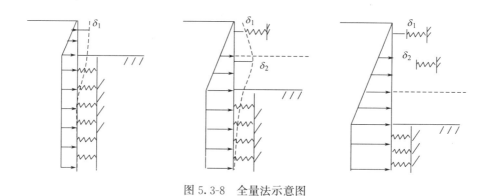

图 5.3-8　全量法示意图

弹性地基梁法（荷载结构法）荷载类型：1）土压力分为主动、静止、被动土压力，与位移相关；2）水压力；3）水土压力：分为合算、分算两种形式，通常砂土用分算，黏土用合算。

结构受力计算方法有：1）弹性地基梁；2）解析法；3）结构力学法；4）杆件有限元法。

3.有限元法

有限元法把土体和结构都划分为计算单元，在土与结构交界面设置界面的接触面单元，如图 5.3-9 所示。理论上有限元可以考虑土的非线性、弹塑性，可以计算很多复杂的问题，如三维问题，见图 5.3-10。但能否计算准确取决于土的本构模型和参数的准确性，相对于荷载结构法计算复杂一些。

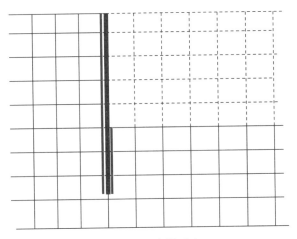

图 5.3-9　有限元法

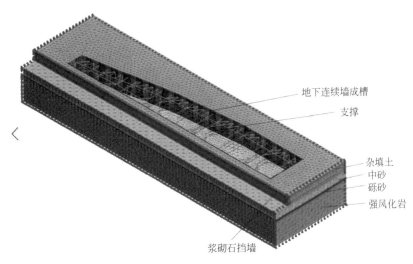

图 5.3-10　有限元可以考虑复杂的三维问题

有限元方法问题：

（1）接触单元参数、本构模型的选取不同会很大程度地影响计算结果。以图 5.3-11 的案例计算为例，有限元网格如图 5.3-12 所示。

（2）接触单元切线刚度不同，位移和弯矩结果不同，如图 5.3-13 所示。

（3）M-C 模型计算与理正计算比较

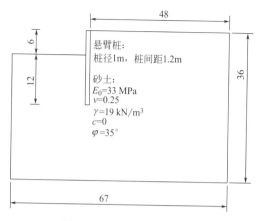

图 5.3-11　深基坑计算案例

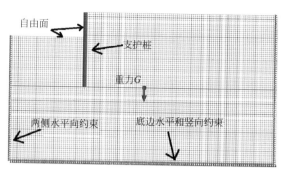

图 5.3-12　有限元计算网格图和边界条件

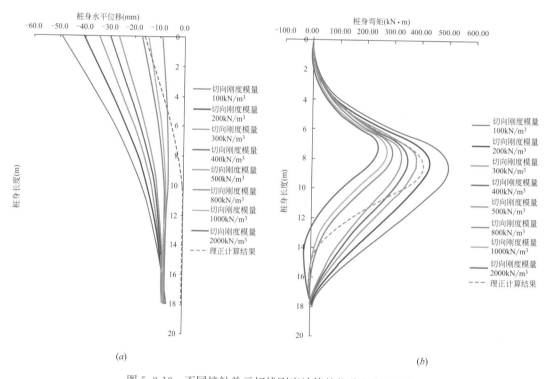

图 5.3-13　不同接触单元切线刚度计算的位移和弯矩对比

有限元 M-C 模型计算的最大位移为 60mm，最大弯矩为 590kN·m，如图 5.3-14 所示。

理正计算：最大位移 16mm，最大弯矩 409kN·m，如图 3-15 所示，位移相差大。

（4）不同本构模型的比较（图 5.3-16）

一个悬臂结构，本构模型分别用 M-C 模型、硬化模型和规范的荷载结构法结果比较，从图上可见，计算的位移差异大，弯矩接近，硬化模型位移与荷载结构法接近一些，小于 M-C 模型。

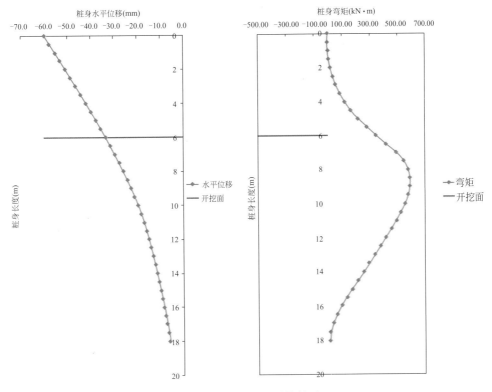

图 5.3-14　有限元计算结果

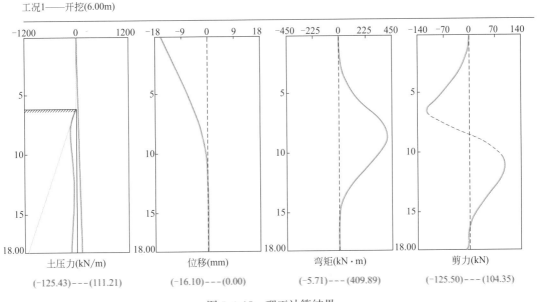

图 5.3-15　理正计算结果

　　有限元应用：其计算结果与采用的本构模型、参数有关；可以与传统方法计算结果进行比较验证后应用。

　　本节小结：弹性地基梁法（荷载结构法）适用性好；结果稳定；具有唯一性。

5.3.2 增量法及其应用

1.施工过程模拟

（1）广州亚洲国际大酒店基坑支护

由图 5.3-17 可见，锚杆是先开挖后施加的，开挖时支护桩已受力，后加的锚杆并没有参与之前土方开挖的受力，锚杆只参与锚杆施加后的开挖的荷载分担，因此，要合理计算支护结构的受力和位移，必须要考虑不同施工过程的受力，不同施工阶段支护结构的受力体系也是不同的。

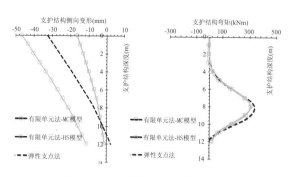

图 5.3-16　不同本构模型的比较

图 5.3-17　增量计算法模拟施工过程

（2）广州珠江隧道黄沙段岸上深基坑工程

深基坑平面图、剖面图如图 5.3-18 和图 5.3-19 所示，基坑深 17.8m，是当时广州最深的基坑工程（1989），采用 T 形地下连续墙，三层内支撑。其施工过程如图 5.3-20 所示，先施工地下连续墙和中间的立柱，然后开挖到第一层支撑下 0.5m，架设第一层支撑，再开挖到第二层支撑下 0.5m，架设第二层支撑，继续开挖到第三层支撑下 0.5m，架设第三层支撑，然后开挖到基坑底，浇筑隧道底板，利用底板作为支撑顶住地下连续墙，拆除第三层支撑，浇筑隧道侧墙和顶板，然后拆除第二层支撑，回填到第一层支撑底，最后拆除第一层支撑。

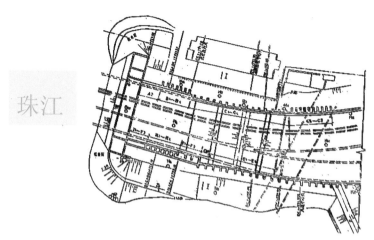

图 5.3-18　广州珠江隧道黄沙段岸上深基坑的平面图

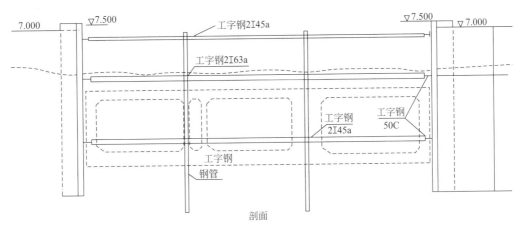

图 5.3-19　珠江过江隧道深基坑剖面图

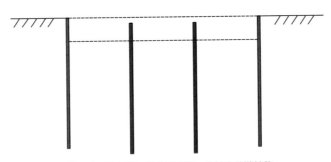

(1) 第一步开挖至第一道支撑下部，支护为悬臂结构

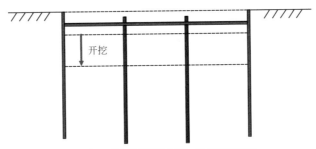

(2) 架设第一道支撑后开挖至第二道支撑的下部

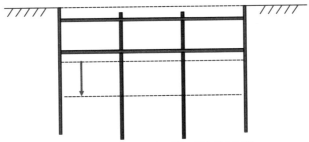

(3) 架设第二道支撑后开挖至第三道支撑的下部

图 5.3-20　施工过程（一）

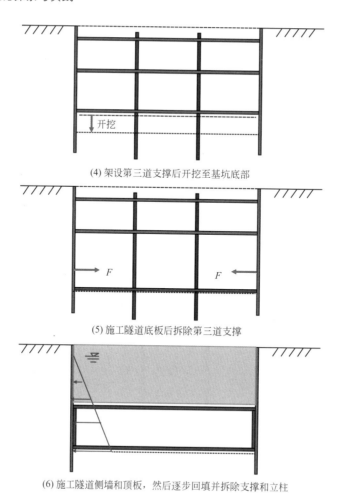

(4) 架设第三道支撑后开挖至基坑底部

(5) 施工隧道底板后拆除第三道支撑

(6) 施工隧道侧墙和顶板,然后逐步回填并拆除支撑和立柱

图 5.3-20　施工过程（二）

　　其实每一个施工阶段,其受力的结构体系都是不同的,每一层支撑开始受力的时间也是先后不同的,以第三层支撑为例,土方开挖到第三层支撑架设前,该支撑是没有受力的,只有架设后开挖最后一层土方时,第三层支撑才开始受力。因此,要考虑整个施工过程支护和支撑的受力,则必须要分步计算,为此作者当时提出增量计算法,计算过程如图 5.3-22 所示,其把每一个施工过程作为一个增量步进行计算,每一个增量步计算的内力、位移进行叠加,即得到最后结果。这一算法后来发表于《建筑结构》1994 年第 8 期。

　　错误的模拟方法: 通常一些书里介绍的模拟施工过程的方法（图 5.3-21）是错误的。例如若其最后一层支撑架设后没有开挖,不考虑蠕变情况,则支撑此时是不受力的,但如按此图计算,则该支撑要承担不少力。

　　如果按照增量计算法,则此时没有新的荷载增量,此支撑是不受力的。

　　图 5.3-23 是广州珠江隧道工程采用不考虑施工过程的全量法和考虑施工过程的增量法计算的墙体弯矩和支撑力的对比,可以看到,考虑施工过程的增量法计算结果曲线图与不考虑支撑过程的全量法计算结果曲线图存在较大的差别,增量法的弯矩较大,第三层的支撑力较小,只有 12.5t,而不考虑施工过程时的支撑力则为 52t。此处的全量法是没有考虑支撑设置前的变形,按图 5.3-6 的计算简图计算的结果。

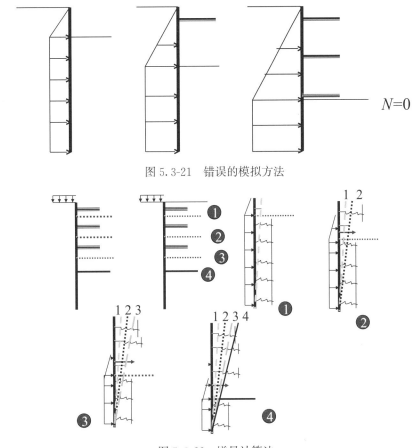

图 5.3-21　错误的模拟方法

图 5.3-22　增量计算法

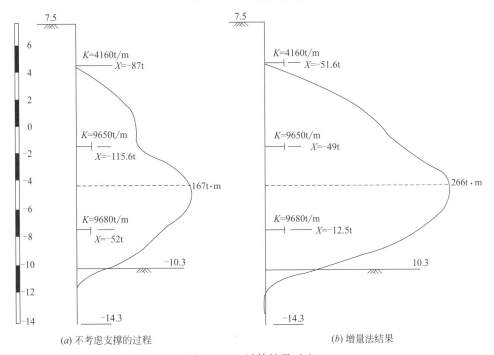

(a) 不考虑支撑的过程　　　　　　　　　(b) 增量法结果

图 5.3-23　计算结果对比

2. 嵌固深度的计算

传统方法：如图 5.3-24 所示的悬臂支护为例，其嵌固深度是由主动土压力和被动土压力水平平衡，同时绕支护底部转动达到平衡，由这两个平衡方程获得需要的嵌固深度 t，然后取 $1.2t$ 作为要求的嵌固深度。这种方法主要是保证力的平衡，不能获得位移值，即使这样，也有不足：

① 被动土压力的发挥，悬臂倾覆变形时，被动土压力可能不一定能全部发挥。

② 未考虑变形特点，有支点且踢脚变形时，被动土压力可能较好的发挥，悬臂可能不能，如图 5.3-25 所示。

③ 不能控制变形，不能计算变形，入土深度不仅要保证稳定，还要保证位移在控制范围。

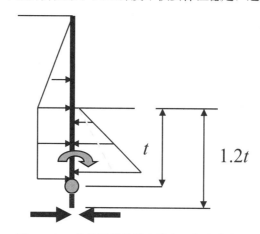

图 5.3-24 传统计算悬臂支护入土深度的方法

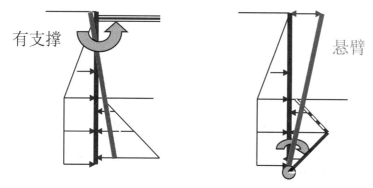

图 5.3-25 有支撑与悬臂结构受力差别

（1）嵌固深度问题

嵌固深度问题应该要根据稳定和变形控制确定比较合理，目前主要问题是遇到软土太深、岩石太深，规范要求不合理。

如某规范要求嵌固深度一般情况下宜：① 悬臂：$\geqslant 0.8h$；② 单支点：$\geqslant 0.3h$；③ 多支点：$\geqslant 0.2h$，h 为基坑深度。

但这些要求应该与工程场地的地质条件有关联，不宜一刀切，如不少岩石基坑支护就用吊脚桩，并没有进入基坑底以下。

如图 5.3-26 所示的某基坑支护方案，基坑深度 9.6m，两层预应力锚索，开始时计算嵌固深度 11m。嵌固深度太深，建议优化，于是减为 8m，还可以优化，最后减为 5m，如图 5.3-27 所示。

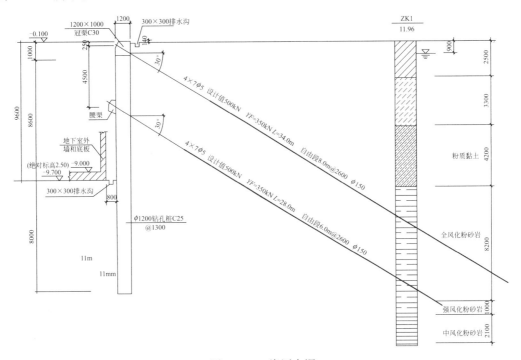

图 5.3-26　嵌固太深

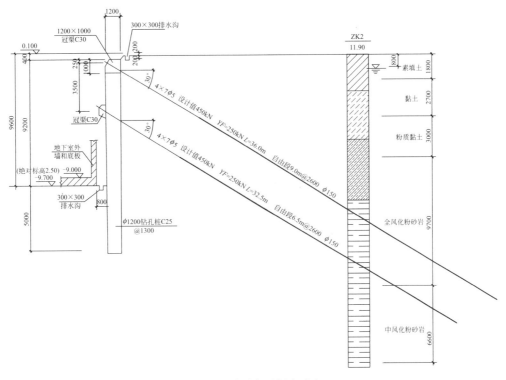

图 5.3-27　最后嵌固深度减为 5m

广州地铁针对广州地质特点，建议了表 5.3-1 的嵌固深度经验值。

嵌固深度经验值（单位：m）   表 5.3-1

微风化	中风化	强风化	全风化	硬土
1.5	2.5	3.5	4.5	5.5

某车站深基坑，如图 5.3-28 所示，基坑深度 26m，嵌固深度 26m，嵌固深度与基坑深度达到 1∶1，而嵌固深度段超过 20m 都已是非软土的粉质黏土层，显然没有必要。工程采用地下连续墙支护，7 层支撑，地下连续墙总深度达 52m，钢筋笼吊装也不容易。

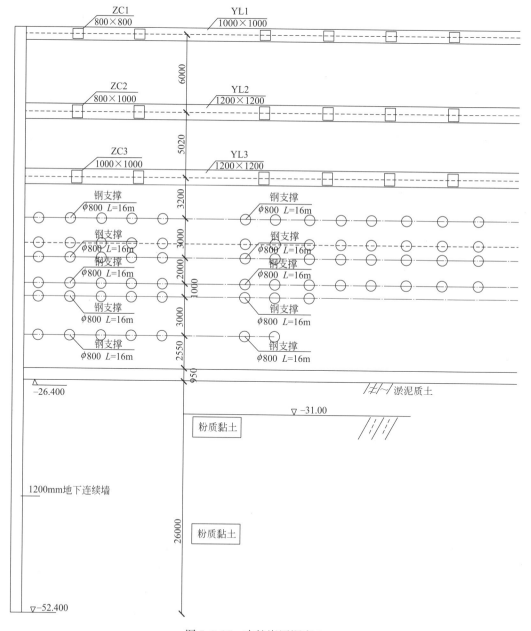

图 5.3-28 支护嵌固深度 26m

图 5.3-29 为一个残积土地质条件下的桩锚支护，支护桩直径 800mm，间距 1100mm，4 排预应力锚索，基坑深度 13.8m，嵌固深度 12m，显然嵌固深度太大，没有必要。同一个基坑，另一个剖面采用的是土钉支护，如图 5.3-30 所示，地基承载力足够，无需所谓的嵌固深度。可见，若对嵌固深度的确定认识不够，会造成设计方案嵌固深度偏大，不仅浪费，还增加施工困难。

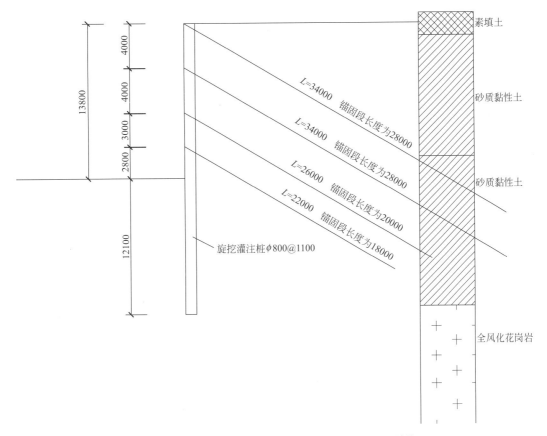

图 5.3-29　残积土层支护嵌固深度 12m，嵌固深度过大（单位：mm）

（2）增量应力转移法确定嵌固深度（杨光华，第六届全国土力学大会论文集，1991.6，上海）

那么如何合理确定支护的嵌固深度呢？应该通过稳定和变形的计算确定才比较合理。杨光华 1991 年采用其提出的增量法来计算嵌固段的稳定性系数和支护的位移。

以悬臂支护结构为例，如图 5.3-31 所示，红线表示被动土压力包络线，白线表示嵌固段的土体反力，在基坑底面附近，土体反力超过了被动土压力，该区为屈服区，超过部分土体不能承担，把超过被动土压力部分的反力作为增量外荷载，反向作用于支护结构上，如图 5.3-31（b）所示，屈服区土弹簧刚度取为零。在这一增量荷载作用下，支护结构位移增加，基坑底面以下土体抗力分布如图 5.3-31（c）所示。再把超过被动土压力部分的土体抗力作为增量外荷载，按增量法，进一步计算，最后得到支护的位移为图 5.3-31（f）中最外侧的线。此时，如果基坑底面以下土体抗力都没有超过被动土压力，则迭代计算停止，这时支护是稳定的，满足稳定，同时也得到了此时支护结构的位移，如果位移值

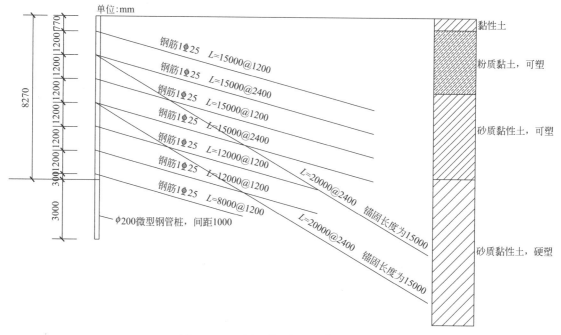

图 5.3-30　土钉不用嵌固（单位：mm）

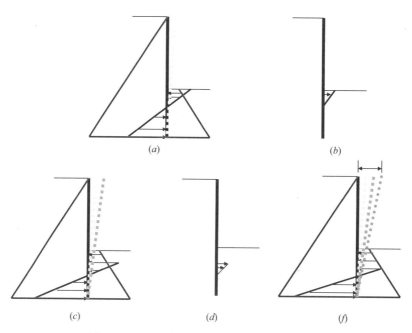

图 5.3-31　增量应力转移法确定支护嵌固深度

也满足控制要求，则这样的嵌固深度是安全的。当然为了保证一定的安全裕度，可以按被动土压力大于土体抗力的一定倍数来控制，相当于有一个安全系数来保证。

3. 预应力支护结构的计算

为更好地利用支护中的支撑或锚索，通常会施加预加力或预应力，以更好地发挥支护效果，预应力主要有三个方面的作用：①减少位移；②提高支撑作用；③改善支护结构内力。

但如何计算预应力的作用？如何计算支护结构内力值？

预应力施加多大合理？有些规范规定加设计值的 70%～80%，实际情况如何？

加不同的预应力，效果会有什么不同，实际上施加多大的预应力应该通过计算而确定，如何计算预应力的作用，杨光华在《建筑结构》1996（4）期发表了计算方法。

（1）预应力的作用

1）减少支护的位移。如图 5.3-32 所示，但预应力太大时，也可能会使位移向基坑以外。如果是多层锚索或支撑，则越靠上面的锚索施加预应力，对减少位移效果越显著。

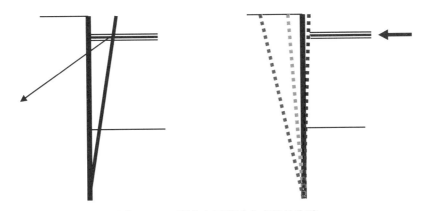

图 5.3-32　预应力可以减少支护的位移

2）提高支撑或锚索的作用。如图 5.3-33 所示，支护的位移一般是上部大，下部小，而支撑或锚索如果没有预加力，主要是靠支撑被动受力压缩变形产生的反力提供支撑，这样下部变形小，增量变形更小，要发挥下部支撑的承载能力的作用则可以通过施加预加力来实现。另一方面，锚索通常是强度大，刚度小，仅通过自身变形提供的抗力小，要发挥其作用可以通过施加预应力实现。

3）改善支护结构内力。一般多支撑或多锚支护结构其最大弯矩在支护的中下部位置，如果对弯矩较大部位的支点施加预加力，则可以减少最大弯矩，改善结构受力，如图 5.3-34 所示。

（2）增量法计算支撑预加力

施加预应力或预加力可以作为一个荷载增量步，按增量法计算预应力的作用（杨光华，建筑结构，1996.04）。如图 5.3-35（a）所示，假设对第一层支撑施加一个预应力，

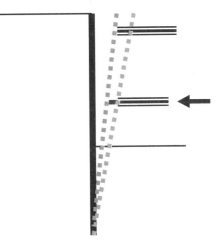

图 5.3-33　施加预应力可以更好发挥支撑的作用

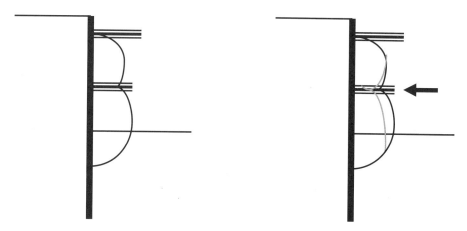

图 5.3-34 在弯矩大的中下部施加预应力可以减少支护的弯矩

按增量法，其计算过程为：第一步，基坑开挖到支撑底，按悬臂支护计算，如图 5.3-35（b）所示；第二步，架设支撑，施加预加力，此时的荷载增量为预加力，相当于弹性地基梁受预加力的作用，土体弹簧为挡土侧，计算简图如图 5.3-35（c）所示；第三步，继续往下开挖，这一增量步的增量荷载和计算简图如图 5.3-35（d）所示，增量荷载为两部分，增量主动土压力和这一步挖掉的土弹簧在这之前存在的抗力反向作为荷载，同时要注意这一步基坑外侧的土弹簧由于在上一步的预加力作用下存在抗力，这一步计算时要考虑只有其出现拉力时才能消除，可能需要进行迭代计算，如图 5.3-36 所示。这三个增量步计算结果的叠加，就是最后的内力和位移。

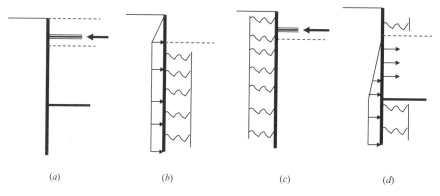

(a)   (b)   (c)   (d)

图 5.3-35 预加力的增量计算法

某深基坑支护如图 5.3-37 所示，基坑深约 21m，嵌固深度 7m，开挖深度内处于强风化花岗岩层，支护采用排桩方案，直径和桩距为 1200@1800，设 5 层预应力锚索，前面 4 层锚索抗拉设计值为 500kN，预加力为 400kN，第 5 层锚索抗拉设计值为 450kN，预加力为 360kN。实际设计采用了 6 层锚索，计算结果如图 5.3-38 所示，桩顶位移已向基坑外侧，向基坑外侧最大位移约 20mm。

存在的问题：位移往基坑外侧过大；结果不合理，弯矩过大。

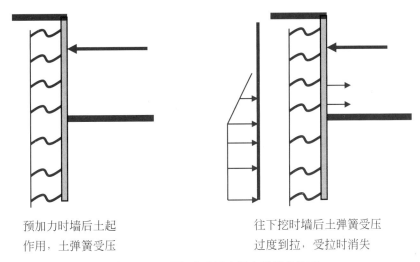

预加力时墙后土起
作用，土弹簧受压

往下挖时墙后土弹簧受压
过度到拉，受拉时消失

图 5.3-36　预加力后挡土侧土弹簧的处理

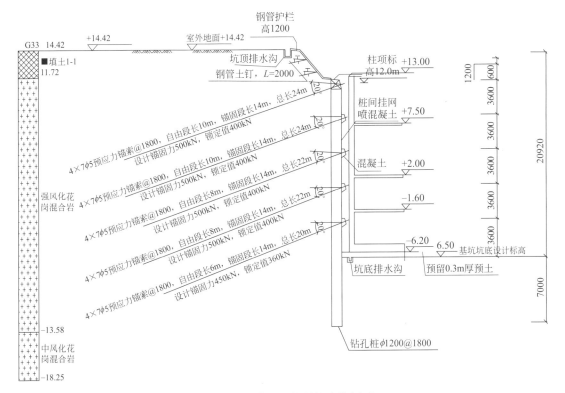

图 5.3-37　某工程深基坑支护剖面

采用作者编的增量法计算程序计算结果如图 5.3-39 所示，支护桩弯矩很小，如果采
用三层锚索，支护桩计算的位移和弯矩等如图 5.3-40、图 5.3-41 所示，最大桩身弯矩
650kN·m，最大桩身位移 12mm，嵌固段土体抗力远小于被动土压力，可见，完全可以
把 6 层锚索改为 3 层锚索。关键是如何正确计算预加力的作用。

工况13--开挖(20.32m)

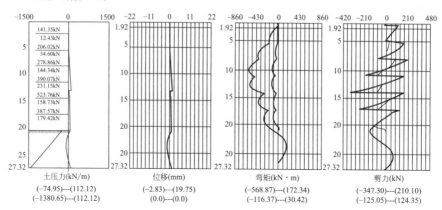

内力位移包络图

包络图

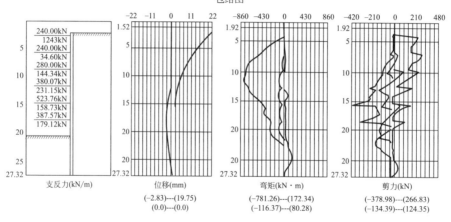

图 5.3-38　计算的位移弯矩图

[内力取值]

段号	内力类型	弹性法计算值	经典法计算值	内力设计值	内力实用值
1	基坑内侧最大弯矩(kN·m)	781.26	116.37	913.09	913.09
	基坑外侧最大弯矩(kN·m)	172.34	80.28	201.42	201.42
	最大剪力(kN)	378.98	134.39	521.10	521.10

　　为了对比，图 5.3-42 为 1994 年的广州亚洲国际大酒店的深基坑支护开挖到底后的全景，该基坑深约 20m，支护桩嵌固深 5m，南侧三排锚杆，北侧一排锚杆，南侧的地质和支护剖面如图 5.3-43 所示，显然，地质条件比前面的强风化花岗岩还要差，设三层直径 40mm 的锚杆，最后位移 4cm。

　　4. 增量法模拟计算拆支撑

　　拆支撑的模拟计算用增量法很容易实现，假设条件如图 5.3-44 左边第一幅图所示，已做好底板和侧墙，拆除第二层支撑，这时的增量荷载为把第二层支撑的力反向作用于支

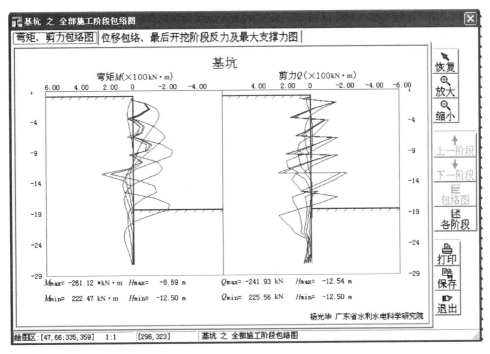

图 5.3-39　6 层锚索时剪力弯矩图

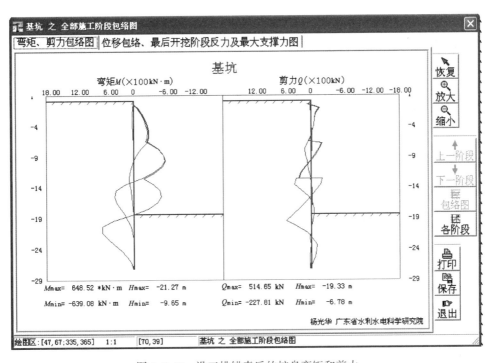

图 5.3-40　设三排锚索后的桩身弯矩和剪力

护上作为荷载，底板作为支撑，保留其他弹簧支承，计算简图如图 5.3-44 右侧图所示，把这一计算结果叠加上一步的结果，即为拆完支撑后的结果。

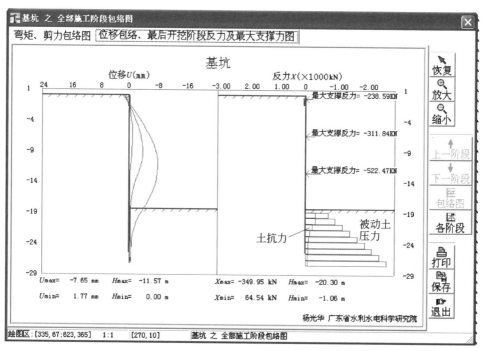

图 5.3-41　设三排锚索后支护桩的位移、锚索力和嵌固段的抗力
（基坑底下红线为土抗力，绿线为被动土压力）

图 5.3-42　广州亚洲大酒店全景
（1994，挖深约 20m，锚杆少，设计先进）

5.土体的弹簧刚度计算问题

（1）规范 m 法

土体的弹簧刚度计算：

$$k_s = k_h bh \tag{5-1}$$

$$k_h = m(z-h) \tag{5-2}$$

式中　k_s——土弹簧刚度（kN/m）；

190

k_h——地基土水平向基床系数（kN/m^3）采用 m 法确定，m 为土的水平抗力系数的比例系数（kN/m^4），z 为土弹簧离地面的深度（m），h 为当时基坑底离地面的深度，如图 5.3-45 所示；

b——土弹簧计算的水平间距（m）；

h——土弹簧计算的垂直间距（m）。

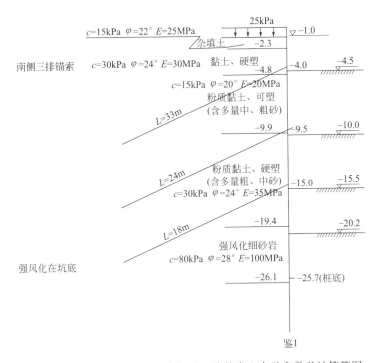

图 5.3-43　亚洲大酒店基坑南侧鉴 1 孔的岩土力学参数及计算简图

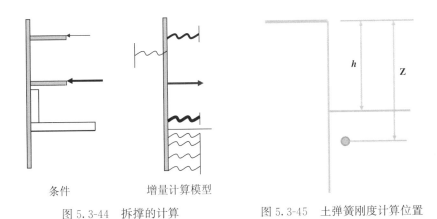

图 5.3-44　拆撑的计算　　　　图 5.3-45　土弹簧刚度计算位置

行业标准《建筑基坑支护技术规程》JGJ 120—2012 经验公式：

$$m = \frac{0.2\varphi^2 - \varphi + c}{v_b} \tag{5-3}$$

其中，v_b 为挡土结构在坑底处的水平位移（mm），当此处的水平位移不大于 10mm

时，可取 $v_b=10mm$。

思考： ① 软土 $v_b>10mm$ 时 m 值如何取？软土地基一般大于 10mm，一般 30～50mm 或更大，这时 m 值更小？如珠江三角洲软土指标通常为：$c=6kPa$，$\varphi=4°$，取 $v_b=10mm$ 时，$m=0.52$，如果取 $v_b=30mm$ 时则 $m=0.17$，取 $m=0.17$ 计算，可能位移更大，m 值会更小，这时要迭代计算吗？②岩石地基 m 值偏小。即使按 $v_b=10mm$ 计算，岩石的 m 值也是偏小。

所以规范这个经验公式在很硬和很软的岩土条件下还需要修正。

（2）用土的变形模量来计算土的弹簧刚度

广东水科院陆培炎提出用弹性力学的 Boussinesq 解来确定土弹簧刚度：

$$K=\frac{bE_0}{(1-\mu^2)\omega} \tag{5-4}$$

式中，E_0 为土的变形模量；b 为支护桩直径或计算单元宽度，相当于垂直距离 $h=1m$；μ 为土的泊松比；ω 为几何形状系数。

采用 m 值或变形模量 E_0 确定土弹簧刚度在一般情况下结果比较接近，除了很软和很硬岩土。对于岩石可以用变形模量 E_0。用变形模量可以结合前面第 2 章的切线模量法（杨光华）进行非线性的考虑。

6.增量法研究土压力

图 5.3-46　土压力三角形分布

（1）传统方法研究土压力

1）土压力经典理论

目前采用的经典理论研究土压力方法：如朗肯、库仑土压力，土压力分布为三角形，如图 5.3-46 所示。

2）土压力经验法

① Terzaghi-Peck 表观经验

Terzaghi-Peck 早期通过现场实测的总结，提出了一套计算支撑力的表观经验土压力，如图 5.3-47 所示，支撑力采用非常简单的 1/2 分割法计算，如图 5.3-47 最右边一幅图所示。显然，这种经验土压力与传统的朗肯土压力模式不同，但它们不是同一个概念，后面会用增量法来研究。

② 日本规范

同样，日本也提出了一套经验研究土压力模式，如图 5.3-48 所示，其与 Terzaghi-Peck 经验法类似，但更细化。

图 5.3-49 所示为一篇文章对传统朗肯土压力在深基坑应用的疑问："从本次实测轴力结果可以看到，支撑的受力情况与理论计算有较大的差距，第三道支撑的轴力并不像预估的那样比第二道支撑的轴力大得多。这似乎说明主动土压力的分布与假设（朗肯土压力理论）不一致。"

存在问题：理论计算与实际测试结果两者不一样，哪一个是对的？这个问题值得研究。

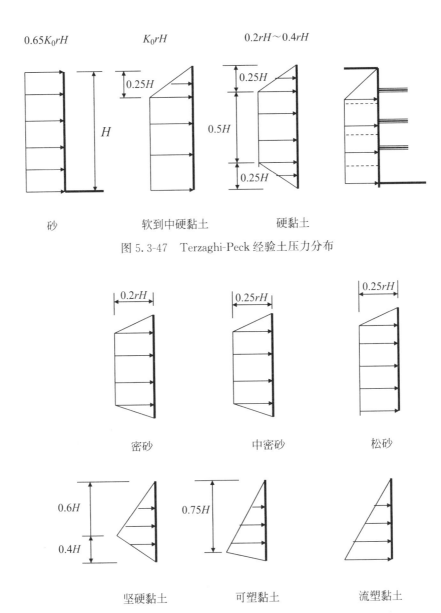

图 5.3-47　Terzaghi-Peck 经验土压力分布

图 5.3-48　日本规范的经验土压力

（2）增量法应用于土压力的研究

假设用经典的朗肯理论土压力作用于结构上，用增量法模拟施工过程，计算得到支撑力，将支撑力除以支撑代表的面积化为分布力作用于结构上，与经验的表观土压力进行比较，见图 5.3-50 和图 5.3-51。

由图可见，增量法计算的支撑力变成面力后，其分布形状接近于经验土压力，这就说明，所谓的经验土压力其实并不是用土压力盒去实测的土压力，而是用支撑力反计算的分布力。由以上增量法可见，支撑的力是与施工过程有关的，例如上面文章所说的，第三道支撑力为什么没有比第二道支撑力大很多呢？是因为第二道支撑比第三道支撑先受力，自然第二道支撑分担的荷载比第三道的多，这就是施工过程的影响。经验土压力其实反映了轴力明显降低，后期甚至低于预加轴力 200kN 以上。这表明，支护桩顶部由开始向坑内位移逐渐转向坑外变形的特征。这与桩体位移的测斜资料是一致的。

（4）从本次轴力实测结果可以看到，支撑的受力情况与理论计算有较大的差距。第三道支撑的轴力并不象所预估的那样比第二道支撑要大得多，这似乎说明主动土压力的分布与假设（朗肯土压力理论）不一致，由于没有实测土压力分布，难以作进一步分析。

6 支护桩变形

6.1 顶部水平位移

支护桩顶部水平位移是通过在锁口圈梁内侧的测点用经纬仪进行观测的。观测结果表明，在基坑开挖深度小于 6.0m 时，支护桩顶部向坑内变形，最大水平位移为 15mm，发生在基坑长向的中段。基坑短向的水平位移较均匀，发

本工程通过布设各种观测点 117 表、墙体、管线沉降进行连续观测，对周裂缝、损坏情况进行调查，持续 5 个月。果表明，开挖 10m 以上软土深坑所产生影响均在安全范围。

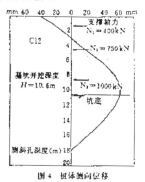

图 5.3-49 某工程轴力测试结果

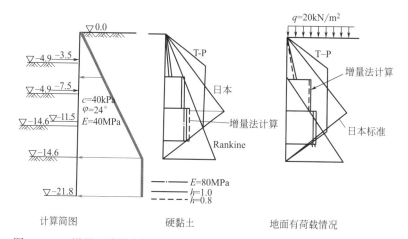

图 5.3-50 增量法计算支撑力，转化成面力与朗肯土压力和经验土压力比较

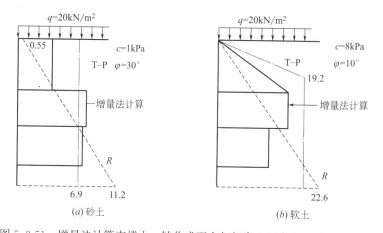

(a) 砂土　　　　　　　　　　　(b) 软土

图 5.3-51 增量法计算支撑力，转化成面力与朗肯土压力和经验土压力比较

施工过程对支撑力的影响，相对较符合实际，但实际情况远比经验土压力复杂，还有多层土、支撑刚度、支护入土深度不同等都有影响，经验土压力不能很好反映，用增量法计算则可以全面的考虑。

5.3.3　小结

（1）Terzaghi-Peck 经验土压力是支撑分布力，是考虑施工过程得到结果的经验方法；

（2）用朗肯土压力，采用增量法计算，是更科学合理的方法！

（3）规范中弹性支点法

① 求解方法：弹性地基梁杆件有限元法；

② 考虑施工过程受力用支撑减去设支撑前的位移来考虑；

③ 是一种全量法，计算概念没有增量法简单清晰。

5.4　新的主动和被动土压力计算理论

5.4.1　工程实测土压力情况

表 5.4-1 是有关学者统计的国内一些基坑支护桩实测的钢筋应力和位移情况，由表可见，钢筋应力很小，一般钢筋设计强度可以用到 300MPa，富裕度还比较大。

国内部分深基坑支护结构及实测数据情况表（1990 年前）　　表 5.4-1

工程名称	基坑深度（m）	桩径（mm）	桩类型	实测钢筋应力(MPa)	桩顶位移(mm)	土基主要土类
北京医院急诊楼	8.4	φ800	悬臂	27.0	10	亚黏
中国银行北京分行	10.5	φ800	悬臂	33.4	46	亚黏、亚砂
北京邮政枢纽	10.5	φ800	悬臂	27.5	31	亚黏、粉细砂
岭南饭店	8.5	φ800	悬臂	14.5	—	亚黏
深圳国商地下车库	8.5	φ800	悬臂	200.0	90	软土
西直门消防中心	10.5	φ800	加锚杆	27.5	19	亚黏
金朗大酒店	13.0	φ1000	加锚杆	60.0	—	亚黏、粉细砂
新世纪大厦	12.0	φ800	加锚杆	20.0	30	亚黏砂
北京隆福大厦	9.6	φ500	加锚杆	50.0	—	亚黏、粉细砂
新世纪饭店	14.0	φ800	加锚拉桩	37.6	6.5	亚黏、细粉砂
方庄芳城园 6 号楼	9.8	φ600	双排	27.0		亚黏、亚砂
新侨饭店	14.0	φ800	加锚杆	—	5.6	亚黏、亚砂
北纬饭店	11.0	φ600	加锚杆	10.5	4.0	亚黏、亚砂
建研院主楼	10.5	φ800	悬臂	—	2	亚黏
北京纺织局营业楼	5.4	φ500	悬臂	—	4.2	亚黏

表 5.4-2 为北京两个工程的计算弯矩与实测结果的比较，认为实测弯矩为计算的 50%～60%，计算值偏大，当然与采用的计算参数和土压力值有关。因此，他们认为采用等值内摩擦角计算出来的土压力来计算弯矩比较合适。图 5.4-1 为这两个工程的基坑剖面

示意图。图 5.4-2 为某工程支护桩计算弯矩与实测弯矩的比较，计算弯矩值较大。

用 φ_D 为参数与原设计及实测弯矩比较　　　　　　表 5.4-2

工程名称	原设计最大变矩（kN·m）		用等值内摩擦角 φ_D 计算最大弯矩(kN·m)		以 φ_D 为参数为原设计(%)		实测为原设计的（%）
北京医院急诊楼工程	1032		627.3		60.8		30～58
北京邮政枢纽工程	东面	西南面	东面	西南面	东面	西南面	50～60
	2328.5	1825	1402.2	1020.5	60.2	56	

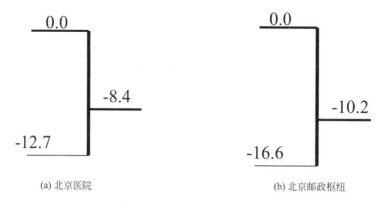

(a) 北京医院　　　　　　　(b) 北京邮政枢纽

图 5.4-1　北京两个工程的基坑

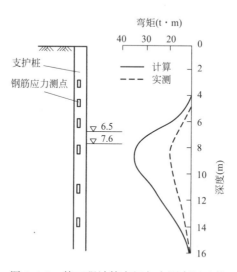

图 5.4-2　某工程计算弯矩与实测弯矩比较

5.4.2　土压力理论探讨

朗肯土压力或库仑土压力都是基于直线破坏面的平衡条件而推导得到的，对于黏土，一般认为破坏面是曲线面。因此，杨光华研究了曲线破坏面推导出新的土压力公式。

以图 5.3-3 的参数来做一个比较。计算 B 点的主被动土压力，按朗肯理论，计算主动

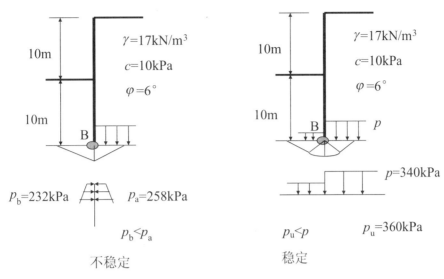

图 5.4-3　曲线破坏面与直线破坏面的承载力比较

土压力为 $p_a = 258\text{kPa}$，大于被动土压力 $p_b = 232\text{kPa}$，则该点是不稳定的，但如果用 Prandtl 承载力理论计算 B 点的承载力，则其极限承载力 $p_u = 360\text{kPa}$，大于土体作用于该处的自重荷载 $p = 340\text{kPa}$。因此，按 Prandtl 地基承载力认为该点是稳定的。这样，如果按 Prandtl 破坏面推导，可以得到一种新的土压力理论。

5.4.3　Prandtl 滑动面土压力理论及其应用

如图 5.4-4 所示，按照 Prandtl 滑动面，取主动侧和被动侧的脱离体进行力的平衡分析，就可以得到新的土压力公式。

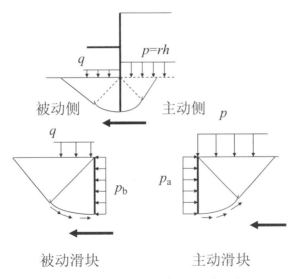

图 5.4-4　Prandtl 滑动面土压力理论

1. 新土压力公式

主动土压力：
$$p_a = \gamma H K_{ap} - c K_{ac} \tag{5-5}$$

被动土压力：
$$p_b = \gamma H K_{bp} + c K_{bc} \tag{5-6}$$

197

2. 与经典土压力理论比较

（1）与朗肯土压力公式比较

主动土压力：
$$p_a = \gamma H K_a - 2c\sqrt{K_a}$$
$$Ka = \tan^2\left(45° - \frac{\varphi}{2}\right)$$

被动土压力：
$$p_b = \gamma H K_b + 2c\sqrt{K_b} \qquad K_b = \tan^2\left(45° + \frac{\varphi}{2}\right)$$

两个公式形式一样，只是土压力系数不同[10,18]。

（2）与库仑土压力公式比较

1）主动土压力比较

对于砂土，与库仑土压力公式比较如表5.4-3所示，库仑公式考虑了土墙间的摩擦角与砂的内摩擦角相同，新主动土压力稍大于库仑土压力，用于设计偏安全。

主动土压力与库仑公式比较 （$c=0$，$\delta=\varphi$）　　　　表5.4-3

$\varphi(°)$		10	20	30	40
K_{bq}	新公式	0.646	0.422	0.273	0.172
	库仑公式	0.633	0.418	0.28	0.184

注：δ 为墙、土间摩擦角；φ 为土的内摩擦角。

2）被动土压力比较

被动土压力与库仑公式比较如表5.4-4所示，可见新被动土压力小于库仑被动土，尤其 $\varphi > 30°$ 时，库仑土压是偏大的。

与库仑公式比较 （$c=0$，$\delta=\varphi$）　　　　表5.4-4

φ		10°	20°	30°	40°
新公式	K_{bq}	1.6	2.7	5.03	11.0
库仑公式	K_{bk}	1.73	3.52	10.1	92.6

结论：新土压力公式比库仑土压力公式安全。

3. 与苏联规范比较 （$\delta=\varphi$）

被动土压力系数比较结果如表5.4-5所示，与苏联规范采用的结果（$\delta=\varphi$）基本相同。朗肯土压力、库仑土压力和新的土压力比较如图5.4-5所示，由图可见，新土压力介于两种传统土压力之间。

与苏联规范比较　　　　表5.4-5

φ		15°	20°	25°	30°
K_{bq}	新公式	2.06	2.70	3.63	5.03
	规范	2.06	2.70	3.63	5.03
K_{bc}	新公式	3.94	4.67	5.63	6.97
	规范	3.96	4.67	5.64	6.98

4. 工程计算对比

表5.4-6、表5.4-7表示新土压力对北京两个工程计算的结果比较。由表可见，用朗

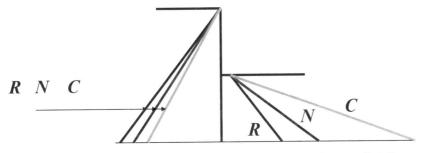

图 5.4-5　朗肯土压力（R）、库仑土压力（C）和新土压力（N）的比较

肯土压力计算的弯矩接近原设计的计算弯矩，而新土压力计算的弯矩则接近实测值。

用 φ_D 为参数与原设计及实测弯矩比较　　　　　　　　　　表 5.4-6

工程名称	原设计最大变矩（kN·m）		用等值内摩擦角 φ_D 计算最大弯矩(kN·m)		以 φ_D 为参数为原设计的（%）		实测为原设计的（%）
北京医院急诊楼工程	1032		627.3		60.8		30～58
北京邮政枢纽工程	东面	西南面	东面	西南面	东面	西南面	50～60
	2328.5	1825	1402.2	1020.5	60.2	56	

新土压力理论计算与实测弯矩比较　　　　　　　　表 5.4-7

工程名称	原设计最大弯矩（kN·m）	与实测最大弯矩较接近的等值内摩擦角方法	按朗肯土压力计算的最大弯矩(kN·m)	按新的土压力计算的最大弯矩(kN·m)
北京医院	1032	627	912	592
北京邮政枢纽	1825	1020	1893	1002

　　北京西单国际大厦工程应用杨光华提出的新土压力理论进行设计，在确定护坡桩入土深度、锚杆层数及计算弯矩等方面不但取得了经济的效果，而且缩短了工期，还同样保证了护坡安全。经测算，工程造价上比采用朗肯理论的结果大约节省了整个工程造价的 8%（约 20 万元），工期上大约缩短了 1/4（约 15 天）。

　　朗肯理论可能证明极为不安全，这就说明了杨光华理论的可用性，经济性和安全性。这两个支护工程在锚杆受最大力期间，未经受地下水、雨季、冬季冻胀等不良条件的考验，也就是说，它们还不能绝对有效地证明杨光华理论的安全性，这还需要试验去验证。

结论：

（1）一般用杨光华理论计算主动土压力比朗肯理论经济，并且施工上也节省工期。

（2）经过西单国际大厦基坑支护的实践，以及通泰大厦和汉威大厦深基坑实际支护情况的安全性稳定性验算、证明杨光华理论的可行性，并且他也指出他的结果在某些方面与苏联规范一致。

5.新土压力公式总结

（1）从 Prandtl 滑动面推导了新土压力公式；

（2）新土压力公式形式同朗肯公式；

（3）新土压力介于朗肯与库仑土压力之间；

（4）新土压力理论可用并且比朗肯土压力理论节省！比库仑土压力理论安全。

5.5 土钉支护的研究

土钉支护的优势：造价低！不到桩锚支护费用的 50%，广州 2005 年应用覆盖率 70%。

设计理论遇到的困难问题：（1）土钉力的计算问题；（2）土钉支护的位移计算问题。

图 5.5-1～图 5.5-3 是两个土钉支护施工时的情况。

图 5.5-1　荔湾大厦土钉开挖到底

图 5.5-2　土钉施工：土质好，可直挖

图 5.5-3　天河又一城土钉支护施工

5.5.1 土钉力的增量法计算

1.土压力分布形式

理论土压力与经验土压力的分布形式存在差别：土钉力的计算一般是按土钉所在位置的土压力乘以土钉分担的面积。早期的基坑规范用朗肯土压力计算，这样，越下面的土钉承受的土压力越大，计算的土钉力就越大，土钉规程则采用了 Terzaghi-Peck 的表观经验土压力，如图 5.5-4 所示。

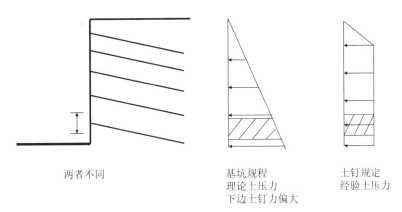

两者不同　　　　　　基坑规程　　　　　土钉规定
　　　　　　　　　　理论土压力　　　　　经验土压力
　　　　　　　　　　下边土钉力偏大

图 5.5-4　土钉力的计算

实测土钉力沿深度的分布如图 5.5-5 所示，呈现中间大，上下小的规律。因而也有把土压力简化为如图 5.5-5（b）所示的梯形形状来计算土钉力。

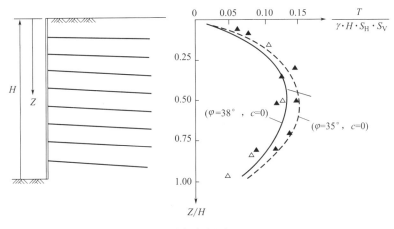

(a) 土钉内力分布
T—量大拉力；S_H—水平间距；S_V—垂直间距

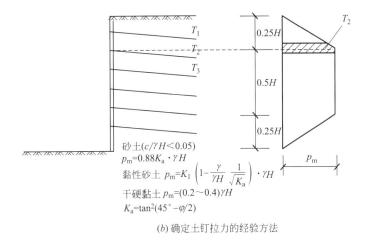

砂土($c/\gamma H < 0.05$)
$p_m = 0.88 K_a \cdot \gamma H$
黏性砂土　$p_m = K_1 \left(1 - \dfrac{\gamma}{\gamma H} \dfrac{1}{\sqrt{K_a}}\right) \cdot \gamma H$
干硬黏土　$p_m = (0.2 \sim 0.4)\gamma H$
$K_a = \tan^2(45° - \varphi/2)$

(b) 确定土钉拉力的经验方法

图 5.5-5　实测土钉力沿深度的分布

实际上土钉力沿深度的分布除了与土质因素有关外，还和施工过程有关，跟支撑受力一样。

计算土钉力的土压力采用朗肯土压力的三角形分布形式与实际不符，经验土压力可以用但对于分层土则不适用。

2. 土钉力的增量计算法

土钉力与施工过程有关。如图 5.5-6 所示，最后一根土钉如果是开挖到基坑底后施工的，也即土压力已经释放完了，则这一根是没有分担力的，但如果按照面积分配，甚至按照三角形分配，则最后一根土钉力可能是最大的，这是不合理的。要合理计算，还是像支撑力计算一样，采用能考虑施工过程的增量法会比较合理。如图 5.5-7 所示，杨光华提出了土钉力的增量法计算。施加第一排土钉时，必须先开挖到第一排土钉以下位置，此时土体是自稳的，施工第一排土钉，此时土钉没有产生力；进一步开挖到第二排土钉以下位置，此时产生不平衡土压力，此不平衡土压力只能由唯一已存在的第一排土钉承担；施工第二排土钉，如果不往下开挖，第二排土钉没有力产生，进一步往下开挖至第三排土钉以下位置，此时产生新的不平衡土压力增量，这一新的不平衡土压力增量由已经存在的第一排和第二排土钉分担，分配方法按照与增量土压力中心位置的距离分配，第二排距离近多分，第一排距离远少分；依次往下，计算各土钉分担的荷载叠加。

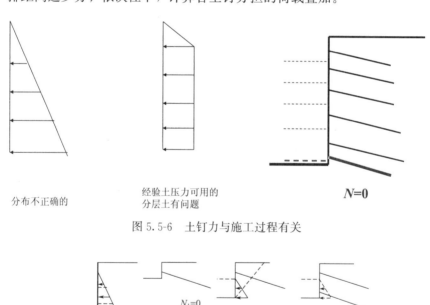

分布不正确的　　　　经验土压力可用的　　　　$N=0$
　　　　　　　　　　　分层土有问题

图 5.5-6　土钉力与施工过程有关

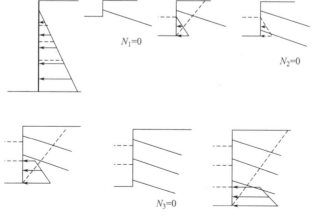

图 5.5-7　土钉力的增量计算法

这样，按增量法计算的土钉力，先发挥作用的土钉则多分担了一些荷载，实际用于分配的不平衡土压力还是朗肯土压力。按此方法计算的土钉力沿深度的分布如图 5.5-8 所示，显然是中间大，上下小，与上面图 5.5-5 实测结果一致。而如果用朗肯土压力按面积分配则会得到越往下土钉力越大的不合理结果。

3. 增量法土钉力计算实例

某工程的土钉支护按朗肯土压力面积分配法（旧规范方法）与增量法计算的锚杆轴力比较见图 5.5-8，可见增量法与实测结果接近且更合理。

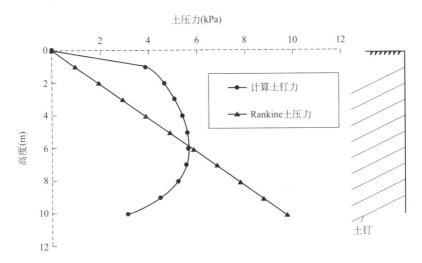

图 5.5-8　增量法计算的土钉力

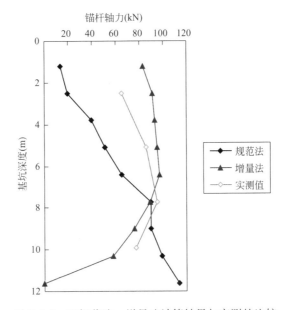

图 5.5-9　旧规范法、增量法计算结果与实测的比较

4. 土钉力的简化计算方法

增量法计算相对复杂一些，为方便工程应用，杨光华 2003 年提出了用等效总土压力的

简化方法[16]，即假设总的土压力是朗肯土压力，沿深度则采用经验土压力的分布形式来分配，可以求出各土钉力的大小，如图 5.5-11 所示，由总土压力相等，可以得到计算公式如下：

$$p_{\mathrm{m}} \times \left(\frac{1}{2} \times \frac{1}{4} \times H + \frac{3}{4} \times H \right) = p$$

$$p_{\mathrm{m}} = \frac{8}{7H}p \tag{5-7}$$

这样，就可以用图 5.5-10 右边的等效土压力，按面积分配各位置的土钉力。

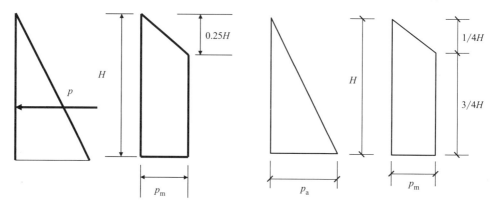

图 5.5-10　总土压力相等

对于均质土，由图 5.4-11 所示，得到平均土压力与朗肯土压力 p_{a} 关系：

$$p_{\mathrm{m}} = \frac{4}{7}p_{\mathrm{a}} \tag{5-8}$$

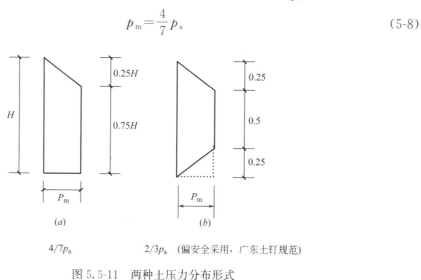

(a)　　　　　　　　(b)

$4/7p_{\mathrm{a}}$　　　　　$2/3p_{\mathrm{a}}$（偏安全采用，广东土钉规范）

图 5.5-11　两种土压力分布形式

对于坚硬土，如果土压力分布按图 5.5-12 (b) 的形式，则由总土压力相等得到：

$$\frac{1}{2}p_{\mathrm{m}} \times \frac{1}{4}H + p_{\mathrm{m}}\frac{3}{4}H = \frac{1}{2}p_{\mathrm{a}}H$$

$$2 \times \frac{1}{2} \times 0.25Hp_{\mathrm{m}} + 0.5Hp_{\mathrm{m}} = \frac{1}{2} \times 0.25Hp_{\mathrm{a}}$$

$$p_m = \frac{2}{3}p_a \tag{5-9}$$

三种方法土钉力计算比较如图 5.5-12 所示。

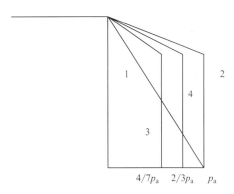

图 5.5-12　三种方法土钉力计算比较

1—建筑基坑规程（JGJ/20）；2—土钉规程（CECS 96）；3—土压力相等公式；4—广东省土钉规程（DBJ/T 15）建议公式

考虑一般土钉坡面有倾斜角，土钉入射也有倾角，这样土钉力计算按面积分配后按下式计算：

$$T_{jk} = \zeta p_{mj} S_{xj} S_{zj} / \cos\alpha_j \tag{5-10}$$

式中　ζ——墙面倾斜时的主动土压力折减系数；

α_j——第 j 层土钉的倾角（°）；

s_{xj}——土钉的水平间距（m）；

s_{zj}——土钉的垂直间距（m）。

5. 工程实例

广州金田广场地下室土层、土钉支护见图 5.5-13，各种方法计算的土钉轴力如图 5.5-14 所示。

图 5.5-15 为计算的各层土的土压力情况。用各种方法计算的土钉力与实测结果的比较如图 5.5-16 所示，可见土钉规程是偏保守的，$4/7p_a$ 公式（5-9）与实测最接近，$2/3p_a$ 公式（5-10）是偏安全的。

5.5.2　土钉支护的位移计算问题

土钉支护位移计算还没有好的方法，这里介绍的是一种简化的弹性力学估算方法[10]。

1. 简化弹性力学估算方法

由于开挖卸荷产生的沉降增量 s：

竖向应变：
$$\varepsilon_1 = \frac{\mu}{E}\Delta\sigma_3$$

$$\Delta s = \Delta h \cdot \varepsilon_1 = \Delta h \frac{\mu}{E}\Delta\sigma_3$$

$$s = \int_0^H \mathrm{d}s = \int_0^H \frac{\mu}{E}\Delta\sigma_3 \mathrm{d}h = \sum \frac{\mu_i}{E_i}A_{q_i} \tag{5-11}$$

式中，A_q 为土压力面积。

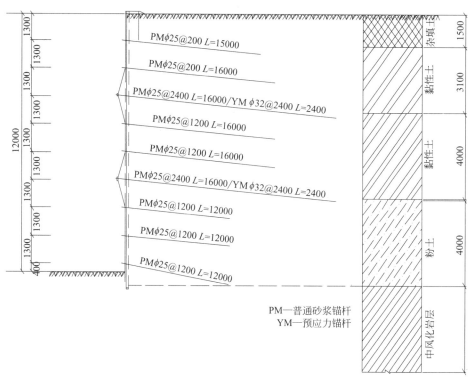

图 5.5-13　土钉支护剖面图

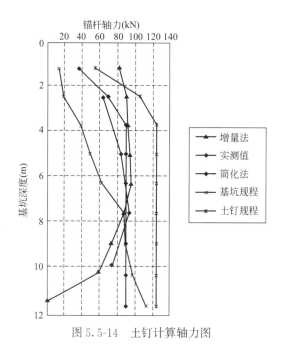

图 5.5-14　土钉计算轴力图

水平位移：

$$s_{\rm h} = \frac{s}{\mu} = \sum \frac{1}{E_i} A_{q_i} \tag{5-12}$$

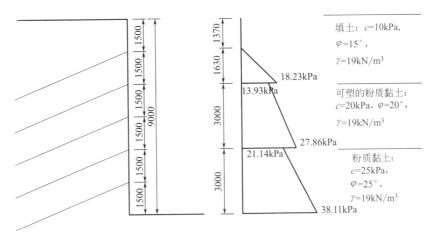

图 5.5-15　分层土土压力

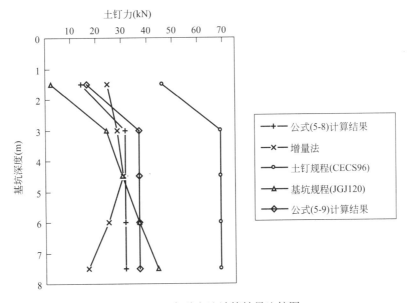

图 5.5-16　各种方法计算结果比较图

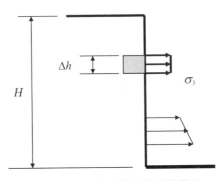

图 5.5-17　土钉支护位移计算模型

2.工程应用

金田广场基坑支护实测最大水平位移为 32mm，其支护剖面如图 5.5-13 所示。

计算过程：

取土层泊松比 $\mu = 0.35$

$$K_0 = \frac{\mu}{1-\mu} = 0.54$$

标贯击数可塑—硬塑土为 8～12 击，按 $N = 9$ 取值，

则变形模量 $E_0 = 2.5 \times 9 = 22.5$ MPa，土压力计算如图 5.5-18 所示：

$$p = (rh + q)K_0 = (19 \times 12 + 20) \times 0.54 = 133.9 \text{kPa}$$

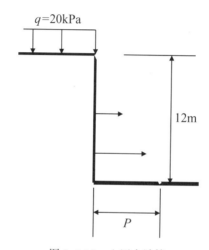

图 5.5-18　土压力计算

$$A_q = 0.5hp = 803.5$$

$$s_h = \frac{A_q}{E} = \frac{803.5}{22500} = 0.0357\text{m} = 36\text{mm}$$

实测值为 32mm，与计算值 36mm 接近。

5.6　发展与展望

1.未来发展的方向

（1）双排桩的未来发展：实用的荷载结构法计算理论还可以进一步发展完善。应该发展数值计算模型比较有前途，主要是参数的率定问题。目前软土双排桩实测位移较大于计算值，值得研究。

（2）拱形支护：环支撑、圆形支护的发展；这是一个比较好的受力结构，但实际工程的计算还是比较粗糙，应该完善计算方法。

（3）坑底下土压力计算问题。

（4）水土压力计算方式：合算？分算？半算？一般黏土合算，砂土分算，这两个目前有共识，但对于砂质黏土，像南方的残积土等，分算与合算结果差异大，还需研究。

（5）软土基坑底部稳定问题。当软土力学指标较低时，可能存在入土越深安全系数越

小的问题，还需要研究。

2.结论

（1）深基坑支护工程复杂，涉及岩土、结构，风险高，是一次性临时工程，需要控制造价与安全之间的平衡。

（2）增量法是我国首创的新算法，可以正确模拟施工过程，可用于合理确定入土深度、计算预应力、支撑拆除等复杂施工的受力，是目前先进有效的实用算法，已在工程中广泛应用。

（3）增量法解析了 Terzaghi-Peck 经验土压力：经验表观土压力是由于施工过程的影响而产生的支撑力，不是作用于挡土结构上的土压力，经典理论土压力在深基坑是可用的。

（4）基于曲线破坏的新土压力公式值得推广应用。

（5）提出土钉力计算的新算法，考虑到施工过程，可以采用增量法计算，简化方法中使用等效土压力，是一个实用的计算方法。

（6）中国深基坑工程在当今世界规模最大、形式多样，设计理论先进实用，目前已经建立了中国的深基坑支护计算理论体系，值得其他岩土分支参考。

主要参考文献

[1] 中华人民共和国行业标准.建筑地基支护技术规程 JGJ 120—2012 [S].北京：中国建筑工业出版社，2012.

[2] 中华人民共和国行业标准.建筑基坑工程技术规范 YB 9258—97 [S].北京：冶金工业出版社，2004.

[3] 中国工程标准化协会标准.基坑土钉支护技术规程 CECS 96：97.

[4] 广东省标准.土钉支护技术规程 DBJ/T 15—70—2009 [S].北京：中国建筑工业出版社，2009.

[5] 广东省标准.建筑基坑工程技术规程 DBJ/T 15—20—2016 [S].北京：中国城市出版社，2016.

[6] 广州市标准.广州地区建筑基坑支护技术规定 GJB 02—98

[7] 深圳市标准.深圳市基坑支护技术规范 SJG 05—2011 [S].北京：中国建筑工业出版社，2011.

[8] 陈忠汉，程丽萍.深基坑工程 [M].北京：机械工业出版社，1999.

[9] 杨光华.深基坑支护结构的实用计算方法及其应用 [M].北京：地质出版社，2004.

[10] 陆培炎.横向荷载下桩土共同作用的简化法 [J].广东水电科技，1991（1）：1-10.

[11] 杨光华.地下连续墙的入土深度问题 [C] //第六届全国土力学及基础工程学术会议论文集.北京：中国建筑工业出版社，1991.

[12] 杨光华、陆培炎.深基坑开挖中多撑或多锚式地下连续墙的增量计算法 [J].建筑结构，1994（08）：28-31＋47.

[13] 肖宏彬、蔡伟铭.多支撑挡土结构考虑开挖过程的计算分析方法 [J].港口工程，1992（5）：25-37.

[14] 杨光华.深基坑开挖中多支撑支护结构的土压力问题 [J].岩土工程学报，1998（6）：116-118.

[15] 杨光华、曾进群、李思平，等.基坑支护土钉力的简化计算法 [C] //中国土木工程学会第九届土力学及岩土工程学术会议论文集（下册）.北京：清华大学出版社，2003.

[16] 杨光华、黄宏伟.基坑支护土钉力的简化增量计算法 [J].岩土力学，2004（1）：15-19.

[17] 杨光华.深基坑支护及挡土结构中新的主动和被动土压力计算理论 [C] //高层建筑地下结构及基坑支护——中国建筑学会地基基础学术委员会 1994 年年会论文集.北京：宇航出版社，1994.

[18] 杨光华.深基坑开挖中预应力锚杆或预应力支撑支护结构的计算分析 [J].建筑结构，1996（4）：9-12.

［19］杨光华.深基坑支护结构的实用计算方法及其应用［J］.岩土力学，2004（12）：1885-1896＋1902.

［20］杨光华.土钉支护技术的应用与研究进展［J］.岩土工程学报2010，32（S1）：9-16.

［21］何颐华，杨斌，金宝森等.双排护坡桩试验与计算的研究［J］.建筑结构学报，1996（2）：58-66＋29.

［22］郑刚，李欣，刘畅，高喜峰.考虑桩土相互作用的双排桩分析［J］.建筑结构学报，2004（1）：99-106.

［23］杨光华，黄忠铭，姜燕，徐传堡，乔有梁，陈富强.深基坑支护双排桩计算模型的改进［J］.岩土力学，2016，37（S2）：1-15.

第6章　边坡分析的应力位移场方法

本章内容：

（1）滑坡灾害的严重性。

（2）传统极限平衡法难以满足发展的需要。

（3）应力位移场法：

　　　① 变模量强度折减法；

　　　② 局部强度折减法；

　　　③ 判断滑坡类型；

　　　④ 确定合理加固位置；

　　　⑤ 强度折减法与极限平衡法安全系数的差异；

　　　⑥ 塑性坡概念。

（4）结论

　　边坡问题是岩土工程的一个重要内容，传统边坡稳定的研究方法主要是极限平衡法，后来发展了有限元强度折减法，但主要目的还是求解传统方法的安全系数，还没有充分发挥数值方法的优势。边坡的稳定跟地基承载力一样，由变形到破坏应该有一个过程，研究这个过程，揭示过程的内在机理，对于认识边坡、治理滑坡将会有新的认识。

6.1　滑坡灾害的严重性

6.1.1　近期典型案例

1.深圳光明新区渣土场滑坡

2015.12.20 深圳渣土场滑坡造成 33 栋楼受损，73 人死亡，4 人失踪，经济损失 8.81 亿。因事故受到各种处分牵涉的人数达 110 人，部分人还受到刑事处理。

图 6.1-1、图 6.1-2 为当时新华网上发布的滑坡现场。图 6.1-3 为当时网上发布的渣土场滑坡前后的对比。

2.2015.11.13 浙江丽水山体滑坡，36 人遇难，滑坡现场如图 6.1-4、图 6.1-5 所示。

3.其他一些滑坡

图 6.1-6 为广东一个水库边坡的滑坡变形，变形大但没有滑下去。

图 6.1-7、图 6.1-8 为四川汶川地震时去调查的一个水库边坡。这是一个老滑坡，原准备加固的，但还来不及实施，地震就来了，但地震后滑坡没有滑出去。图 6.1-8 为滑坡后沿的错台，错台高 1～2m，长满杂草，说明这个滑坡台阶已存在了不少时间。

图 6.1-1　深圳渣土场滑坡

图 6.1-2　深圳渣土场滑坡

图 6.1-3 深圳渣土场滑坡前后对比

图 6.1-4 浙江丽水山体滑坡，现场正在加固施工

图 6.1-5 浙江丽水山体滑坡

图 6.1-6　广东某水库边坡滑动变形大

图 6.1-7　四川某水库边坡变形大

图 6.1-8　四川某水库边坡变形大，坡顶错台

　　图 6.1-9～图 6.1-11 所示为广东的一个山体滑坡变形情况。图 6.1-9 显示一个很明显的滑动山体，图 6.1-10、图 6.1-11 为滑坡后沿的错台，错台高约 2m，但坡体没有滑下来。

图 6.1-9　广东某山体边坡变形

图 6.1-10　广东某山体边坡变形，形成的坡顶台阶

图 6.1-11　广东某山体边坡变形，形成的坡顶台阶

由以上的山体滑坡案例可见，有些是突然滑下，造成了灾难，有些变形很大，以米计，但没有滑下来。如果滑坡前产生了较大的变形，则可以起到预警的作用。

那么，滑坡灾难是怎么发生的？能否避免或减少滑坡灾难？

滑坡分析通常采用极限平衡法，但是是早期的成果，求得的是安全系数，而安全系数是不可测的。

在现代科技下，有没有新的发展和发展的必要以避免或减少滑坡灾难？

6.2　传统极限平衡法难以满足发展的需要

极限平衡法、强度折减法是目前工程应用的主要方法，主要是确定边坡的安全系数，但仅求安全系数是不够的，以下问题也很重要。

1.边坡加固的锚索长度如何布置更合理呢？

边坡加固：如图 6.2-1 所示的边坡加固，哪个位置更需要加固？这个边坡的加固方案中锚索分区等长度布置好不好？

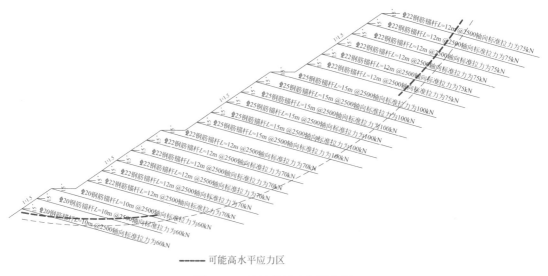

——— 可能高水平应力区

图 6.2-1　边坡的锚索加固方案

图 6.2-1 为一个工程的边坡锚索加固处理方案，锚索基本上是长度相等，但从边坡可能滑动面的不同位置上，其应力水平可能是不同的，如坡脚或坡顶可能是高应力水平区，如果锚索等长可以理解为加固作用相等，则在高应力区可能加固得不够，会先破坏，这样很难能保证滑面同时达到相同的强度，而岩土是散体材料，比如，如果坡脚先破坏，可能会引起坡体的下落，产生连锁反应，造成整体破坏。通常的极限平衡法是一个整体稳定分析方法，其假定滑面上的土体都达到了破坏强度，但对局部应力先破坏不能合理考虑。

同样，对于图 6.2-2，锚索的长短位置如何布设更合理？这个方案每一个台阶的锚索是等长度的，如果仅从整体极限平衡法分析，则很难给出合理的答案，因为其给出的是整体的安全系数。

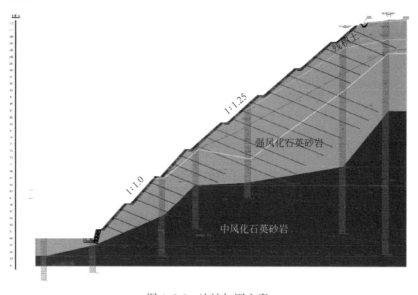

图 6.2-2　边坡加固方案

2.抗滑桩在什么位置最好？

好的标准：同样条件下安全系数最大或相同安全系数下抗力最小。

如图 6.2-3 所示，如果采用抗滑桩提高边坡稳定性，那么从受力角度看，抗滑桩设在什么位置效果最好呢？这个问题虽然也有很多的研究，但目前还缺乏统一的标准。

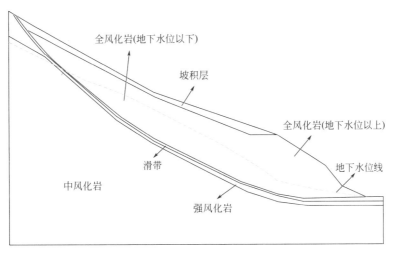

图 6.2-3　某工程滑坡图

图 6.2-4 为准备做离心模型试验的一个边坡，图 6.2-5 为通过数值计算得到的应力云图，红色为高应力水平区，由图可见，高应力水平区位于坡脚，如果破坏，应该是从最大应力水平位置开始。图 6.2-6 为不同离心加速度下边坡破坏侧视图，由图可见，破坏确实是从坡脚开始，实体破坏图如图 6.2-7 所示。

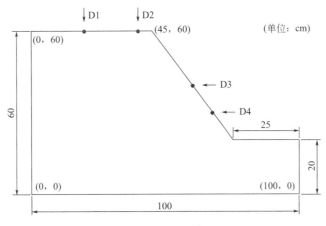

图 6.2-4　边坡模型

图 6.2-8 是一个高边坡锚索加固方案，显然，如果坡脚先破坏，必会影响整个边坡的安全。

因此，高陡坡坡脚高应力水平区风险高，而一般的极限平衡法是感知不到的。极限平衡法并不能全面认识边坡的状态。有时还存在风险！传统的极限平衡法难以满足新的需求！需要探索新的方法开展边坡研究！

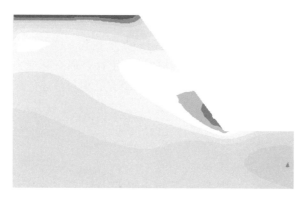

图 6.2-5　边坡的应力云图

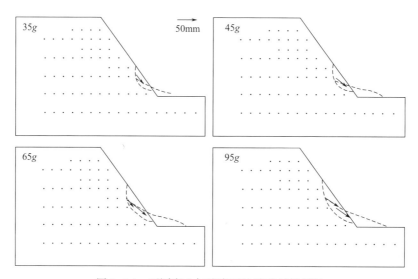

图 6.2-6　不同离心加速度下边坡破坏侧视图

图 6.2-7　离心模型试验，坡脚破坏

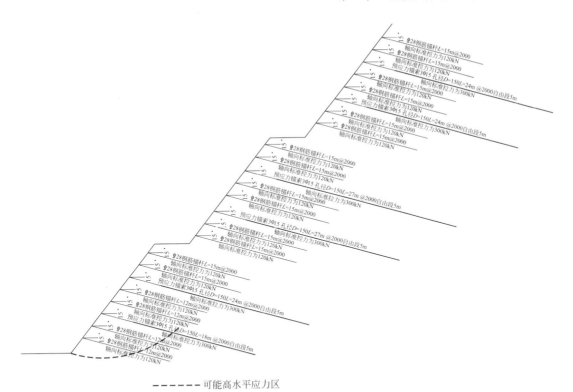

------ 可能高水平应力区

图 6.2-8　某高边坡锚索加固方案

3. 新思路

从应力位移场出发，了解边坡的现状，研究滑坡发生和发展的过程，更全面认识滑坡问题，找出更好的解决方法！

6.3　边坡分析的应力位移场法

6.3.1　变模量强度折减法

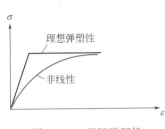

图 6.3-1　理想弹塑性
与非线性关系

通常的有限元强度折减法，仅对岩土的强度指标进行折减，变形模量 E 不折减。

通常的强度折减法是采用理想弹塑性模型，屈服前是线性的，屈服后应变无限增大，实际土体受力过程是非线性的，如图 6.3-1 所示。

如果不考虑变形真实的非线性，则计算得到的位移也是不真实的。强度折减法是模拟土体强度降低对稳定性的影响。如果认为影响边坡稳定是由于土体强度降低产生，则土的强度降低时，其变形参数也应该随之降低，降低的方法可以采用 Duncan-Chang 模型的变模量强度折减法来计算，如式（6-1）：

$$E_t = \left[1 - R_f \frac{\sigma_1 - \sigma_3}{(\sigma_1 - \sigma_3)_f}\right]^2 E_i \tag{6-1}$$

$$E_i = k\left(\frac{\sigma_3}{Pa}\right)^n \tag{6-2}$$

$$E_i = E_0 \tag{6-3}$$

传统的 Duncan-Chang 模型的初始模量还与围压 σ_3 有关，如式（6-2）所示。传统模型参

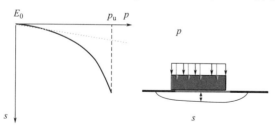

图 6.3-2 原位压板试验

数确定麻烦不准确，并且通常的 Duncan-Chang 模型参数一般工程缺乏。为此，进行简化处理，泊松比影响不大，对于一般土体可以取为定值，$\mu = 0.3 \sim 0.4$，初始切线模量按照原模型要求是 σ_3 的函数，试验确定不方便，这里取初始切线模量为一个定值，如式（6-3）所示，可以用原位载荷板试验确定，如图 6.3-2 所示，通

过试验可以得到压板的荷载-沉降曲线，假设该曲线符合双曲线方程，则可以根据曲线的初始切线模量求得土体的初始切线模量 E_i，同时由极限承载力 p_u 反算土的强度参数黏聚力 c 和内摩擦角 φ，见前面第 2 章的切线模量法，由强度参数即可以计算单元的破坏强度 $(\sigma_1 - \sigma_3)_f$。这样，有了土的初始切线模量 E_i，土的强度参数黏聚力 c 和内摩擦角 φ，即可以按照上式（6-1）计算不同应力水平时的变形参数——切线模量，用于计算强度折减后的位移场。

实现方法：把模型嵌入 FLAC 软件实现。

原位压板试验检验：

参考第 2 章的内容，某土层压板试验反算得到的参数为：

$$c = 42\text{kPa} \qquad \varphi = 25° \qquad E_i = 74\text{MPa}$$

在荷载应力 $p = 700\text{kPa}$ 时，弹性沉降按 Boussinesq 解计算为：

$$s = \frac{pD(1-\mu^2)}{E}\omega = \frac{700 \times 0.8 \times (1-0.3^2)}{74000} \times 0.79$$

$$= 0.0054\text{m} = 5.4\text{mm}$$

即 $p = 700\text{kPa}$ 时，弹性理论计算的沉降为 5.4mm，实测沉降变形则为 16.3mm。

数值计算：E 不折减，用 M-C 准则，计算沉降为 6.3mm，接近弹性理论值 5.4mm。

E 折减：按以上式（6-1）、式（6-3）的类似 Duncan-Chang 模型计算切线模量，所用参数为：$c = 42\text{kPa}$ $\varphi = 25°$ $E_i = 74\text{MPa}$，结果如图 6.3-3 所示，接近试验曲线，说明这样计算的位移是可行的。

条形基础的计算：图 6.3-4 为无埋深条形基础，土体参数取为：$c = 10\text{kPa}$，$\varphi = 0$，$E_i = 14\text{MPa}$，计算其极限承载力 $p_u = 51.42\text{kPa}$。

对应荷载 $p = 51.42\text{kPa}$ 时，算出的弹性沉降变形为：

$$s = \frac{Bp(1-\mu^2)}{E}\omega = \frac{7 \times 51.42 \times (1-0.3^2)}{14000} \times 0.88 = 0.02\text{m} = 20\text{mm}$$

即弹性理论计算沉降为 20mm。

采用 M-C 理想弹塑性模型和式（6-1）的变模量方法计算条形基础加载过程的沉降。用变模量方法计算破坏时的沉降达 100mm，而理想弹塑性破坏时的沉降为 25mm，接近弹性理论值 20mm，变模量的沉降比较符合实际及经验值。结果如图 6.3-5、图 6.3-6 和图 6.3-7 所示。

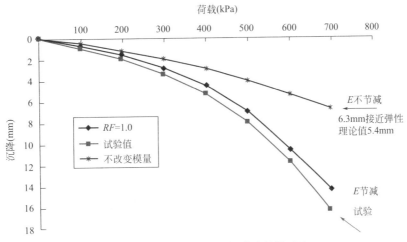

图 6.3-3　数值计算与压板试验结果对比

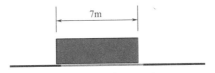

图 6.3-4　条形基础

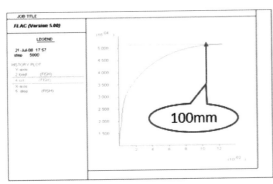

图 6.3-5　承载力-位移关系曲线
（弹性模量调整）

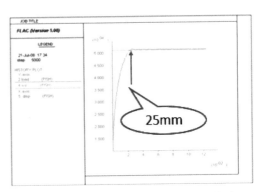

图 6.3-6　条形基础承载力-位移关系曲线
（E 不变）

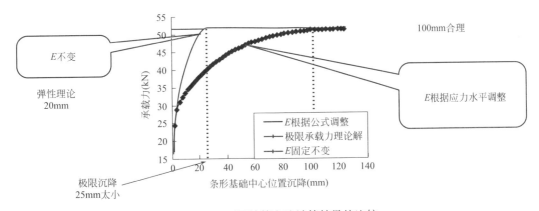

图 6.3-7　不同计算方法计算结果的比较

1. 在边坡工程中的初步应用

图 6.3-8 是新滩滑坡的地质剖面和计算单元网格图，图 6.3-9 是坡面 A3 测点的位移过程线，采用变模量强度折减法和模量不变的强度折减法计算并跟踪 A3 点的变形过程，比较如图 6.3-10 所示。比较图 6.3-9 和图 6.3-10 可见，变模量方法位移形态更符合实测形态，由图 6.3-10 可见，模量不折减时在位移 0.74m 处产生了突变，模量折减时位移突变为 1.67m，由图 6.3-9 可见，实测有较大突变时位移约 1.3m。

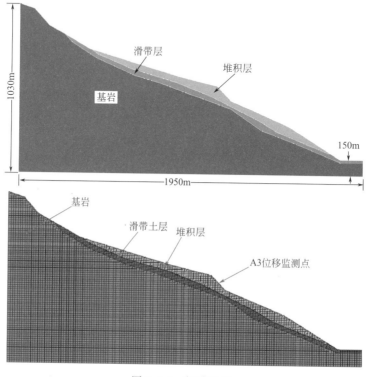

图 6.3-8　新滩滑坡

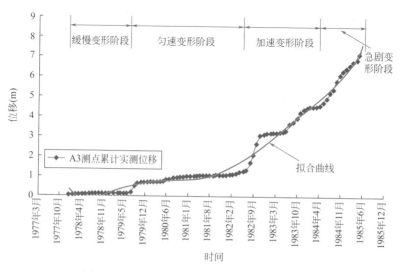

图 6.3-9　A3 测点水平位移随时间的变化曲线

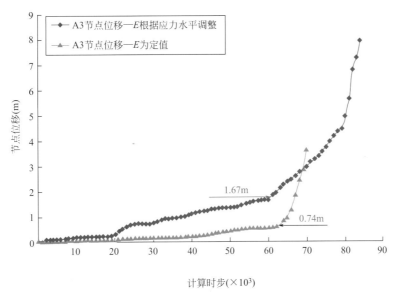

图 6.3-10　E 不折减，位移突变前 0.74m
E 折减，位移突变前 1.67m

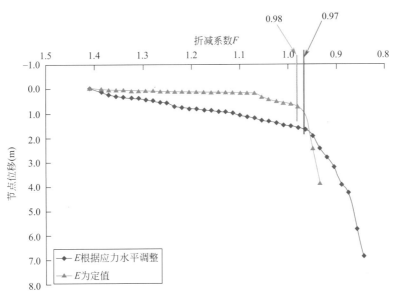

图 6.3-11　A3 点位移与折减系数 F 的关系曲线

由图 6.3-11 可见，E 不折减，位移突变明显，对确定安全系数 K 较方便，但位移偏小；E 折减，计算的位移合理一些。

2.基坑工程的应用

（1）亚运工地

图 6.3-12 为一个软土基坑，采用搅拌桩重力式挡墙支护，已开挖完成并正准备浇筑承台，但此时发现支护墙位移很大，其中测点 F2-15 水平位移为 196mm，F2-16 水平位移为 214mm，F2-17 水平位移为 187mm，已远超规范规定的位移控制最大值

100mm，这时基坑是否安全？基坑是回填还是继续做下去？回填会使工期延误，继续做下去是否危险？这是需要研究的。为此，采用数值方法和上面的变模量强度折减法进行分析，支护的剖面图如图 6.3-13 所示，土层参数如表 6.3-1 所示，数值方法网格如图 6.3-14 所示，计算的位移矢量如图 6.3-15 和图 6.3-16 所示，对墙顶位移计算其与安全系数（折减系数）的关系如图 6.3-17 所示，由图可见，当水平位移达 200mm 时，对应安全系数为 1.2，安全系数 1.3 时，位移为 158mm，按照这个结果，工程还是安全的，可以继续施工。

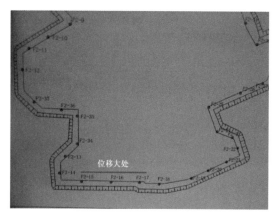

图 6.3-12　基坑工程平面图及施工现场

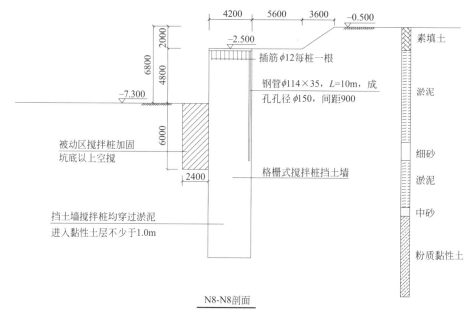

N8-N8剖面

图 6.3-13　支护剖面图

土质参数　　　　　　　　　　　　　　　　　表 6.3-1

土质	γ(kN/m³)	c(kPa)	φ(°)	E_0(MPa)	泊松比	层厚(m)
填土	17.0	6	14	10	0.3	2.5
淤泥	17.5	8	7	1	0.35	10
细砂	19	0	26	25	0.3	2
淤泥	17.5	10	8	1.5	0.34	5.1
中砂	19	0	30	40	0.3	0.96
粉质黏土	19.5	20	18	20	0.3	3.2

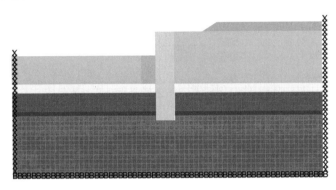

图 6.3-14　计算模型及土层情况

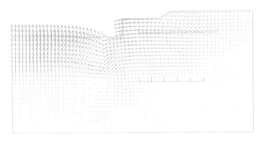

图 6.3-15　初始状态位移矢量图

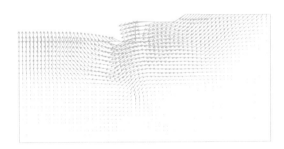

图 6.3-16　临界破坏状态位移矢量图

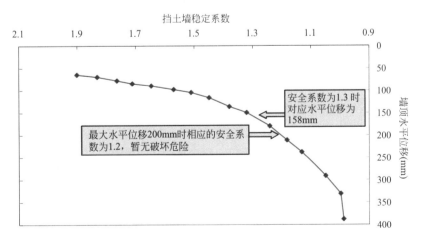

图 6.3-17　变形与稳定性安全系数关系

为了比较土性对基坑挡墙变形值的影响，假设将场地中的淤泥土层替换为一般的粉质黏土，其他支护条件不变，重新分析基坑挡墙的变形与稳定关系，结果如图 6.3-18 所示，这时，位移 150mm 时，已接近破坏，位移控制值要小，如果按安全系数 1.3 控制，则位移控制值为 75mm。因此，基坑变形控制标准与土性是相关的，土软时，极限位移大。

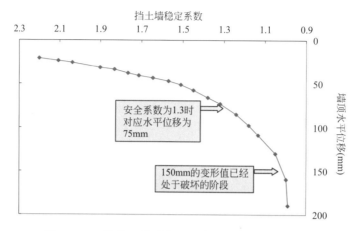

图 6.3-18　替换土质后的基坑挡墙变形与稳定性关系

（2）某放坡基坑支护

广州另一个基坑采用放坡支护，坡顶为重要道路中山七路，如图 6.3-19 所示，设计提出控制坡顶位移 20mm，预警为 80%，按 16mm 预警。监测结果如图 6.3-20 所示，当时正值广州海珠城广场塌方事故，全市安全大检查，发现这个基坑位移超设计要求的预警值，接近控制值 20mm，要求进行回填。但此时基坑已挖到底，正进行底板施工。那么 20mm 的位移是否安全呢？其实，土质边坡与岩质边坡的极限位移是不同的，如图 6.3-21 所示。如何从变形得到安全系数？采用变模量弹塑性强度折减法，可以建立变形与安全系数的关系。

图 6.3-19　放坡基坑支护

图 6.3-22 是采用变模量强度折减法计算的可能的破坏面位置，跟踪坡顶位移与安全系数（折减系数）的关系如图 6.3-23 和图 6.3-24 所示。由图 6.3-23 可见，如果按模量不

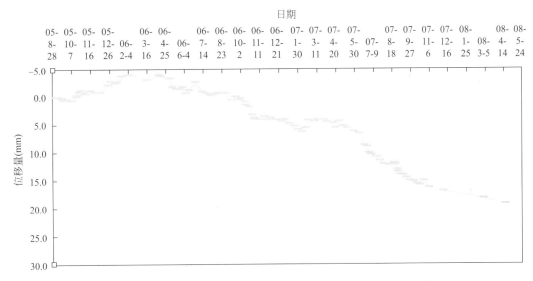

图 6.3-20　水平位移曲线图（监测变形已超预警值 16mm，要回填！）

图 6.3-21　滑坡前坡顶的极限变形

（应该是土坡大，岩坡小！）

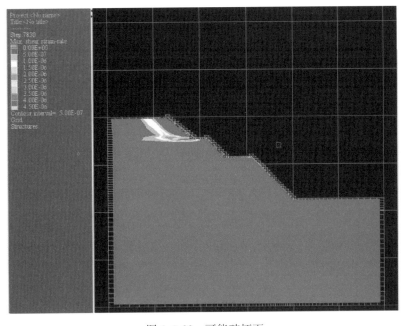

图 6.3-22　可能破坏面

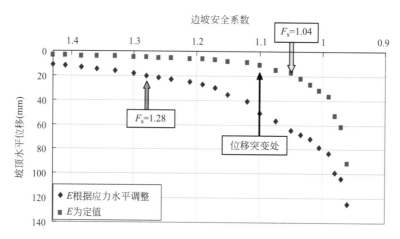

图 6.3-23　变形与安全系数关系

折减，则位移 20mm 时，安全系数为 1.04，处于临界状态；如果按变模量折减法，位移 20mm 对应的安全系数为 1.28，是安全的。如果按变模量折减法，折减系数为 1.2 时变形开始突变，控制位移可取为 50mm，按 40mm 预警，如图 6.3-24 所示。实际上，该基坑没有回填。说明变模量折减法计算的结果是可行的。

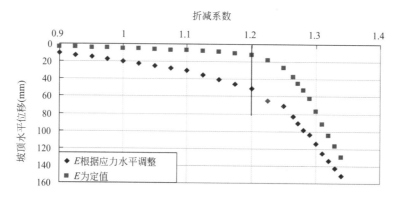

图 6.3-24　可以按 50mm 控制，40mm 预警

（3）某土钉支护深基坑

图 6.3-25 为一个土钉支护的深基坑，基坑平面尺寸为 57.9m×46.4m，设计开挖深度约 14m，水平位移观测点的最大水平位移值达到 170mm。采用数值方法和变模量强度折

图 6.3-25　基坑现场

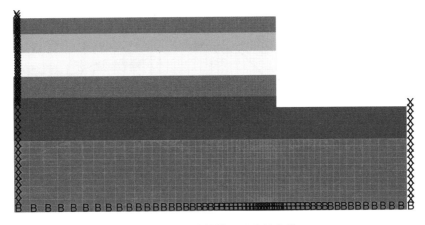

图 6.3-26　计算模型及支护条件

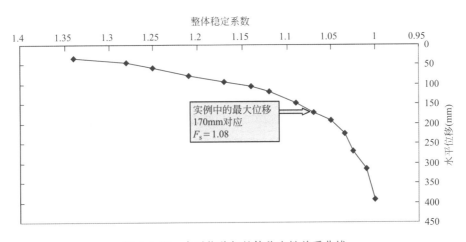

图 6.3-27　水平位移与整体稳定性关系曲线

减法计算其位移与安全系数的关系，计算网格和结果如图 6.3-26 和图 6.3-27 所示。由图 6.3-27 可见，位移 170mm 时对应的安全系数为 1.08，符合实际。因此，通过变模量强度折减法，可以建立安全系数与位移的关系，获得合理的位移控制值，用于进行安全监测预警。

6.3.2　局部强度折减法

如果要获得合理的位移场，对于有明确滑带的滑坡，全局折减不适用。如图 6.3-28 所示，如果对滑带以下的岩层也进行模量折减，计算出来的位移可能偏大，因为此时位移主要是滑带变形所产生，应该主要对滑带进行模量折减比较合适。只对可能的滑带区进行折减的方法称为局部强度折减法。

如何实现局部强度折减？可以先进行全局折减，确定高应力水平区为可能的滑带区，然后再重新仅对滑带区进行折减计算，如图 6.3-29 和图 6.3-30 所示。

1. 与全局强度折减法的比较

应用局部强度折减法的理念时，仅对滑带单元进行折减；当对边坡全部单元都进行折减时，即为全局强度折减法。计算模型如图 6.3-31 所示，结果比较如图 6.3-32 ～

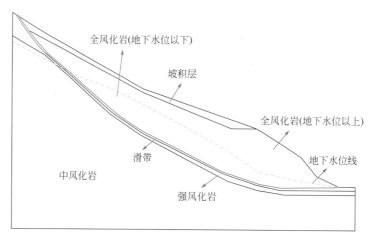

图 6.3-28　有滑带的边坡

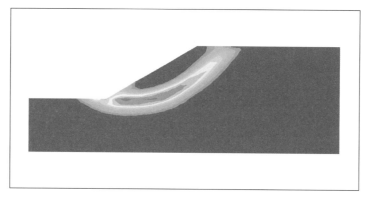

图 6.3-29　全局强度折减法获取滑带区

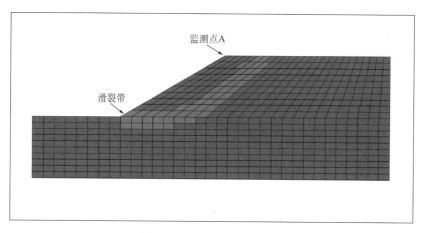

图 6.3-30　仅折减滑带单元

图 6.3-34 所示。由图可见，局部折减法滑带集中，全局折减法滑带较分散。有时需要针对具体过程采用局部强度折减法。

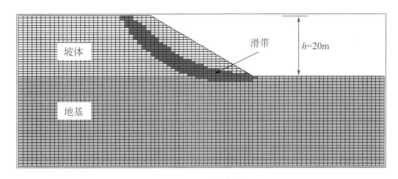

图 6.3-31　计算模型

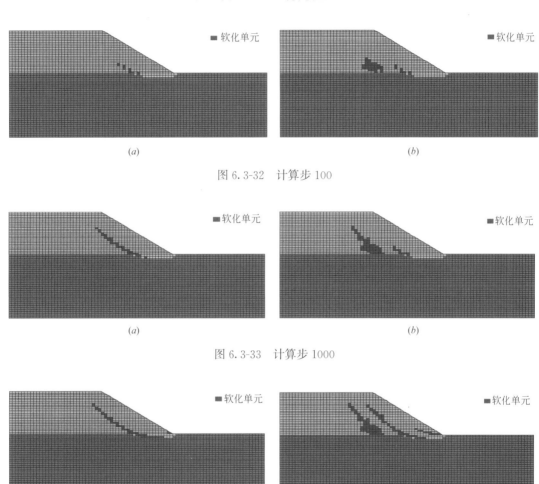

图 6.3-32　计算步 100

图 6.3-33　计算步 1000

图 6.3-34　计算步 5000

2.某坝体施工过程滑坡分析

某水库采用培厚上游坝坡方式对坝体进行防渗加固，培厚土方填筑到中部高度位置时，发生了滑坡，示意图如图 6.3-35 所示，施工现场如图 6.3-36 所示。

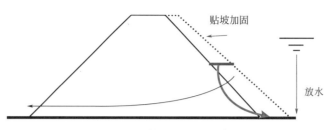

图 6.3-35　某土坝滑坡示意图

图 6.3-36　土坝滑坡现场

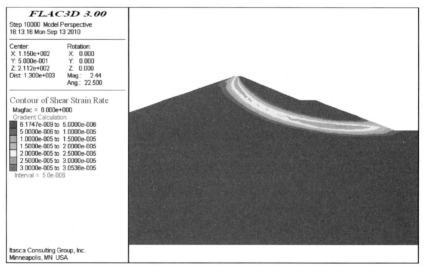

图 6.3-37　全局强度折减法，滑裂带与实际不符

　　传统强度折减法：采用一般的全局强度折减法时，得到的滑坡位置如图 6.3-37 所示，显然，滑坡位置与现场实际的位置不一致。考虑到工程实际情况时，大坝之所以发生滑坡，主要是培厚施工是在把水库水快速放干后施工的，长期水位以下的坝体是长期泡水的，坝体已被泡软了，水库放水后还是高含水率的，有效强度低，从而在施工快速填筑荷

载作用下而失稳。这样，针对滑坡的工程原因，强度折减法应是针对强度降低的浸润线以下的坝体进行强度折减，如图 6.3-38 所示，这样得到的滑坡位置如图 6.3-39 所示，其与现场实际位置比较符合。

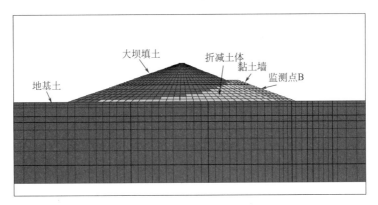

图 6.3-38 大坝计算模型，对浸润线以下土体进行强度折减

图 6.3-39 局部强度折减法所得的滑坡位置

6.3.3 抗滑桩最优加固位置

1. 问题的提出

如图 6.3-40 所示的滑坡体，当设置抗滑桩时，抗滑桩在什么位置最好？

衡量的标准：同样条件下安全系数最大或相同安全系数下抗力最小。

2. 研究现状

对于抗滑桩设置位移，已有不少研究，但没有统一结论。

(1) 李家平等（水利水运工程学报，2005（2））：

对一个岸坡的研究，通过试算，桩水平向岸后移 9.6m 为桩位设置最佳点，这时的桩与滑弧交点大体上位于边坡潜在危险滑弧的最低点，这与许多研究认为抗滑桩设置在边坡土体主滑段与抗滑段的分界面处效果最好的结论一致。如图 6.3-41 所示。

(2) 年延凯等（岩石力学与工程学报，2005（19））：

综合分析表明，采用阻滑桩加固土坡时，阻滑桩的有效加固区应位于坡脚至边坡中下部为宜。

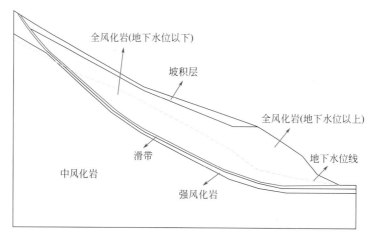

图 6.3-40　滑坡体

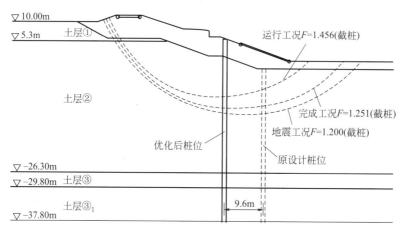

图 6.3-41　抗滑桩最优位置在滑动面的最低点

（3）高长胜等（岩土工程学报，2009（1））：

通过离心试验，当抗滑桩设在边坡中部时，它对边坡变形的整体遮挡作用要大于设置在边坡上部和下部，而桩头固定又大于桩头自由时的情况，也就是说抗滑桩桩位设置在边坡的中部及桩头固定比设置在边坡的上、下部及桩头自由能更大地提高边坡的稳定性。

研究结果表明：总体上，抗滑桩最佳位置为中部、中下部。

3. 基于应力场和变形场的方法

研究方法：

（1）比较不同设桩位置的安全系数与位移场和滑带应力场的关系；

（2）得到安全系数与位移和滑带应力水平的关系；

（3）安全系数最高时为最佳桩位位置。

4. 通过位移场和滑带应力场确定最佳抗滑桩位置

计算结果分析：

研究的滑坡体如图 6.3-42 所示，在不同位置设置抗滑桩，所得到的滑带应力分布如图 6.3-43 所示，图 6.3-44 为抗滑桩设置的坐标位置，图 6.3-45 为抗滑桩在不同位置时滑坡的安全系数与坡面不同位置的位移分布关系，由图可见，安全系数有两个最大位置，分别对应于坡面位移最大处和上部位移小的位置。而对比图 6.3-45 与图 6.3-46 可见，安全系数最大位置对应为滑带应力水平最高的两个区。当坡的下部位移最大处和滑带应力高水平区在同一位置处，则该处位置为安全系数最大的位置，在该处设置抗滑桩效果最好。安全系数在边坡的上部位移小而应力水平高的地方是局部大值，该处实际上是一个小滑坡，整个滑体相当于是一个复合滑坡体。这样，我们通过边坡的应力场和位移场就可以合理确定抗滑桩加固的最有效的位置在坡面位移最大位置或者滑带应力水平高的位置。

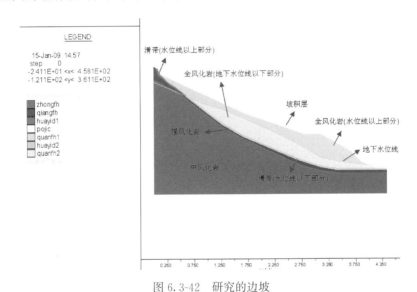

图 6.3-42 研究的边坡

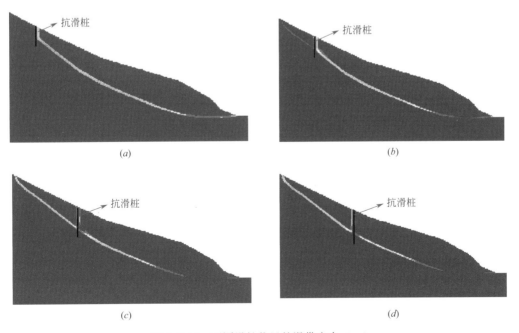

图 6.3-43 不同设桩位置的滑带应力（一）

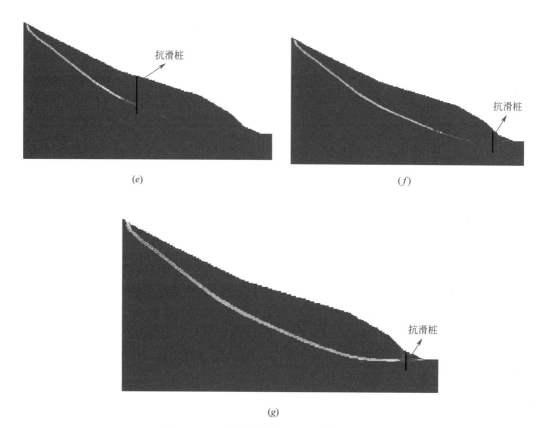

图 6.3-43　不同设桩位置的滑带应力（二）

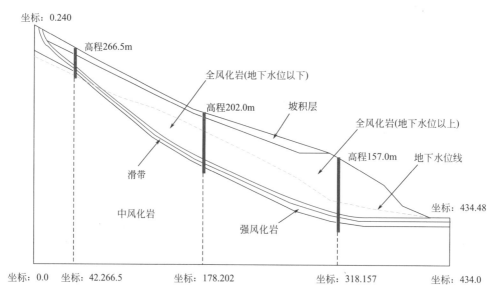

图 6.3-44　抗滑桩设置位置（一）

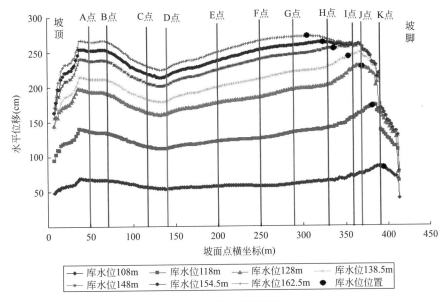

图 6.3-44　抗滑桩设置位置（二）

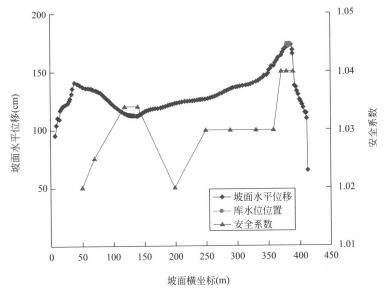

图 6.3-45　抗滑桩不同位置处安全系数与坡面位移关系

6.3.4　根据应力场和位移场确定滑坡类型

滑坡的类型通常有以下三种形式：①推移式；②牵引式；③复合式。

如何判断滑坡类型对处理方案的确定很重要，可以通过计算应力场和位移场的分布来确定。

1.牵引式滑坡

对于图 6.3-47 的边坡，计算边坡的位移场如图 6.3-48 所示，位移最大在坡脚，向上逐步减少，下部位移大，上部位移小，依据位移场分布可以确定这是牵引式滑坡。当设置

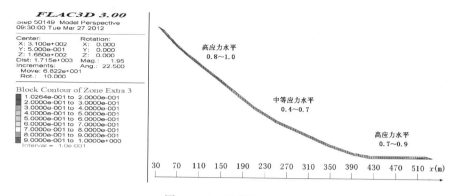

图 6.3-46　滑带应力水平

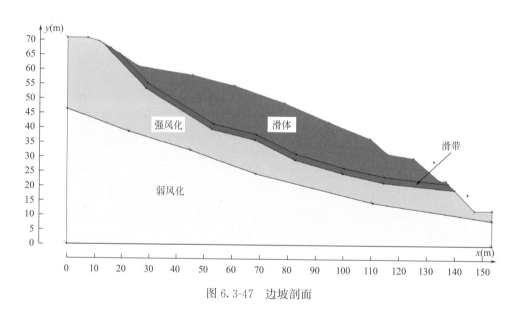

图 6.3-47　边坡剖面

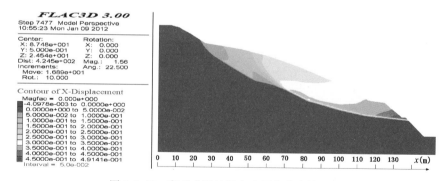

图 6.3-48　牵引式滑坡最大水平位移在坡下部

抗滑桩时，计算得到抗滑桩位置与滑带应力水平和坡面位移的关系如图 6.3-49 和图 6.3-50 所示，由图可见，抗滑桩设在应力水平高的区安全系数大，设在位移大的坡脚位置安全系数大，说明对于牵引式滑坡，抗滑桩设置在下部（水平位移大、应力水平高位置）效果好。

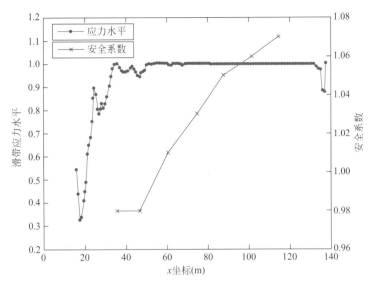

图 6.3-49   滑带应力水平与安全系数关系

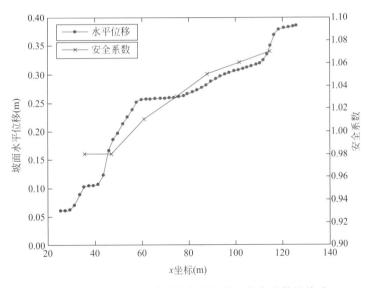

图 6.3-50   坡面水平位移与抗滑桩位置安全系数的关系

2. 推移式滑坡

对于图 6.3-51 的边坡，计算边坡的位移场如图 6.3-52 所示，由图可见，边坡的位移在上部最大，往下逐步减少。这样，从位移场的角度可以判断，这是一个先由上部滑动开始往下推动的过程，因此是一个推移式滑坡。图 6.3-53 为抗滑桩设置在不同位置时安全系数与滑带应力水平的关系，由图可见，推移式滑坡在坡的上部滑带应力水平高的区具有较大的安全系数。如图 6.3-54 所示为安全系数与坡面位移的关系，同样显示抗滑桩设置在坡的上部位移大的区具有较大的安全系数。因此，对于推移式滑坡，抗滑桩设置在坡的上部效果较好。

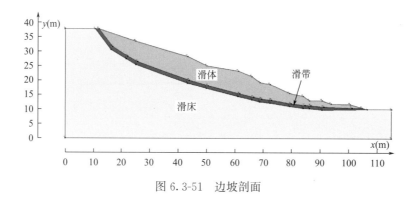

图 6.3-51　边坡剖面

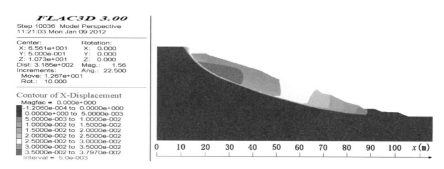

图 6.3-52　推移式滑坡最大位移在坡的上部

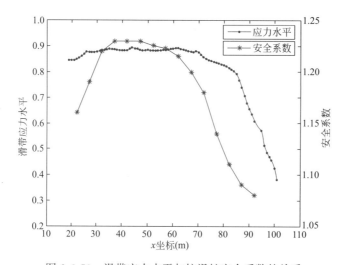

图 6.3-53　滑带应力水平与抗滑桩安全系数的关系

由以上的计算结果可见：

（1）由坡体应力场和位移场可以很直观判断滑坡的类型。

（2）抗滑桩最优加固位置：坡面位移大或滑带应力水平高的位置。

　　①推移式：在坡体的上部；

　　②牵引式：在坡体的下部；

　　③复合式：上部位移小的位置、下部位移大的位置。

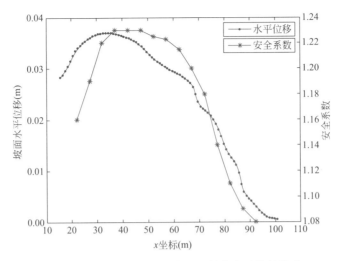

图 6.3-54　坡面水平位移与抗滑桩安全系数的关系

3. 锚杆的合理布置

经常看到一些采用锚杆或锚索加固边坡的方案，通常为了方便，采用等长度的布置方式。但一般边坡加固是采用整体极限稳定计算确定加固力的，因此，是一个整体平衡所需的总加固力，但如果在总力相等的条件下，不同位置布置不同的加固力，也即锚索非等长布置，其安全系数是否一样呢？图 6.3-55 为一个边坡加固前的应力水平分布，图 6.3-56 为加固前边坡的位移场。考虑按照坡面的位移情况，把锚索长度用作用于坡面的面力代替，面力大代表锚索长。根据坡面的位移，在总面力相等的条件下，把面力分布按 3 个方案布置。如图 6.3-57 所示，方案 1 是面力均匀分布，方案 2 是根据坡面水平位移布置，位移大的地方面力布置大一些，方案 3 是把面力主要集中于坡面位移大的位置。不同方案计算的安全系数如表 6.3-2 所示，由表可见，方案 1 安全系数最小，方案 3 安全系数最大，也即面力或锚索长度在坡面位移大的地方大，而非均匀布置，可以获得更好的效果。

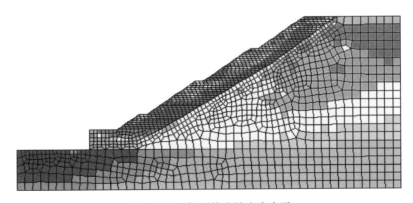

图 6.3-55　加固前边坡应力水平

图 6.3-56　加固前边坡的位移分布

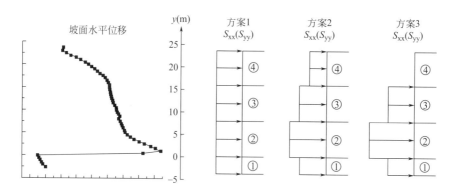

图 6.3-57　坡面水平位移分布和加固力分配方案

不同方案的安全系数

表 6.3-2

方案	1	2	3
安全系数	1.251	1.263	1.275

　　所以，好的锚索加固方案为锚固力按坡面水平位移大小分配；位移大处，给大力，位移小处，给小力。

　　总加固力相同时可取得较优的加固效果！

　　4. 不同滑坡类型极限平衡法安全系数的差异

　　研究极限平衡法对不同滑坡类型所得到的安全系数的合理性！

　　图 6.3-58 所示为土钉支护的一种失稳方式，是由于下部软土承载力不足所导致的失稳破坏，计算受力示意图如图 6.3-59 所示。一般土钉支护稳定计算是考虑土钉的作用，土钉穿过可能的破坏面，提供拉力帮助。但当支护下部或基坑底有软土时，在其上土体荷载作用下，软土承载力不足而产生下部的局部失稳时，土钉无法对提高软土承载力提供帮助。这样，即使整体计算安全系数大于1，但局部承载力安全系数会小于1而破坏，如果没有考虑到局部稳定，会存在不安全。用数值方法建立模型计算上硬下软的坡体稳定，如图 6.3-60 所示，采用的计算参数如表 6.3-3 所示，强度折减数值法与极限平衡法的滑弧位置如图 6.3-61 所示，不同方法得到的安全系数如表 6.3-4 所示，显然，极限平衡法的安全

系数高于强度折减数值方法，即极限平衡法高估了边坡的安全性。

图 6.3-58　土钉支护边坡失稳

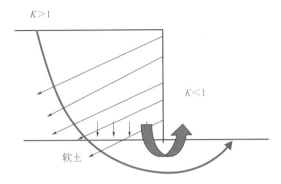

图 6.3-59　软土承载力不足导致的局部失稳

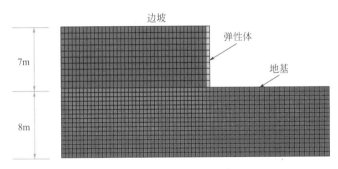

图 6.3-60　上硬下软坡体

计算参数　　　　　　　　　　　　　　　表 6.3-3

土体	重度(kN/m³)	c(kPa)	内摩擦角(°)	初始切线模量(MPa)	初始泊松比
边坡	18	32	30	25	0.35
地基	18	11.5	9	5	0.40
弹性体	18	—	—	25	0.35

不同方法的安全系数　　　　　　　　　表 6.3-4

分析方法	强度折减法	极限平衡法	
		瑞典法	Bishop 法
安全系数	0.998	1.272	1.259
误差(%)	—	27.45	26.15

（1）牵引式滑坡

为进一步研究极限平衡法对滑坡类型的适应性，构造了牵引式滑坡和推移式滑坡，比较极限平衡法和强度折减法的安全系数。图 6.3-62 为牵引式滑坡不同计算方法的滑弧位置，由图可见，不同方法的滑弧位置接近。表 6.3-5 为牵引式滑坡不同计算方法所得安全系数的比较，由表可见，极限平衡法的安全系数偏大，极限平衡法的结果不安全。

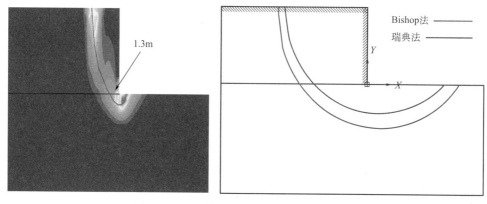

图 6.3-61　数值法与极限平衡法的滑弧位置

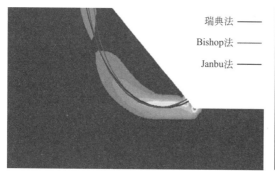

(a) 剪切应变和滑面位置

(b) 位移场与滑面位置

图 6.3-62　牵引式滑坡不同计算方法的滑弧位置

牵引式滑坡不同方法安全系数的比较　　　　　　表 6.3-5

分析方法	强度折减法（二分法）	极限平衡法		
		瑞典法	Bishop 法	Janbu 法
安全系数	1.161	1.309	1.266	1.298
误差（%）	—	12.84	9.14	11.90

（2）推移式滑坡

图 6.3-63 为推移式滑坡不同计算方法的滑弧位置，由图可见，不同方法的滑弧位置

(a) 滑动面对比

(b) 临界破坏时的位移场

图 6.3-63　推移式滑坡不同计算方法的滑弧位置

接近。表 6.3-6 为推移式滑坡不同计算方法所得安全系数的比较，由表可见，极限平衡法的安全系数与强度折减法的基本一致。

牵引式滑坡不同方法安全系数的比较　　　　　　　　　　表 6.3-6

分析方法	强度折减法（二分法）	极限平衡法		
		瑞典法	Bishop 法	Janbu 法
安全系数	1.657	1.574	1.620	1.610
误差(%)	—	5.01	2.23	2.84

图 6.3-64 所示为一个软土地基上的加筋围堰堤，软土的强度指标为 $c=7.5\text{kPa}$，$\varphi=3.1°$，不同方法计算其稳定性安全系数如表 6.3-7 所示，由表可见，极限平衡法简化 Bishop 法安全系数偏高，强度折减法与地基承载力法一致。这个堤实际填筑到 2.2m 时就垮塌了，破坏模式为软土地基承载力不足，相当于是牵引式的破坏，对于这种破坏模式，极限平衡法是高估了安全性的。

因此，极限平衡法计算的边坡安全系数，对牵引式滑坡存在偏大和不安全的风险。

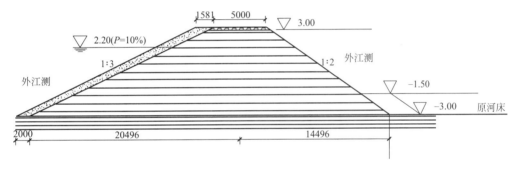

图 6.3-64　软土地基加筋围堰

围堰抗滑稳定各方法计算对比表　　　　　　　　　　表 6.3-7

工况	计算方法	安全系数
填至 3m 高程（围堰高度 6m）	简化 Bishop	1.318
填至 2.2m 高程（围堰高度 5.2m）	简化 Bishop	1.554
	强度折减法	0.77
	地基承载力法	0.77
	泰勒法	0.72

6.3.5　复杂荷载下软土地基的承载力计算

对于软土地基上梯形荷载（图 6.3-65）下地基承载力的计算，其与通常的矩形荷载（图 6.3-66）下的计算是不同的，矩形荷载有相当多的公式计算其极限承载力和极限填土高度，但梯形荷载较缺乏，其要考虑放坡反压荷载的作用，杨光华（第三届全国地基处理学术讨论会论文集，1992 年，浙江大学出版社）推导了相应的计算公式和极限高度的计算公式。

梯形荷载下的极限承载力计算公式与极限高度计算：

图 6.3-65　梯形荷载

$$P = N_r br + N_q h_q r + N_c C \tag{6-4}$$
$$h_c = (N_q h_q r + 5.14c)/K \tag{6-5}$$

K 为安全系数，h_c 为允许的临界高度

其比矩形荷载多了一项，反映的是斜坡部分的反压作用。

图 6.3-66　矩形荷载

矩形荷载下的极限承载力计算公式与极限高度计算：

$$P = N_r br + N_q h_0 r + N_c C \tag{6-6}$$
$$P = rh，N_c = 5.14$$
$$h_c = 5.14c/K \tag{6-7}$$

杨光华（1992）推导的梯形荷载地基承载力计算如图 6.3-67～图 6.3-70 和表 6.3-8 所示，由表 6.3-8 可见，不同的反压坡比，其影响的 α 值是不同的，反映了反压的作用。

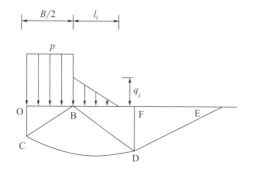

图 6.3-67　BF 内有三角形荷载情况

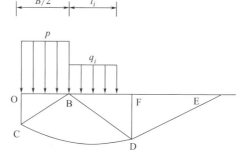

图 6.3-68　BF 内有矩形荷载情况

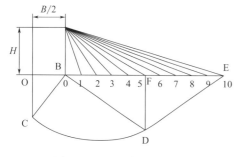

图 6.3-69　不同坡比 1：K

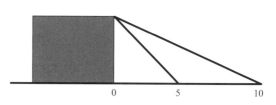

图 6.3-70　反压荷载的计算

$$H = \frac{N''r\gamma_0 B + N_c C}{\gamma(1 - \alpha N_q)} \quad (6-8)$$

α 的取值　　　　　　　　　　　　　　　　　　　　　　　表 6.3-8

坡脚位置	0	1	2	3	4	5	6	7	8	9	10
KH/BE	0	0.1	0.2	0.3	0.4	0.5	0.6	0.7	0.8	0.9	1
α 值	$\frac{1}{\infty}$	$\frac{1}{150}$	$\frac{1}{38}$	$\frac{1}{17}$	$\frac{1}{6}$	$\frac{1}{9.4}$	$\frac{1}{4.5}$	$\frac{1}{3.7}$	$\frac{1}{3.2}$	$\frac{1}{2.8}$	$\frac{1}{2.4}$

注：坡比为 1：K，BE 为图 6.3-69 的地基滑出点 E 到 B 点的长度，KH 表示坡脚在不同位置时坡脚点 0，1，2…
10 到 B 点的距离。

6.3.6　塑性坡

实际工程中发现，很多边坡在滑坡前有比较大的位移变形，具有预警作用！如前面图 6.1-7、图 6.1-8 为四川汶川地震时去调查的一个水库边上的老滑坡，坡顶形成了很高的台阶，时间已较长，还没有来得及加固，就发生了汶川大地震，但地震后该边坡还是稳定，没有滑下来。图 6.1-6 也是一个严重变形的水库边坡，也没有滑下来。图 6.1-9 为广东云浮的一个山体滑坡，已形成滑体，坡顶形成约 2m 的台阶，如图 6.1-10、图 6.1-11 所示。

这就提出了一个问题：一些边坡已形成滑动的趋势，变形大且明显，尚没有滑下来！如果边坡发生滑动前有明显大的位移，则具有好的预警作用，可以减少滑坡灾害！

那么滑动前位移大小是否与滑坡类型有关？

为此，我们构造推移式滑坡和牵引式滑坡，如图 6.3-71 所示，比较其应力场、位移场，研究滑坡前的位移形态。

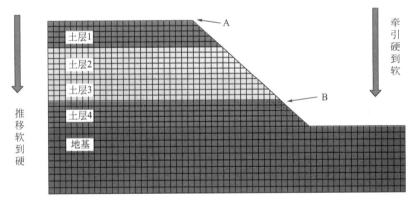

图 6.3-71　构造推移式滑坡和牵引式滑坡

一般当地层从上往下由软变硬时是推移式滑坡，反之为牵引式滑坡。跟踪坡顶 A 点和坡脚 B 点的位移过程，用折减系数（安全系数）进行归一化处理，1.0 表示滑坡破坏，如图 6.3-72 所示，由图可见，滑坡前，推移式位移大于牵引式位移，可以发现以下几点：

（1）牵引式滑坡坡脚位移大于坡顶位移，推移式滑坡坡顶位移大于坡脚位移。

（2）破坏前位移

推移式滑坡位移大于牵引式滑坡位移，推移式滑坡预警性强。

（3）位移突发性

牵引式滑坡突发性大。牵引式滑坡灾害大于推移式滑坡。

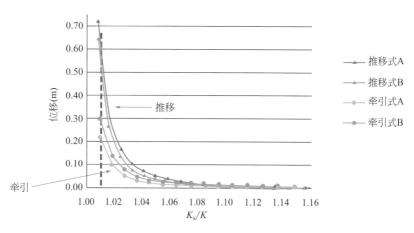

图 6.3-72　归一化比较

　　图 6.3-73 为比较一个均质坡与坡底有一个软夹层时的稳定性和坡顶 A 点的位移变化过程。均质坡的安全系数为 1.565，如果底部有软夹层时，接近破坏状态，安全系数为 1.028，说明软夹层对稳定性影响很大。图 6.3-74 为剪切应变场，由应变场可见，底部应变大于上部应变，相当于是一个牵引式滑坡。

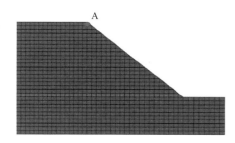

图 6.3-73　底部有 1m 软弱土
（$c=9$kPa，$\varphi=7°$）

图 6.3-74　剪切应变

底部有软夹层时不同计算方法的安全系数　　　　　表 6.3-9

分析方法	强度折减法（二分法）	极限平衡法		
		瑞典法	Bishop 法	Janbu 法
安全系数	1.028	1.158	1.181	1.194
误差(%)	—	12.65	14.88	16.15

　　表 6.3-9 为各种极限平衡法和强度折减法计算的安全系数的比较，可见这种牵引式滑坡用极限平衡法计算的安全系数是偏大、有风险的。坡顶 A 点的位移归一化如图 6.3-73 所示，由图可见，底部有软夹层在临近破坏时的位移较小于原均质土边坡的位移，具有突发性，因此，牵引式滑坡破坏具有脆性破坏特点，风险高。

　　这个与深圳渣土场滑坡类似！

　　深圳渣土场位置原为一个采石坑，水坑积水多，面积大，依据网上的资料如图 6.3-76 所示，坑底为透水性很弱的岩层，几乎不排水。在这样的坑进行回填，很难保证坑底无水。图 6.3-77 为渣土回填的情况。

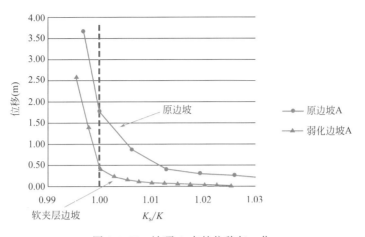

图 6.3-75　坡顶 A 点的位移归一化

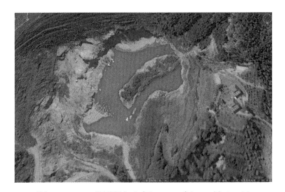

图 6.3-76　深圳渣土场 2013 年 11 月 25 日
为采石坑，水坑积水多，面积大

图 6.3-77　2014 年 11 月，渣土现场

2015.12.20 滑坡发生下滑土方 170 万 m³，受灾面积 0.2km²，如图 6.3-78 所示的虚线范围。图 6.3-79 所示为滑坡的剖面图，由图可见，该坡是比较缓的，坡比小于 1：4，滑动面在地下水位线以下，滑动面坡度很缓，常规计算不易滑动，但如果下部存在饱和软土，则安全系数会大为降低。

国家事故调查报告认为：事故直接原因是红坳受纳场没有建设有效的导排水系统，受纳场内积水未能导出排泄，致使堆填的渣土含水过饱和，形成底部软弱滑动带；严重超量超高堆填加载，下滑推力逐渐增大、稳定性降低，导致渣土失稳滑出，体积庞大的高势能滑坡体形成了巨大的冲击力，加之事发前险情处置错误，造成重大人员伤亡和财产损失。

因此，边坡滑动是否也存在塑性破坏和脆性破坏呢？

按以上的研究，牵引式滑坡破坏前变形小于推移式滑坡，这样，实际中应尽量避免牵引式滑坡，这对于减少滑坡灾害可能是有利的！

像钢筋混凝土结构那样：避免超筋梁和少筋梁，因为其破坏模式是脆性破坏；采用适筋梁，因为其破坏模式是塑性破坏。

这样，保证结构的破坏模式是塑性破坏，破坏前有明显的变形预警，可以起到减少灾害的作用。边坡的处理如果能参考这种方式对于减少滑坡灾害是有意义的。

图 6.3-78　2015.12.20　滑坡发生下滑土方 170 万 m³

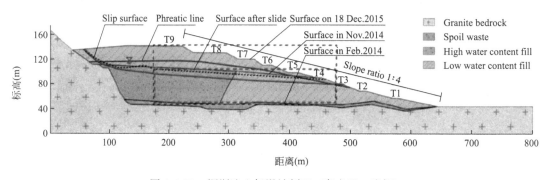

图 6.3-79　深圳渣土场滑坡剖面（詹良通、张振）

6.4　结论

（1）发展边坡应力位移场方法来研究边坡工程更科学！传统的整体极限平衡法是不够的。

（2）由边坡的应力位移场可以更好地了解边坡可能的破坏模式，可以判断为牵引式、推移式或复合式，了解边坡最先可能破坏的位置。

（3）由边坡的应力位移场可以更好地确定重点加固位置，使加固方案更科学合理。

（4）通过建立位移与安全系数的关系，可为安全监测提供更科学的预警指标。

（5）极限平衡法：其计算的牵引式滑坡安全系数偏大，有风险！

（6）边坡的破坏形态：有可能存在塑性坡和脆性坡。应该避免脆性坡！可减少灾害！推移式滑坡破坏前的位移大于牵引式滑坡，推移式滑坡比牵引式滑坡有更好的预警作用。

（7）对边坡利用数值方法和本构模型等现代技术做了初步探索性研究，还要深入研究，发展与现代科技相适应的新途径，防治滑坡灾害！

工程建设的工程事故主要是地质灾害，滑坡灾害只是其一！产生地质灾害的主要原因：①认识不够，研究不够！②学习不够！知表不知里！③安全监控技术发展不够！

地质减灾防灾大有可为！

主要参考文献

[1] 杨光华，张玉成，张有祥. 变模量弹塑性强度折减法及其在边坡稳定分析中的应用 [J]. 岩石力学与工程学报，2009，28（7）：1506-1512.

[2] YANG Guang-hua，ZHONG Zhi-hui，FU Xu-dong，et al. Slope analysis based on local strength reduction method and variable-modulus elasto-plastic model [J]. Journal of Central South University，2014，21（5）：2041-2050.

[3] 杨光华，钟志辉，张玉成，等. 用局部强度折减法进行边坡稳定性分析 [J]. 岩土力学，2010，31（S2）：53-58.

[4] 杨光华，钟志辉，张玉成，等. 根据应力场和位移场判断滑坡的破坏类型及确定最优加固位置 [J]. 岩石力学与工程学报，2012，31（9）：1879-1887.

[5] Guanghua Yang，Zhihui Zhong，Yucheng Zhang，Xudong Fu. Optimal design of anchor cables for slope reinforcement based on stress and displacement fields [J]. Journal of Rock Mechanics and Geotechnical Engineering，2015（7）：411-420.

[6] 杨光华，钟志辉，张玉成，等. 滑坡灾害的机制与力学特性的分析 [J]. 岩石力学与工程学报，2016（S2）：570-578.

[7] 张振. 深圳光明新区渣土场滑坡离心模型试验及机理分析 [D]. 杭州：浙江大学，2018.

后 记

为了供同行和读者阅读时更好地理解各章的研究内容及研究思路，这里特把写于2017年8月关于各章的研究过程和思路进行发表，后记中也记载了我的科研历程，同时也是反映我国现代岩土学科发展的一个侧影。

科研的艰辛与荣光——我的三十多年的科研历程

杨光华

这是一个三十年追梦人的故事。

科研应该说是造福人类的事业，但其过程就像是一个开路人的艰辛与荣光。在没有路的地方开拓新路，为方便后人到达彼岸提供捷径。在未知的地方探索新路，一点一滴、一步一步地前行，需要勇气、智慧和长期的坚持，是一件很不容易的事！但当看见后来者沿着你所开拓的新路轻松前行时，你又会感到无比的欣慰和荣光！

在30多年的科研探索过程中，开始是跟随着前辈走路，后来是领着团队和学生开拓新路。30多年来，探索了4条小径，有些已成为行业的康庄大道，为行业的发展提供了捷径，有些或许只有稀稀拉拉的行人路过，还未成为行业发展的必经之路，还要继续努力去发展完善。但对其过程的思考和困惑，包括其中如何发现问题和解决问题，一步步的前行，其中的艰辛和欣喜，趁着还能记得的时候回顾一下所走过的历程和所思所想，以供参考和共勉，应该还是有意义的，故而试着写下一点记忆，也算是对30多年科研工作的一个总结吧！

1. 与岩土结缘

我大学是在当时的武汉水利电力学院学习的，学的是电厂结构工程专业，1982年毕业。随后考入同校研究生读的是固体力学专业，在当时以"学好数理化，走遍天下都不怕"的理科思想主导的时代，还是很希望从事力学等基础理论的研究的。研究生期间发表过关于结构力学的精确力矩分配法的论文，以线性代数的求解法为基础提出的方法，到目前为止应该说还是一项不错的成果，同时还开展过变分原理的研究。这些都是在研究生毕业论文以外所做的工作。1985年毕业分配时，由于当时研究生是稀缺人才，只能在水利部的部属单位分配。我是广东人，希望回广州工作也是自然的事，广州的部属单位只有珠江水利委员会，于是我就分配到了这个单位。但这个单位的研究所没有固体方面的专业，于是就想着自己联系一下广州的其他单位。

当时建筑是热门行业，但由于当时尚不能自主择业，建筑部门不敢自主接收，与珠江水利委员会同一个大院的正好是当时的广东省水利水电科学研究所，里面也有一些同届或早一届的同学，打听后可以接收。这个所是1958年成立的老所，专业齐全，自然就联系与所学专业最密切的结构工程研究室了，那里正好有一个比我早一届的研究生同学，见过室主任后这个同学就带我去见所长，在路过办公楼二楼土工实验室办公室楼梯口时正好遇到当时的土工实验室主任陆培炎先生，他见到后问了一下是干什么的？一听说是研究生找工作的，他就很热心的邀请我说到他的办公室聊一下再说，然后动员我到土工室来，说他带我去找所长。因为我研究生毕业论文做的是非线性有限元计算方法的研究，在谈话中了解到当时他正在开展土的本构模型的研究，正需要开发有限元程序软件，把他研究的模型开发出来用于工程计算，所以我这样的专业背景是太合适不过了。当时研究生很短缺，自己也觉得这个工作能发挥所学，但我还是担心这个室主要是为生产做土工试验的，研究工作不多，在陆主任1979年调来这个所前也确实是这样的，主要是为工程做常规的岩石和土工的物理力学指标，是名副其实的实验室。陆主任了解到我的担心后说没关系，名字是可以改的，工作内容也在变化。后来没多久就接受我的意见改为岩土工程研究室了。

就这样，无意之间我就从事了岩土工程的研究，并且一干就是一辈子了！1986年的时候我还作为秘书协助他组织成立了广东省岩石力学与工程学会，挂靠在研究所里。这个学会是中国岩石力学与工程学会较早成立的省级学会，国家学会创始人陈宗基院士也多次到来指导工作。广东学会云集了建筑、水利、交通、地质等各行业广东最权威的专家，理事都是各重要部门和单位的总工程师，包括省建设厅、建筑总公司、水利厅、各大设计院、研究院（所）和后来成为院士的容柏生、周福霖等专家教授，当年是广东甚至在全国都是最活跃的学会之一。我作为20多岁的年轻人，通过这个学会参与了广东建筑、交通和城市建设等当时发达行业的许多工程技术难题的咨询，主要负责具体的计算和编写报告，跟广东的前辈们学习了工程处理的方法，受益良多！

2. 四个科研方向的发展历程

（1）土的本构模型的广义位势理论

我刚到广东省水利水电科学研究所报到后就接手开发土的本构模型有限元程序。土的本构模型是现代土力学的核心问题。土的弹塑性本构模型是本构模型最活跃的领域，弹塑性模型是最能反映土的本构特性的。第一个现代土的本构模型，也是影响最大的模型，是1963年英国剑桥大学提出的剑桥弹塑性模型。我国开展土的本构模型研究的热潮始于清华大学黄文熙院士1979年在《岩土力学》上发表的土的弹塑性应力-应变模型理论，在20世纪80~90年代达到高潮，几乎所有搞土力学研究的高校和科研单位都有开展土的本构模型的研究。

代表性的成果和人物如清华大学的黄文熙、濮家骝、李广信发展了清华弹塑性模型；南京水科院沈珠江的南水模型，后来的双屈服面模型，以及他所提出的一些新观点，对我国土的本构模型的研究都影响较大，后来成为了中科院院士；以及南京水科院魏汝龙对屈服面的研究和窦宜的试验研究，还有河海大学殷宗泽的双屈服面模型和向大润的多屈服面加卸载理论的研究；成都科技大学屈智炯的 K-G 模型的研究；清华大学高莲士的 K-G 解耦模型；郑颖人的多重屈服面模型；武汉水利电力学院刘祖德采用指数函数拟合试验的方法；武汉岩土所袁建新的非线性割线模量的研究；中国建科院闫明礼的 K-G 模型的研究；同济大学张问清、赵锡宏针对上海软土开展土的弹塑性模型的研究等都很有特色，都是当时代表性的成果。与此同时，作为一个省级研究所，广东水科所陆培炎主任组织一个团队也开展土的本构模型的研究，采用样条函数拟合试验数据求土的切线模量和泊松比的方法，以及用清华模型方法建立弹塑性模型，在当时不仅有影响，而且也是很有特色和相当不容易的，更难得的是也在自主开发有限元程序，我们是在研究生时才学的有限元和编程，对于他们这些工作都是靠自学来获得，非常的不容易。我来后主要任务是开发他们用清华模型方法建立的模型到有限元程序中去。

当时我们与香港土力工程处合作研究深圳河的软土承载力，在现场做了一个软土筑堤试验，现场进行了系统的沉降和孔隙水压力的消散监测，同时取样进行了室内三轴试验，分别建立样条函数的非线性弹性模型和清华弹塑性模型，然后用于有限元计算，与现场实测结果作比较。我负责弹塑性模型的建立和参数的求取，并自编有限元程序进行开发。当时我们单位还没有可以进行有限元计算的大型计算机，是到隔壁珠江委的计算机房去排队上机计算的。这是一个在国际上都不多见的既有现场监测，又有本构模型研究，同时进行了数值计算与实测结果比较这样系统的研究，资料齐全，可惜未引起重视。成果在1987年于厦门召开的全国土力学与基础工程大会上交流，论文未入选论文选集，陆培炎主任代表我们去参会交流。这个试验成果后来我用来建立软土地基非线性沉降计算时作为一个很好的验证案例。

我也是在这时开始接触土的本构模型研究的，当时我提出了按正交流动法则解析确定椭圆屈服函数的长短轴和硬化函数的方法，在论文中也有专门介绍。后来我就思考，正交流动法则应该是一个数学拟合的方法，传统正交流动法则最先是借用弹性势的概念而提出塑性势函数的概念，并无理论和试验验证，只是 Drucker 公设提出后，依据这个公设证明塑性势函数就是屈服函数，从而奠定了弹塑性本构理论。其实从数学角度出发，可以不理会公设，纯粹把其看作为一个数学拟合的问题，则可以在应力空间和应变空间上分别有与塑性应变增量和塑性应力增量的正交关系，这样可以有对称或对偶的四个正交关系，我就把其称为广义塑性位势理论，发表于1988年在珠海召开的全国岩土力学数值与解析方法会议论文集上。

后来思考觉得清华模型采用一个屈服函数去拟合塑性应变增量的方法还是比较麻烦，既然已知塑性应变增量方向，如在平面上，把其看作一个矢量，从数学上不就可以用两个任意线性无关的矢量去拟合？何必那么复杂的去凑合满足正交关系的屈服函数和硬化参数？对于通常的主空间就是三维的，而对于一个三维空间上的已知矢量，就需要三个线性无关的矢量去拟合，我们可以用三个线性无关的势函数矢量就可以了，这种方法与正交于塑性应变增量方向的塑性势函数不同，这完全是一种数学方法，并且应用方便多了，开始称其为多重势面理论，发表于1991年的《岩土工程学报》，引起了国内同行的广泛兴趣和讨论。

1992年从数学角度发现传统的单一塑性位势理论其实是多重势面理论的特例，即只有当塑性应变增量矢量矩阵的秩为1并且是一个有势场时，才可以用一个势函数的矢量来表述，并且要求出满足正交条件的势函数比较复杂。而采用多重势面理论时不需要去求这个满足正交条件的势函数，方便多了，同时还可以表述非有势场时的塑性应变增量矢量，更具有普遍性，可以用于解决沈珠江院士提出和其他人发现的塑性应变增量方向非唯一性的问题，成果发表于1992年在浙江大学召开的第一届全国青年岩土力学会议论文集上。

随后，1993年依据这个理论建立了具体的应力空间弹塑性模型，发表于1993年在广州召开的第一届国际软土会议论文集上，随后，进一步从张量理论出发，证明了这个理论的正确性，发表于1993年在大连召开的全国水工结构青年学术会议论文集上，这个结论就是后来郑颖人院士和沈珠江院士、龚晓南院士共著的著作《广义塑性力学——岩土塑性力学原理》里提到的杨光华用张量理论导出的广义塑性位势理论的结果。

1996年进一步依据这个理论建立了应变空间的弹塑性模型，应变空间模型的公式比应力空间的更简单，成果发表于1996年在南京召开的第二届国际软土会议论文集上。同时，在1993~1995年间，广东水科所参与了由长江科学院包承纲院长牵头的三峡二期深水围堰的攻关研究，当时参加的除长科院外，还有南京水科院的沈珠江、河海大学的殷宗泽、武汉水利电力学院的刘祖德和王钊、中科院武汉岩土所的袁建新所长和我们广东水科所，我们主要是由陆培炎总工（这时陆培炎已由岩土室主任升任水科所的总工程师）牵头，具体由我负责组织实施。当时广东水科所岩土室已有一批博士、硕士毕业的研究生，有一支有较好理论基础的队伍，这在当时全国的省级研究所中是不多的。攻关研究的内容主要是围堰的应力应变和连续防渗墙的应力位移情况。

对于三峡深水围堰这样的高水头作用下防渗墙的应力位移计算没有经验和规范，唯有用有限元进行计算，但有限元计算关键在于合适的本构模型，当时没有统一成熟的商业软件，计算都是用自己开发的有限元软件，本构模型也是各自研究开发的，甚至连有限元网格都是各自划分的，这样计算的结果可能会不一致。经过初步探索后，后来就统一用同一个有限元网格，各家都用Duncan-Chang模型做一个计算进行对比，以检验各家程序的可靠性，然后各家再采用自己的本构模型计算，再进行比较。我们投入的人力最多，除了陆培炎总工外，还有7~8人参与，我们计算了几乎所有的工况，是长科院以外参加单位计算内容最多的。

在本构模型方面，除统一用的Duncan-Chang模型外，我们还用了我们的模型，包括样条函数非线性模型和我提出的多重势面弹塑性模型。对于大家最关心的防渗墙底部应力问题，Duncan-Chang模型计算墙底破坏单元多，多重势面弹塑性模型计算的塑性墙破坏单元最少，认为是安全的，后来采用的墙体方案也与我们计算后认为较合理的方案一致。工程实施后实测证实多重势面弹塑性模型在墙底部的位移形态也比Duncan-Chang模型更符合实测结果，说明墙体的安全是有保证的。这也是我国现代土力学理论在重大工程中成功应用的典范！这种组织全国力量，集中全国在这方面有研究的学者共同为一个重大工程的重大技术难题进行协作攻关的做法，也算是史上少见后难有来者的典例了！

1995年9月在大连召开的全国青年岩土力学会议上，承办会议的大连理工大学栾茂田教授邀请我就我所做的本构理论方面的工作写一篇水平报告，当时我写了一篇一万字的水平报告论文——《土的数学本构理论的研究》，发表于会议论文集上，系统介绍了我的理论。我也由此认识了栾教授，我跟他很有缘，他年龄比我小一天，当时已是年轻有为的教授博导，后来他还邀请我担任大连理工大学的兼职教授，在大工做过几次报告，可惜他2013年英年早逝！当时郑颖人教授作大会报告，也介绍了我提出的这套数学本构理论，给予了较高的评价，正好会上遇到了清华大学的李广信老师，向他介绍了我的成果以及在三峡二期围堰中的应用情况，并提出希望跟李老师读博士的请求，李老师欣然应答，并很快给我寄来了报考材料，于是我便于1996年3月进入清华，系统总结我的这套数学理论，并补充了试验验证和数值计算，以此作为博士论文。

后来李老师和我把这个理论称之为广义位势理论写了一篇总结论文于2002年发表在《岩土力学》上。其后由郑颖人院士、沈珠江院士、龚晓南院士所著的《广义塑性力学——岩土塑性力学原理》（中国建筑工业出版社，2002年）中把这套理论称为广义塑性

位势理论，并认为广义塑性力学的理论基础是广义塑性位势理论，在此基础上发展了广义塑性力学。其后李广信老师编著的《高等土力学》教材中（清华大学出版社，2004年）用一节的内容对广义位势理论进行了介绍。其后，我在博士论文基础上，和李广信、介玉新一起编写了系统介绍这个理论的著作《土的本构模型的广义位势理论及其应用》，于2007年由中国水利水电出版社出版。

暨南大学陈晓平教授编著研究生教材《土的本构关系》（中国水利水电出版社，2011年），邀请我参编，于是我就把广义位势理论和模型在书中进行了介绍。

我于2004年获得武汉大学（此时原母校武汉水利电力学院已合并回武汉大学）博士研究生招生资格，2005年开始招收博士生，指导博士对这个理论进一步开展研究，有三届学生做了这方面的工作。

首先是用这个理论解决塑性应变增量方向非唯一性的问题，把塑性应变增量分解为两个部分，一部分为服从塑性分解准则或方向具有唯一性，另一部分为与应力增量主方向一致的拟弹性塑性应变，采用弹性准则分解，从而解决塑性应变增量方向非唯一性的问题，成果发表于2013年的《岩土工程学报》。

其次是把这个理论与剑桥模型的结合。剑桥模型在求硬化参数时要假设能量函数的形式，假设不同的形式时就会有不同的模型，但其形式为什么或怎么假设则存在不确定性，学术界也对此有诟病。能不能从数学方法上建立更直接的数学模型呢？于是就利用广义位势理论，假设屈服函数在 P 轴塑性剪应变为零与破坏线 M 线相交时塑性体应变为零，这个与修正剑桥模型一致，构造满足 P 轴和 M 线条件的数学函数，在 P 轴和 M 线间则通过拟合试验曲线而确定，这样可以获得更灵活的模型，无需能量函数假设，数学原理清晰，而修正剑桥模型可以作为其特例，这个成果以类剑桥模型的名字于2013年发表在《岩土力学》上。

由此，从1988年发表第一篇相关论文，到2007年系统总结出版著作以及后期的发展，历经20多年形成了一个具有系统性和普遍性的数学本构理论。该理论把传统的弹塑性理论、非线性弹性理论从数学角度上统一起来，而传统理论只是广义位势理论的特例，从数学上揭示了传统本构理论的数学实质，同时按广义位势理论的方法建立土的弹塑性本构模型时，可以通过直接拟合试验数据而建立，无需传统弹塑性理论推求塑性势函数和硬化参数的复杂，直观方便且数学原理明确。发表后也得到了一些同行的应用，周维垣、刘元高用于建立裂隙岩石的本构模型；介玉新用于加筋挡墙的计算，并开发了计算程序；刘国明教授用于土石坝的计算；卢廷浩、周爱兆和曾新发等用于建立接触面的弹塑性模型；宋新杰等用于建立水泥土的弹塑性模型；唐帅、倪磊等用于建立草炭土的本构模型等；侯学渊、张向霞改进剑桥模型；赖远明院士建立冻土弹塑性模型等也都用到这个理论。好成果总是希望有更多的人去应用才好，有人用才是好成果！现在虽然也已有些应用，但还没有成为普遍应用的工具，希望后期会被慢慢地认识和有更多的应用，发挥其在学科发展中的作用吧！这也说明一个创新的成果要被广泛认可和应用还是需要一个漫长的时间过程的。科研的道路是艰难和漫长的!

在做土的本构模型研究前,在我的研究生论文中也曾做过岩石屈服面在 π 平面上函数特性的研究,其中一个很好的成果是提出了 π 平面上屈服函数外凸的数学判别准则,并以此判断著名的 Gudehus-Arygris 屈服准则在岩石内摩擦角大于 22° 时不外凸,进而提出改进,保证其外凸。成果分别发表于 1985 年的《武汉水利电力学院学报》和 1987 年的《岩土工程学报》,得到了同行的认可,并被作为判断新提出的屈服准则是否外凸的准则。

(2)深基坑支护结构计算的增量法

增量法目前已是深基坑支护结构常用的计算方法,已被行业广泛应用,但这个方法的提出和最后为同行所认可和应用也是历经波折的。

这个方法最早提出是源于 1989 年国内第一条沉管法过江隧道——广州珠江过江隧道黄沙段深基坑支护的咨询,其江中隧道与岸上的连接是一个深基坑,基坑深度为 17.8m,支护结构采用 T 字形地下连续墙,三层支撑,这在当时是广州最深的基坑,当时也没有相应的规范可遵循。设计单位委托我们做咨询,主要是觉得当时没有规范,基坑深,没有成熟的经验,要求我们协助进行计算分析。当时一般的方法是把支撑当作一固定支点,连续墙受侧向水土压力的作用,把连续墙当作一多跨连续梁计算。我觉得这样计算与实际有差异。原因有两个:一是支撑是分步施加的,存在先变形后支撑的问题;二是支撑也是可压缩的。但不知考虑这种施工过程和支撑的弹性变形后与不考虑这些因素的方法有多大差异呢?于是就提出按施工过程把土压力分步施加,并把支撑和土都看作弹簧,用弹簧刚度代替,按施工过程分步计算,称为增量计算法。经这样计算后与不考虑分步施工的计算结果比较,发现结果还是有较大差异的,尤其是连续墙的弯矩,增量法会较大,而最下一道支撑轴力,增量法则会较小。提出后单位内部对这个方法的对与否当时还是有争论的,但最后报告还是采用增量法的计算结果。后来我就自己开发了计算程序,并且在广州地铁 1 号线的几个基坑咨询中也采用这种方法,像长寿路站、体育中心站等。广州地铁也逐步认可并在其设计中也要求采用增量法计算。其后,广州同行比较认同,很多当时广东岩石学会的咨询和我们单位的设计与咨询都采用这个方法,并逐步完善了相应的计算程序,方便了计算。这个方法不但可以模拟加撑过程,还可以模拟拆撑过程的受力。这个方法后来写成论文投稿《岩土工程学报》和 1991 年在上海召开的第六届全国土力学大会都未被接受,可能是缺乏实测资料的验证吧,最后发表于 1994 年的《建筑结构》。但 1991 年上海第六届土力学大会录用并在论文集上发表了我用增量法解决支护入土深度的一篇论文,这应该是公开发表增量法及其应用最早的论文。该文考虑基坑底以下被动侧的极限抗力为被动土压力,超过后就用增量法进行应力转移迭代,直到不超为止,否则要增加入土深度,现在的国家基坑规范方法也增加了被动侧总的土抗力不超过总被动土压力这种方法来判断支护的入土深度,但本方法可能是更合理的方法,因其不仅考虑总被动土压力,还可以考虑被动侧土体逐步屈服对支护的影响。后来又用增量法研究了锚杆或钢支撑施加预应力的计算,可以合理地计算预应力对支护位移和受力的影响,于 1996 年发表于《建筑结构》。期间看到一些论文对传统的朗肯土压力理论能否适用于深基坑工程提出怀疑,因为国外应用的是著名的 Terzaghi-Peck 经验土压力,这个土压力是矩形分布,与朗肯理论的三角形土压力分布不同。为了解决这个问题,我用增量法进行计算研究,采用了朗肯土压力理论,论证了 Terzaghi-Peck 经验土压力其实就是常规朗肯土压力下支撑力等效成的分布力,并不是真实作用于支护结构上的土压力，Terzaghi-Peck 经验土压力应该是根据实测的支撑力反算成的分布力，类似土压力，这个分布力应该叫支撑分布力更恰当些，这个分布力是考虑了施工过程影响的，这在当时的条件下能总结出这个结果是很了不起的。但由于支撑力与分层土性、支撑的时机、支撑和支护结构的刚度、支护结构的入土深度都有关，Terzaghi-Peck 经验土压力难以一一反映，而采用增量法则可以全面考虑所有因素的影响，是更科学的方法，Terzaghi-Peck 经验土压力法是当时科技条件下考虑施工过程的经验法。由此，用增量法科学的解释了这个问题，解决了怀疑基坑支护中传统朗肯土压力是否能应用的问题，这个结果发表于 1998 年《岩土工程学报》。

对于土压力问题，除了朗肯土压力理论外，还有一个库仑土压力理论，当时就考虑这两个土压力哪个更合理呢？从应用的角度，朗肯理论简单些，后来发现这两个理论的土压力相差较大，库仑理论主动土压力小，被动土压力大，朗肯理论主动土压力大，被动土压力小，用朗肯理论是偏安全的。后进一步深入研究，发现这两个理论的破坏面都是直线，而土体的滑裂面也可以是 Prandtl 面，如果考虑滑动面不仅是非直线的，而且是含有对数螺旋线的 Prandtl 曲线面会怎样呢？于是我就推导了这种情况下的土压力公式，结果是介于库仑和朗肯土压力之间，公式像朗肯理论那样简单，应用后会比朗肯理论节省，又比库仑理论安全，这个成果后来发表于中国建筑学会地基基础 1994 年学术会议论文集《高层建筑地下结构及基坑支护》中，与一些实测结果还是比较符合的。后来有同行在一些基坑中应用，还取得了较好的经济效益，但偏于安全考虑，在我自己开发的计算软件中就采用了一个折中的方法，即主动土压力还是按朗肯理论，被动土压力就用我这个理论，这样可以达到减少支护的入土深度，又可保证足够的安全。

针对重力式支护结构的位移和稳定计算也缺少有效计算方法的情况，也采用增量法来解决，成果发表于 1996 年的《岩土工程学报》。至此，一系列的成果已构成了一套系统且崭新的深基坑支护结构计算方法。为此，我总结这些成果，写成《深基坑支护结构的实用计算方法》一文，发表于 2004 年的《岩土力学》，据中国知网的统计该文目前已被引用超过 300 次，成为深基坑方面高引用率的论文之一，获得《岩土力学》创刊 40 周年（1979～2019）高被引论文 TOP30 证书。

到 20 世纪 90 年代中期开始，土钉支护由于其经济性在全国应用成为热潮。在高峰期，如 2011 年 7 月 21 日广州海珠城基坑塌方前，据统计广州的深基坑支护应用土钉支护达到了 70%，可以说达到了有条件要应用，没有条件创造条件也要应用的地步，如采用复合土钉支护等。但土钉支护遇到很重要的一个问题就是土钉力的计算，当时的基坑支护规范中土钉力是按照朗肯土压力的三角形分布计算，土钉所在位置所分担的土压力作为每根土钉的受力，但这样的结果会造成越底部位置的土钉力越大，这与实测的在支护面中部土钉力最大的结果不符。那么，土钉力如何计算才更合理呢？显然土钉力是与土钉发挥作用的时机有关的，最底部的土钉是作用最迟的，因土钉是先开挖后施加的，就像支撑一样，明显是与施工过程有关的，早期基坑规范静态地用土压力分担来计算土钉力明显未考虑施工过程的影响。

为此我自然想到了用上面的增量法来计算土钉力，从而提出土钉力的增量计算法，由此计算的土钉力分布则与实测值较一致，成果在 2004 年发表于《岩土力学》，这个方法后来被不少论文所应用。虽然增量法计算土钉力直接应用不方便，但揭示了土钉力分布的机理。为方便应用，后来参考 Terzaghi-Peck 经验土压力的思想以及增量法所揭示的机理，提出了一种土压力等效的简化方法，即土钉力沿深度的分布形式参考 Terzaghi-Peck 的形式。但数值则认为总力与朗肯土压力相同，这样可以更精确计算分层土的情况，成果发表在 2003 年于北京召开的第九届全国土力学与岩土工程学术会议论文集上。这一简化方法后来在广东省土钉规程中应用，后来深圳基坑规程和广东基坑规程也采用这一简化方法，新的国家基坑规范也修改了原来计算土钉力的方法。

增量法和土钉力计算的增量法或土压力等效法，目前都已成为工程设计中普遍应用的方法了，这应该是我们中国创造的方法，代表了深基坑计算理论的新水平。

增量法提出后，在广东影响还是较大的，广州地铁 1 号线及后期的设计计算都要求用增量法，1998 年颁布的《广州市建筑基坑规程》初稿中也写进了增量法的，后来编写组内个别同志对该方法有不同看法，听说还争论起来，为避免规范有争议，最后没有写入。规范主编陈如桂博士（现为深圳市市长）还把我和几位老前辈列为规范的顾问，我其实没有参加什么工作，主要是陈主编出于对我在深基坑计算理论方面所做工作的肯定吧！其实对这个方法在广州地铁 1 号线长寿路站的计算时，也有审查专家对这个方法提出过异议，我说已通过理论证明了方法的正确性了，后来进一步跟专家解释我也用算例可证明增量法是对的。最简单的方法是对一个有支撑的支护，按增量法计算加支撑过程，最后把支撑全部拆除，就成为一个悬臂支护了，这个结果与不需要考虑施工过程的悬臂支护的直接计算的结果比较，两者是一致的，这样专家才接受了这个方法。

这个证明方法是由于我们单位内部当时对增量法也有争议，我才想出这个最直接的证明方法的。后来 2004 年在广州召开第三届全国基坑工程会议，我系统介绍了增量法，并作为会议材料发给参会代表我刚出版系统介绍这一套算法的著作《深基坑支护结构的实用计算方法》（地质出版社，2004 年），然后增量法才逐步被开始应用。

现在，《深基坑工程》（机械工业出版社，2003 年）、《基坑工程手册》（第二版）（中国建筑工业出版社，2009 年）等著作也全面地介绍了增量法。后来理正软件编入了增量法，在全国得到广泛应用。现在新的广东省深基坑规范已把增量法列入。可见一项成果，从 1989 年提出，进一步完善，到 2004 年总结出版著作，已历经 10 多年，再到后来同行的认可和广泛应用，已经差不多 20 年了，其中所经历的各种波折，还真是不容易的！

（3）地基的沉降与承载力问题

1）地基的沉降问题

刚参加工作时做了较多的地基沉降计算，但当时我们单位的计算习惯是没有用规范的分层总和法，而是用变形模量法，但这个变形模量主要是根据陆总（陆培炎总工）的经验取定，我们年轻人摸不准这个参数。于是迫使我对这个问题进行深入的思考。

地基的沉降与承载力是土力学中最基本的问题，是建筑物基础设计要解决的基本问题，是工程应用最多的问题，自 Terzaghi 1925 年出版《土力学》至今的近百年来其实并没有得到很好的解决。地基沉降算不准，地基承载力定不准的难题一直在困扰着学术和工程界。以地基沉降为例，工程师用得最多，或认为是最权威的国家建筑地基设计规范中的沉降计算，要在理论计算值的基础上乘一个 0.2～1.4 的经验系数进行修正，这个经验系数相差 7 倍，是通过很多实测沉降与计算沉降的比较而总结出来的，应该是反映了实际的，这也说明理论计算与实际的差异很大，好像是应了人们常说的"土力学是一门半经验半理论的艺术！"

那么沉降算不准的原因在哪里呢？分析一下经验修正系数就可发现其主要原因了。这个经验系数是越硬的土，经验系数越小，最小可到 0.2，也就是计算值的 1/5，即越硬的土计算值越是偏大的。而软土的经验系数是大于 1 的，说明软土计算的沉降是偏小的。由于计算是采用压缩模量的分层总和法，压缩模量是土在侧限条件下的一维压缩，而实际基础下土是可以侧向变形的，侧向变形会增加竖向的沉降。因此，理论上用压缩模量计算的沉降都应该是偏小的，应该对计算值乘上大于 1 的系数才合理，但经验系数为什么会有小于 1 的呢？只能说明是压缩模量值偏小了。是什么原因导致压缩模量偏小呢？主要原因是试验是室内做的，不是现场原位土的压缩模量，室内试验的土样由于取样扰动和应力释放后已发生了变化，变软了，试验土样的特性不代表原位土的特性，越硬的土影响越大。因此，要提高计算精度应要改进土的变形参数的获取方法，而进行原位压板载荷试验是获取原位土变形参数最好的手段。

20 世纪 80～90 年代，广东、深圳一带就发现花岗岩残积土的变形模量远大于压缩模量的情况，而理论上应是变形模量小于压缩模量的，但变形模量是通过现场压板载荷试验求得的，一般工程都没有做压板试验，怎样取定这个变形模量值呢？当时我们计算时这个参数主要是由陆总（陆培炎）给定，我们就按给定值计算，给定的结果是硬土的变形模量大于压缩模量，软土的变形模量小于压缩模量。这样虽然计算结果更接近实际，但感觉也是经验性多，于是就开始思考可否能更有依据一点呢？后来广东、深圳的地基规范通过压板试验与标贯击数的统计，对花岗岩残积土变形模量可经验取为 2.2 倍的标贯击数，如一般标贯击数 15～20 击的花岗岩残积土，其压缩模量可能是 5～10MPa，而变形模量会达到 30～40MPa，这样用变形模量计算沉降会更准确些。但对于其他土呢？能否用承载力特征值来经验取定土的变形模量呢？因为承载力特征值一般勘察报告都是会提供的，如能实现将会很方便变形模量的应用，于是就总结了不同地质条件下承载力特征值对应可能的沉降，然后反算其对应的变形模量，由此就提出了根据地基承载力特征值取定变形模量的经验方法，2002 年发表于《广东水利水电》。

但土是非线性的，土的变形模量应该是随应力水平而变化的，如何解决呢？于是就想到我 1997 年发表于《地基处理》中一文的假设，把沉降曲线假设为一双曲线方程，而通常由压板试验确定的变形模量是相应于地基承载力特征值时的割线模量，不同荷载水平时对应的模量应该是不同的，这样，通过双曲线方程就可以用变形模量来计算不同荷载水平的模量值，从而可以进行地基非线性沉降的计算，这个成果于 2001 年发表在大连召开的全国第七届岩土力学数值会议论文集上。

这种方法基本反映了地基的沉降特性，而曲线的参数又易于确定，且双曲线方程的两个参数具有明确的物理意义，可由土的强度参数 c、φ 和通常的变形模量确定，这其实就是一个非线性的割线模量法了。2003 年我开始在华南理工大学招生硕士研究生，于是就带领学生进一步做这方面的研究。由于硬土地基沉降计算不准主要是土样取样扰动影响参数的不准确，因此，要解决参数问题，还是需要从原位压板试验着手。而用压板试验曲线计算沉降前人也做过一些工作，比较有影响的工作如 Terzaghi 提出的经验公式；张在明院士针对北京地区提出双折线公式，编入了北京地区的规范；焦五一先生提出了弦线模量法。这些工作早的已有几十年了，但并未成为行业普遍应用的方法，说明成果还是不理想。要在工程中得到应用一定是既反映了科学规律又是简单的，也即所谓的大道至简吧！为此，首先应该用什么样的曲线去表达压板试验曲线才是简单又好的呢？显然，前面使用的双曲线方程是最合适的。同时，土的非线性模量与什么关系最密切呢？由 Duncan-Chang 模型可知是与应力水平关系最大。这样，类似于 Duncan-Chang 模型，假设压板试验曲线可以用双曲线方程去代表，然后通过推导，求得不同荷载水平下土的切线模量，用这个切线模量于分层总和法进行地基的非线性沉降计算，由此提出了基于压板载荷试验的双曲线切线模量法的地基沉降计算新方法，发表于 2006 年的《岩土工程学报》，这个方法现已为很多同行所关注和跟踪研究。

该方法解决了通常靠室内试验获取参数所存在的取样扰动问题，使参数源于原位试验，解决了参数确定的可靠性，同时这个切线模量巧妙的地方在于科学地反映了土的非线性特性，确定简单，物理意义明确，有效提高了沉降计算的准确性，整个方法简单方便。同样，为了像变形模量那样方便计算，其后又发展了双曲线割线模型，相当于非线性的变形模量法，于 2007 年发表于《土木工程学报》。发表后有读者讨论提出，双曲线方程虽然简单，但如果压板试验曲线不符合双曲线呢？于是又考虑能直接利用试验曲线求切线模量吗？这样又将该方法推广于沉降曲线为非双曲线的情况，成果发表于 2011 年的《岩土力学》。后来又提出了新的问题，即深部土体压板试验困难。由于该方法只需要三个参数，那么能否有其他原位测试方法可以确定这三个参数呢？于是就提出采用旁压试验确定原位土参数的研究，代表性的论文发表于 2013 年的《岩土工程学报》。基于原位土参数影响地基沉降计算准确性的重要性，在 2012 年由中国力学学会岩土力学专委会主办和我们承办的"南方岩土战略论坛"上建议了加强原位岩土力学的研究，提出应该发展原位岩土力学，解决原位岩土参数确定的问题可能是解决岩土工程理论不准确的有效途径。这是对硬土地基沉降的研究。

而对于饱和软土地基，规范方法的经验系数大于 1 应该主要是由于参数压缩模量不能反映其侧向变形所产生的沉降。软土与硬土不同，软土地基承载力低，很容易产生侧向变形，但如何考虑侧向变形所产生的沉降呢？这就是真正的要用到土的本构模型了。由 Duncan-Chang 模型和三轴试验可知，围压越高，土越难产生竖向变形，也就越硬。因此，为改进软土的侧向围压对沉降的影响，首先想到的就是用 Duncan-Chang 模型计算软土的切线模量，该模型可以反映侧向围压的影响，于是就发展了用 Duncan-Chang 模型计算切线模量用于分层总和法计算软土地基的沉降，成果于 2001 年发表于《广东水利水电》。这应该是一个好的方法，但考虑到实际工程中，严格的 Duncan-Chang 模型需要 8 个参数，要做不同围压下的三轴试验来确定，一般工程都不做，也做不好，多数工程难以应用。于是能否可以像剑桥模型那样，用压缩曲线来求算 Duncan-Chang 模型的切线模量呢？于是把压缩试验的 e-p 曲线作为 Duncan-Chang 模型的一个特例，采用 e-p 曲线计算土的初始切线模量，再有土的强度指标 c、φ，这样用这三个参数就可以由 Duncan-Chang 模型求切线模量用于分层总和法了，这个成果于 2003 年发表于北京召开的第九届全国土力学与岩土工程大会上。但这个方法遇到一个问题，就是当侧压力较小时，切线模量值不稳定，并且 e-p 曲线有些勘察报告也没有，而工程中最常用的指标就是土的压缩模量，即 e-p 曲线中 $0.1\sim0.2$MPa 的割线模量，那么能否用压缩模量直接求 e-p 曲线呢？如果可行就更方便了，这个成果与研究生一起发表于 2008 年的《岩土力学》。

对于该方法计算不稳定的问题也一直未找到解决的方法，直到 2013 年才又带领研究生继续探索解决的途径。由于通常的分层总和法把全部荷载除以切线模量，这样切线模量的误差会引起沉降误差的放大。为此，后来就思考把沉降分解为两部分，一部分是由于纯压缩引起的沉降，这部分可以采用 e-p 曲线一维压缩计算，这个结果较稳定，并且占主要部分。另一部分则是由于侧向压力差引起的竖向沉降，采用非线性切线模量，这样可以提高计算结果的稳定性，因大部分的沉降是由压缩变形引起。计算也发现，由于软土强度低，应力水平很易接近 1，甚至地基稳定下，由弹性计算的应力会导致应力水平大于 1，这样造成切线模量偏小甚至接近于零或变成不合理的负值，使沉降夸大，这是明显不合理的，这种情况即使是有限元法也难以避免。为此，想出了一个应力水平修正系数，限定应力水平，即采用加大荷载，使地基稳定系数为 1 时，计算其最大应力水平，此应力水平大于 1 时就是不合理的，此时把其修正为 1，其他条件可按此最大应力水平值进行修正，这样可保证地基破坏前应力水平是小于 1 的，更符合实际，这样就保证了计算结果的合理性。同时，用于进行固结计算时，固结沉降对应的是总压缩沉降的固结过程，侧向变形沉降为瞬时沉降，这样又可以解决固结沉降问题，由此为软土的非线性沉降计算问题找到了一个简便实用的解决方法，成果发表于 2015 年的《岩土工程学报》。

后来发现切线模量为应力水平的平方关系，稍有误差就会被较大的放大，于是，为提高计算结果的稳定性，又进一步研究采用割线模量计算侧向变形引起的沉降，割线模量与应力水平为线性关系，变化没有那么剧烈，结果稳定性会好些。同时，关键是 e-p 曲线如何简便确定，一般地质报告会提供软土的初始孔隙比，压缩模量或压缩指数，同时压缩指数是世界公认和通用的指标，为此，研究了由这些简单参数推求 e-p 曲线的方法，因为有了 e-p 曲线结合 Duncan-Chang 模型就可以进行软土的非线性固结沉降计算。由此，找到了只要有压缩模量或压缩指数，结合常规的强度指标值 c、φ，即可得到解决软土非线性沉降的简化实用计算方法，成果将发表于 2017 年的《岩土工程学报》。

实际工程中由于应力水平较低，对于硬土基本在线弹性范围，为方便应用，可以用通常的变形模量计算沉降已可满足工程应用。于是，根据早期的研究，对硬土建立了承载力特征值与变形模量的关系，这样工程师就可以根据承载力特征值选定变形模量，方便了应用。对于软土，采用规范的方法，依据 e-p 曲线的分段压缩模量计算沉降，把规范的经验系数 $1.1\sim1.4$ 根据荷载水平用双曲线插值的方法确定经验系数，而不是靠人为取定的方法，由此形成了一个沉降计算的工程方法，发表于 2017 年的《岩石力学与工程学报》，将考虑在相关规范中列入，为工程应用提供一个参考吧。

软土地基沉降计算所做的另一项工作是早年对砂井或塑料排水板的排水固结等效问题的研究。当时用有限元计算高速公路路堤的沉降，地基处理采用砂井进行排水固结，路堤可以作为一个平面问题来计算，但砂井固结是一个空间问题，如能把砂井的空间问题简化为一个平面问题，则路堤固结沉降的计算就可以用平面进行计算了。由此想出了一个把砂井等效为砂墙的方法，提出了等效的渗透系数计算方法，成果发表于 1990 年的《广东水利水电》上，这应该是国内较早采用等效渗透系数方法解决砂井固结计算的成果了。

至此，地基沉降计算方法已达到了一个新的高度，获得了既简单又准确，同时又比数值方法简便，结果可靠的一整套解决方法。其中的双曲线切线模量法已得到较广泛的关注和同行的应用。

2）地基承载力的问题

如何正确合理地确定地基承载力是地基基础设计的基本问题，严格的定义地基承载力应该是保证有足够的强度安全系数，同时变形满足上部结构的要求。但很多人理解为强度，也即控制基础底部的应力。所以，一般就将地基承载力认为是允许作用于地基上的应力或荷载。要计算这个允许荷载，通常是采用理想弹塑性或极限分析方法，求出地基的极限承载力除以一定的安全系数，作为允许承载力。另一种方式则是采用允许地基的塑性范围对应的荷载作为允许承载力，如通常允许塑性区深度为基础宽度的 1/4，即为 $P_{\frac{1}{4}}$，由此可通过土的强度参数来计算。但这些都是理论估算值，最直接可靠的当然是进行地基的现场压板载荷试验来确定，但压板尺寸一般小于实际基础尺寸，如何由压板试验定出实际基础下地基的承载力呢？这其实是一个复杂的问题。目前用得较多的工程及规范的方法是通过在载荷板试验曲线上取一定沉降比所对应的压板荷载值，沉降比为沉降与压板直径之比，国家标准取沉降比为 $0.01\sim0.015$，广东标准取为 $0.015\sim0.02$，由这样定出一个地基的承载力称为地基承载力的特征值，然后再根据基础的宽度、埋深进行宽深修正而得到所谓的修正特征值，即为设计允许承载力值。

20 世纪 90 年代左右，陆培炎总工曾对 $P_{\frac{1}{4}}$ 的理论公式提出质疑，认为太偏保守了，其在 1978 年出版的一本著作进行了推导，认为 $P_{\frac{1}{4}}$ 相应的实际塑性范围是很小的，由此确定的地基承载力是比较保守的。

对于地基承载力的合理确定问题，因毕业后工作中做了一些地基设计，当时主要是按陆总的方法去做的，即用他的地基承载力弹塑性解，通过引入危险度来计算地基承载力，用变形模量计算沉降。正如黄文熙先生在他的著作《土的工程性质》里提到的，由于土工问题的复杂性和计算困难，对地基问题，采用弹性解计算地基应力，用塑性理论解承载力，以至将稳定和变形分解成独立的问题来求解。也即地基承载力本应该是稳定和变形统一的一个问题，只是目前还没办法才采用这些分解的简化方法来求解的。

为此，我把基础的荷载与沉降的关系用双曲线方程来模拟，这样就可以由这个曲线直接得到承载力所对应的沉降，作为一个统一的问题来解决了。如可以得到 $P_{\frac{1}{4}}$ 对应的沉降，这样就可以通过满足强度安全和沉降控制的双控方法确定承载力较合理，并通过计算认为现时规范承载力对于硬土是保守的，安全系数偏大，沉降偏小，对于软土则是偏危险的，主要是沉降偏大，安全系数不到 2，对硬土尚有更大的利用空间。成果于 2003 年首届全国岩土工程技术大会论文集上发表了文章《地基承载力的合理确定方法》。

但这种方法对分层地基不好解决，后来到 2006 年发明了切线模量法后，又有了新的发展，这时恰逢一个工程案例：地基承载力要求为 300kPa，现场压板试验做到了 900kPa，安全系数已达到了 3，按理安全系数达到 2 就可以了，现在都是 3 了，应该可以的。但检测报告提供的承载力达不到 300kPa，于是业主不解为何？咨询我，我一查看报告，觉得检测报告也对也不对，因为检测是按沉降比确定的，只是取了规范的最小值 0.01，国家规范规定可以取 0.01～0.015。为此，我跟业主说，如果取沉降比为 0.015 则可达 300kPa 的要求，不需地基处理，可与检测单位沟通，检测单位觉得 0.015 也符合规范，于是修改了检测报告。这就提出了一个值得思考的问题，到底沉降比取多大是合适的呢？广东的地基规范可取沉降比为 0.015～0.02 呢！如此会造成同一试验结果，不同检测人员取不同的地基承载力，似乎不合理。并且工程中也碰到不少这样的问题，这应该是一个值得研究的问题。那么如何用压板试验确定承载力才更合理呢？为什么要用压板试验的沉降比来定承载力呢？这种方法表面上是为了控制基础沉降过大而用控制压板的沉降来确定承载力，但这并不能保证实际基础的沉降就能满足工程要求呀！是否有更科学合理的方法？如果直接利用实际基础的荷载与沉降关系的 $p\text{-}s$ 曲线，由 $p\text{-}s$ 曲线根据强度安全和沉降控制的方法确定具体基础下允许的地基应力，这样不是更直接明了吗？这样还可以得出对应的地基安全系数和沉降量，而实际基础的荷载与沉降关系的 $p\text{-}s$ 曲线正好可以用我们发明的双曲线切线模量法计算得到，双曲线切线模量法所需的土的力学参数则用压板试验来确定，这样我们用压板试验来确定土的力学参数而不是直接去定承载力，从而可以避免目前规范方法中确定承载力时人为取定沉降比的问题，由此可以得到更科学的确定地基承载力方法。这应该是一个很有价值的新思路，对合理确定地基承载力，提高设计水平和减少工程事故都是很有用的，这应该是未来地基设计方法的发展方向。这一相关成果发表于 2014 年的《岩土工程学报》和 2016 年的《岩土力学》。

地基承载力工作的另一项内容是 1992 年发表于全国地基处理论文集上的。当时做了一些软土地基上路堤的沉降和稳定计算，对稳定计算采用了地基承载力方法，但路堤都是梯形荷载，甚至还有反压护道。与通常地基承载力公式为矩形荷载不同，不能直接应用，当时也有一些等效的经验公式，但缺理论基础，为此，我根据 Prandtl 理论推导了复杂荷载下的地基承载力公式，解决了这个问题。这个公式后来在一些工程中也得到应用，包括用于软土地基上的膜袋围堰稳定计算。

3）刚性桩复合地基设计方法的改进

刚性桩复合地基由于桩身质量较可靠，承载力比较可靠，近期得到较广泛的应用。一些水利的穿堤软土涵闸在应用，其桩底一般会穿过软土支承于较好的土层上，端承作用明显。另外广东岩溶地基比较多，岩溶地基高层建筑的基础处理比较复杂，桩基施工困难，不可预见的事多，并且一般都会有 20m 厚左右，承载力在 200kPa 上下的地基，因而不少设计都采用刚性桩复合地基，施工后地基承载力检测较易达到要求，比桩基础省事，同时不少的刚性桩还支承于岩石上，这就涉及桩土的共同作用问题。因为一般的复合地基要求桩是摩擦桩，而桩端支承于岩石上应该是端承明显了，这样现有的复合地基理论适用吗？再者，2000 年左右在广州黄花岗和淘金坑地区遇到两个花岗岩全风化残积土高层建筑地基，地基土的承载力 300～400kPa，土层厚达 60m，地基承载力要求 500～600kPa，采用桩基太长不合算，原地基承载力不用的话也是很浪费，后给他们设计成刚性桩复合地基，但总感觉刚性桩复合地基理论上不够成熟。复合地基可以充分利用地基的承载力，理论上，应先发挥土的承载能力，不足时通过加刚性桩分担，这样可以达到"缺多少补多少"的科学设计，这是一个很有价值的研究课题。要达到这个目的就必须进行桩土共同作用分析。

对于钢筋混凝土板基础，存在桩土变形协调的问题。目前复合地基承载力计算中通常是桩的承载力充分利用，土的承载力进行折减，然后根据置换率组合而得到复合地基的承载力，这对于均质地基及标准的采用摩擦桩复合地基尚可。但实际中，地基通常是分层的，如对于存在硬壳层地基时，基础置于硬壳层上，硬壳层下是较软的土层，此时桩间土承载力怎么取还是个难题，取硬壳层的偏大，取下卧软土层的偏小，如果采用所谓的厚度加权平均，那么若软土层在基础底面呢？这显然不合适。再者，一般刚性桩桩底会置于较好土层，也即刚性桩是端承摩擦桩，或一些岩溶地区的刚性桩桩底甚至直接进入微风化岩层，几乎是端承桩了。此时的刚性桩复合地基可能是刚性桩承担大部分荷载，由于沉降较小，土的承载力并未达到设计承载力，这会使刚性桩的安全储备小于设计值，存在风险。因此，通常刚性桩复合地基的承载力并未严格地按桩土变形协调来分担承载力。而由于地基沉降计算误差大，要实现变形协调设计也不容易，因此，要真正科学设计刚性桩复合地基，应通过桩、土变形协调来设计是最科学的。

为此，带领研究生开展一系列的研究。因为有了以上地基沉降研究的基础，自然就把切线模量法分别用于计算桩和土的沉降，为简化，假设桩和土是独立承载的两个体系，用切线模量法分别计算桩和土的非线性沉降，桩的非线性沉降也可以通过单桩载荷试验验证或直接应用桩的载荷试验的 p-s 曲线，然后根据桩和土沉降相等确定桩和土分担的荷载。当桩的刚度太刚而复合地基沉降太小时，土的作用不能发挥，此时应调整桩的刚度，让基础有适当的沉降。这样的变形协调设计方法可以充分利用土的承载力，达到"缺多少补多少"的科学设计，较好解决复合地基承载力和沉降的计算，为复合地基的科学设计提供了更科学的技术支撑。这些工作分别在 2009 年、2011 年和 2015 年的《岩石力学与工程学报》《岩土力学》等发表。其间也在工程中发现，对桩、土刚度相差较大的软土地基进行刚性桩复合地基设计时，发现规范通常的倍增模量法计算复合地基沉降时偏大的现象，如软土地基承载力 80kPa，软土的压缩模量较小，刚性桩复合地基处理后承载力如达 160kPa，复合地基模量按倍增方法为原软土压缩模量的 2 倍，这个模量也较小，用这个模量计算复合地基沉降往往偏大很多，软土厚时甚至会达到 20cm，感觉有问题，因为刚性桩通常是不会有那么大的沉降的，但一直未找到原因。

2016 年国庆节放假时，深入思考这个问题后突然发现这个方法推导时假设复合地基承载力与桩间土地基承载力之比等于桩土应力比对这种情况可能是不合适的。找到原因后问题就迎刃而解了。解决的方法还是沉降变形协调方法，这个成果发表于 2017 年的《岩土工程学报》。

由此，形成了解决刚性桩复合地基设计的沉降变形协调方法，将使地基设计建立在更科学的基础上，将考虑在一些地基规程中推广应用。

地基沉降计算，地基承载力合理确定，到目前应用较热门的刚性桩复合地基的合理设计方法，都有待于新的理论创新。经过 1997 年第一篇地基沉降论文发表以来近 20 年的研究，所发表的新的理论方法，如能逐步为同行所认识和应用，将会极大的推动地基设计技术的进步，意义重大。也深感欣慰，因为辛勤付出所取得的成果，如能为行业所用，成为行业的设计方法，相信将会极大的造福社会，期望其能早日发挥作用吧！这个部分的主要内容后来总结后于 2013 年由科学出版社出版了《地基沉降计算的新方法及其应用》。

（4）边坡分析的应力位移场方法

开展这方面的研究起源于处理一些基坑位移较大的工程和一些土钉支护的基坑事故以

及一些边坡设计的审查。2005 年 7 月广州的海珠城广场基坑塌方影响很大，广州所有基坑停工排查险情，其中一个 19m 深的放坡基坑，设计提出的位移控制值为 20mm，预警值为 18mm，基坑已开挖到底，正在做承台施工，但监测位移刚好超过了 20mm，按要求必须进行回填，那样的话对工程施工影响很大，后来业主拖着就没有回填，这就涉及 20mm 的位移控制值的依据是什么？20mm 对应边坡的安全系数是多少呢？另一个基坑工程是广州亚运会场馆工程，在软土中，基坑深 5～6m，采用重力式搅拌桩支护，已开挖到底开始承台施工，模板已做好，但局部位移达到了 200mm，远超控制值了，这时有没有危险？是否要马上回填呢？如回填的话就会影响工期！处于两难境地。

　　这就提出一个问题，能不能建立安全系数与位移的关系呢？安全系数是不可测的，位移是可测的，如有这样的关系就可以通过位移判断基坑是否安全了。这个问题对于边坡的安全监测和预警同样很有意义。于是我们就从有限元强度折减法入手开展研究。我们在有限元强度折减法中认为土体强度降低的同时，其变形模量也应该降低，怎么降低呢？通过引入 Duncan-Chang 模型的思想来解决，于是提出了变模量的强度折减法，这样可以更好反映土的弱化对位移场的影响，与传统强度折减法中土的弹性模量不变不同，成果发表于 2009 年的《岩石力学与工程学报》，为解决位移与安全系数的问题提供了一条新途径。

　　但通常的强度折减是全场折减，因滑移变形应该主要在滑移带上，全场折减计算的位移会偏大，应该只对滑带折减比较合理，于是就产生了局部折减法的思想。但如何证明局部折减法更合理呢？后来遇到了一个水库坝坡滑坡，当时采用全局折减法时滑坡位置与实际不符合，后来把折减范围规定为浸润线以下土体，这部分土体长期被水浸泡，强度会降低变软，这是符合实际的，这样计算后的滑动位置就与实际一致了，说明局部折减是有道理的，成果发表于 2010 年的《岩土力学》。

　　目前引用或应用这个观点的人还是比较多的，如对于岩体的滑坡，可能是沿岩体结构薄弱位置折减才会得到合理的结果。后来遇到一个水库边坡的加固处理，涉及抗滑桩在什么位置效果更好的问题，这个问题不少人也研究过，但结论都不同，理论上也没有定论。后来通过计算边坡的应力场和位移场，将抗滑桩置于不同位置，发现当抗滑桩置于滑带应力水平较高或位移较大的位置时，同等条件下有较高的安全系数，这样就提出了根据边坡的应力位移场来确定最优抗滑桩位置的方法，成果于 2011 年发表在《岩石力学与工程学报》。同样，后来在审查一些边坡加固方案时，看到都是用等长锚索，为什么呢？后来思考后发现极限平衡法是总力平衡，体现不出在不同位置锚索作用的大小，于是就同样采用应力位移场的方法，在总力相等的条件下，比较锚索力分布不同的边坡安全系数，同样发现，当设置锚索力在位移大的位置大，位移小的位置小时，所得安全系数最大，成果于 2015 年发表在《岩石力学与工程学报》的英文版上。这样对于边坡的加固就可以根据应力位移场来更科学的处理，这就是在应力水平高，位移大的位置采取加固措施，则可以起到事半功倍的作用。这样就解决了极限平衡法较难解决的最优加固位置问题，效果好，受力明确。后来进一步从应力位移场来判断滑坡的类型，如牵引式滑坡，则坡的下部应力水平高，位移大，破坏首先是在坡脚发生，而推移坡则在坡的上部应力水平高，位移大。这样按上面的结果就很容易确定边坡的最优加固位置了，即推移式滑坡在坡的上部，而牵引式滑坡则在下部。

这些都是通常极限平衡法难以解决好的问题，而采用应力位移场法则很易解决，力学概念清晰。后来，发现一些土钉支护滑塌有一个普遍的现象，就是都存在软弱下卧层，但按极限稳定计算时其安全系数都是满足要求的，为什么呢？于是就采用应力位移场法进行分析研究，发现其主要原因是滑面存在异步破坏，坡脚软弱下卧层已发生局部破坏，加固区还没有破坏，但坡已经下坐滑塌了。后来进一步用这个方法对不同破坏形式的边坡计算其安全系数，发现牵引式滑坡的实际安全系数可能低于极限平衡法的安全系数，主要原因是滑面存在异步破坏，坡脚先于上部破坏，存在局部安全系数小于全局安全系数的问题，因而传统极限平衡法对牵引式滑坡可能存在计算安全系数偏大的危险。同时，从位移场的角度，计算发现牵引式滑坡滑动前位移明显小于推移式滑坡，甚至存在突然破坏的危险，预警不明显而产生滑坡灾害，像深圳光明新区渣土场滑坡就主要是下部存在饱和软土层，下部突然破坏而产生的灾害。因而牵引式滑坡可能更易产生滑坡灾害，建议边坡治理可能应做成"塑性坡"的形式，像钢筋混凝土结构的适筋梁那样，在破坏前有显著的预警位移变形，从而可以减少突然滑坡的灾害，这个观点发表于 2016 年的《岩石力学与工程学报》。由此我们形成了比传统极限稳定分析法更科学的滑坡分析方法，就是基于边坡应力位移场的方法，根据应力位移场可以更清楚可能滑坡的形态，更科学的确定加固方案，更科学的确定其安全系数，减少滑坡的灾害，应该是滑坡分析方法的一个新的发展和进步。这些研究带着几个博士已进行了 10 多年的系列的研究，这些新观点相信将会有助于滑坡的研究和发展。

3. 体会和总结

历经 30 多年持续不断的科研，深感坚持的艰难，也牺牲了很多的节假日休息时间，这么多年也从未好好休过假。深感欣慰的是一些成果对推动行业技术进步或学科的发展发挥了一些作用，如增量法目前已成为我国深基坑设计普遍应用的计算方法；广义位势理论已开始为同行所应用，为广义塑性力学的发展提供了理论基础；地基沉降计算方法也引起了同行较大的关注和被应用；边坡稳定分析的方法也已引起关注并有较多的引用。回顾所做的研究，其实这些研究都是针对自己在实际工作中遇到的问题，多一点思考而已！但要产生思想，一定要亲力亲为，长期思考和积累。同时心境一定要安静专一，才能进行深入的思考，否则也是很难有好的思想的。在当下快速发展的社会，能有一个安心的科研环境还是非常难得的！

同时在实践中，以下几点也是很重要的：

（1）源于工程，高于工程，用于工程

这个观点我较早听到是 1997 年在全国水利系统青年科技先进工作者会议上朱伯芳院士介绍的研究经验。从事工程科研，课题来源于工程实践，然后上升到理论的高度，提出解决的新方法，再用于更好的解决实际问题，并在实际工程中检验和完善，应该是一条较好的工程科研道路。以上无论是增量法，还是地基沉降计算法，以及边坡的应力位移场法，走的都是这条道路。

（2）保持科研激情的方法是保持与工程的接触，了解工程的需求

保持与工程的接触可以了解工程中存在需要解决的问题，使得研究更有针对性，能解决所遇到的问题，使你感觉到研究的价值，从而激发你开展研究，保持研究的激情。尤其是当工程存在技术难题或处理工程事故时，里面更有值得研究的问题。像前面的边坡应力位移场方法的研究，如锚索力的合理分布，就是在审查边坡的加固方案时，发现设计都喜欢用等长锚索的问题，然后思考为什么？最后研究解决的方法，发现用位移分布确定加固力分布可以很好地解决这个问题，结果很漂亮。

（3）像追踪电视连续剧那样追求科学真理

平时看电视连续剧，总想追看到大结局，而这个大结局的悬念吸引了无数观众。同样，对一个研究方向，如果想象也有一个大结局在后面呢！你就会像看电视连续剧那样追踪下去了！会对这个方向一步一步地往下做。当研究过程中遇到困难时，或受到质疑时，你就当是连续剧里主人公要有点波折那样就好了，这样剧情可能会更吸引人呢！要相信最后的大结局一定是精彩的，可能是过程越曲折，大结局越精彩呢！以此鼓励自己做下去！可能会做出一个系统的研究成果。

（4）发现问题对科研很重要

发现了问题就找到了方向，只要方向正确，总有达到彼岸的可能，方向错了，不管如何努力，永远都难到目的地。而作为工程科研，方向正确与否取决于你的研究是否能更好地解决实际问题，"有用"才是判断研究是否有价值的依据，而不一定是在什么高级的地方发表了论文。增量法发表的期刊也是很一般，但最后得到广泛的应用，成为目前深基坑支护设计普遍应用的方法。广义位势理论的主要内容是在会议论文集上发表的。当然，好的成果还是希望能在影响大的期刊上发表，那样可以更快地传播。创新成果有时在权威期刊难发表，主要可能是一个太新的东西出来后大家都没有太大的把握吧！正如有人曾说过这样的观点："对于一项有价值的原创性成果，往往突破了传统认识，思想和理论十分超前，多与传统观念相左，属于第一个吃螃蟹者，对把握不准或无法把握的成果，很难被专家认可，不容易在 Top 级刊物上发表。"增量法和广义位势理论就遇到了这种情况。

（5）要善于利用数学的手段去解决力学问题

工程问题最后的表述都归结为一个力学问题，用数学的方法透过力学或物理现象去看其数学实质，可能会有新的科学发现。广义位势理论就是这样的，传统的本构理论各自从不同的物理假设出发而建立，但都没有理清其数学实质，从数学理论的角度就可发现，不同的本构理论可以从数学上统一得到，不同的理论只是作了不同的数学假设而已，由此可以把以前看上去没有联系的各理论从数学上得到了统一，并且可以建立更普遍的理论。

1985 年我曾发表过精确力矩分配法的成果，当时对力矩分配法不少人研究其加速迭代的方法，后来我从数学线性代数的角度研究了力矩分配法的数学原理，发现通常的力矩分配法其实就是线性代数的迭代解法，如此就可以由线性代数的直接求解法去发展一种不需要迭代的分配法，这就是精确力矩分配法。可见，从数学的角度上有时可以对力学问题有更好的帮助。

郑颖人院士在为我 2007 年出版的著作《土的本构模型的广义位势理论及其应用》所作的序中就总结得很好："杨光华是我国一位优秀的中青年岩土工程专家，善于利用数学理论解决力学问题，更善于利用力学理论解决工程实际问题。"这其实就是表达了一个好

的研究方法。

（6）教学相长

毕业后的前二十年我都是在结合做工程的过程中发现问题自己去研究。后来在华南理工大学和武汉大学招收了研究生，一方面是增加了助手，可以协助去实现科学思想，但另一方面也迫使你去做更多的思考，发现更多有价值的科学问题。因为学生要毕业，要做出一点像样的成果来，这样学生也迫使你前行，迫使你不断地继续研究。这也是一种教学相长，老师和学生互相促进、共同进步的景象吧！

（7）成果能得到行业的应用非常不容易，甚至可能要几十年的时间，也可能最后没什么人用。

科研成果被社会或行业认可可能需要很长的时间，例如十年、二十年或许更长的时间，也许其本人都体验不到成就所带来的荣光。真正能为社会带来贡献的成果影响是很长远的，但要做成这样的成果又是很艰难的。有人一生苦苦努力，也许并没有什么成果流传下去。做还是不做呢？就像人去淘金，淘到金子的人是幸运的，可能也是少数的，淘不到也是正常的一样，但还是吸引着无数的金客。科研也一样，有成就的人也许就是一个幸运者吧！但科研靠什么吸引着那么多的精英去为之奋斗呢？难道就是成功的喜悦和荣光？那可是一条充满艰辛和风险的崎岖之路啊！也许人在满足了基本的生活需求后，都应该有点精神追求的使然吧！也许还有各自的理由吧！

而对我来说，也许就是一个科学梦想的追求吧！像早年广义位势理论和增量法的研究，是无基金、无奖金、无逼迫，不考核，既不是科研任务，也不是必须做的工作，完全是工作之外的自由探索的研究，后期的近十年也才有机会申请到一些国家自然科学基金和广东省基金的支持来开展研究。

本文仅为记述三十多年来科研过程的所思所想，回顾的时间跨度长，涉及内容多，不当之处，纯属个人愚见！